牛病中兽医防治

主　编

严作廷　李锦宇

副主编

王东升　王贵波

编著者

谢家声　杨　英　许小琴

付本懂　曹随忠　张世栋

严建鹏　董书伟　陈化琦

周学辉　朱新荣　杨　峰

张景艳

金盾出版社

内 容 提 要

本书由中国农业科学院兰州畜牧与兽药研究所专家编著。内容包括：中兽医学概论，中兽医常用诊法，中兽医常用辨证方法，牛内科疾病、外科疾病、产科疾病、犊牛疾病、公牛疾病、中毒性疾病、传染性疾病、寄生虫性疾病的中兽医防治技术等。全书文字简洁，通俗易懂，内容丰富，技术先进，可操作性强，适合广大肉牛、奶牛养殖场（户）技术人员、基层兽医技术人员和农业院校相关专业师生阅读参考。

图书在版编目（CIP）数据

牛病中兽医防治/严作廷，李锦宇主编 . —北京：金盾出版社，2017.5

ISBN 978-7-5082-9906-8

Ⅰ.①牛… Ⅱ.①严…②李… Ⅲ.①牛病—中兽医学—防治 Ⅳ.①S858.23

中国版本图书馆 CIP 数据核字（2016）第 283674 号

金盾出版社出版、总发行

北京太平路 5 号（地铁万寿路站往南）
邮政编码：100036 电话：68214039 83219215
传真：68276683 网址：www.jdcbs.cn
封面印刷：北京印刷一厂
正文印刷：双峰印刷装订有限公司
装订：双峰印刷装订有限公司
各地新华书店经销
开本：850×1168 1/32 印张：10.5 字数：257 千字
2017 年 5 月第 1 版第 1 次印刷
印数：1～5 000 册 定价：30.00 元
（凡购买金盾出版社的图书，如有缺页、倒页、脱页者，本社发行部负责调换）

前　言

近年来,在国家和各级政府的积极引导和扶持下,我国奶牛和肉牛养殖业得到了快速发展。2014 年年末全国奶牛总数约 1 460万头,奶牛头数基本与美国相当。牛奶产量达到 3 575 万吨,存栏100 头以上的奶牛规模养殖比重达到 45%。肉牛总数达到 6 838万头。我国基本形成了西北、京津沪、东北和华北奶牛优势区,形成了中原、东北、西北、西南 4 个肉牛优势区域,为我国城乡居民的菜篮子提供了优质丰富的牛奶及牛肉。但是,目前我国奶牛和肉牛养殖仍然以小规模散户养殖为主,我国散养奶牛占奶牛总存栏量的 60%~70%,养殖户饲养管理水平不高、疾病防治水平较低,牛的各类疾病尤其是乳房炎、不孕症、营养代谢病等普通病发病率居高不下,已成为影响奶牛和肉牛养殖效益和产品质量的瓶颈,严重影响着我国养牛业的健康发展和乳品安全。目前,牛的重大疫病仍得不到有效控制,但流行态势趋缓。常发病仍将持续危害,缺医少药、疫情监测滞后现象仍很普遍。因此,开展牛病防治仍然是促进养牛产业健康持续发展的重要内容。

中兽医学是我国古代劳动人民创立的独特兽医学,也是目前世界上唯一保留完整的传统兽医学。中兽医学以独特的阴阳五行、脏腑经络、辨证等为理论,从源于对自然的观察,经与动物疾病斗争总结经验,到汇成整体观念贯穿辨证论治,形成了一套完整、独特的理论体系。近年来,化学药品、抗生素及激素的毒副作用和耐药性严重困扰着各种疾病的有效防治,同时这些药物易引起动物产品药物残留也成为一个全社会关注的问题。毒副作用小,不易产生耐药性,不易在肉、奶等产品中产生有害残留,是中兽药的一个独特优势，这一优势顺应了时代潮流，满足了人们回归自然、追求食品安全的愿望。中兽医学的另一个优势是辨证施治，由于同一种疾病可呈现不同的病证，而同一个病证可出现在不同的疾病过程中，通过辨证论治，可以提高疾病的治疗效果。例如，牛子宫内膜炎西兽医学将其分为急性、慢性和隐性3类，中兽医辨证可分为湿热型、脾虚型、肾虚型、血瘀型和气血两伤型等5种证型，而湿热证不仅见于子宫内膜炎，也可见于阴道炎、腹泻等疾病过程中。因此，只有通过对疾病的辨证论治，才能对症下药，才能提高疾病的治疗效果。因此，为了促进我国奶牛、肉牛养殖业的健康持续发展，笔者广泛查阅和收集近年来中兽医工作者治疗牛病的资料，并根据自己的临床应用与学习体会，编写了《牛病中兽医防治》一书。书中对牛常见传染性疾病、寄生虫病、内科疾病、营养与代谢疾病、产科疾病、外科疾病、中毒性疾病、公牛疾病、犊牛疾病等100多种兽医临床上常见的疾病，从疾病概念、主要发病原因、临床症状及中兽医防治等方面进行了详细介绍，并在其后尽量详尽地列举了疾病的中兽医学证型及其辨证施治，以弘扬中兽医辨证论治的优势，更有效地提高中西药结合的临床疗效，为以后的中西医药学真正结合奠定了基础。

本书在编写过程中，参考了近年来我国中兽医工作者治疗牛病的最新资料，正是因为有了他们的不断探索与辛勤工作，才促使中兽医学能够不断发展壮大，也使我们有可能完成这本书的编写。在此，我们要对那些孜孜以求的中兽医学工作者表示衷心的感谢。限于笔者的水平与精力，书中错误与遗漏之处在所能免，还望广大读者批评指正。

编 著 者

目　录

第一章　中兽医常用诊法与辨证方法……………………（1）

第一节　中兽医学概论………………………………（1）

第二节　中兽医常用诊法………………………………（4）

一、望诊 …………………………………………（4）

二、闻诊………………………………………（19）

三、问诊………………………………………（21）

四、切诊………………………………………（25）

第三节　中兽医常用辨证方法 ………………（32）

一、八纲辨证………………………………（33）

二、脏腑辨证………………………………（38）

三、六经辨证………………………………（44）

四、卫气营血辨证…………………………（46）

第二章　内科疾病 ………………………………（48）

第一节　呼吸系统疾病 ………………………（48）

咽炎 ………………………………………（48）

喉炎 ………………………………………（50）

感冒 ………………………………………（52）

咳嗽 ………………………………………（54）

支气管炎 …………………………………（58）

支气管肺炎 ………………………………（60）

大叶性肺炎 ………………………………（62）

肺气肿 ……………………………………（64）

第二节　消化系统疾病 ………………………（65）

口炎 ………………………………………（65）

前胃弛缓 ………………………………………… (68)

瘤胃臌气 ………………………………………… (71)

瘤胃积食 ………………………………………… (73)

瓣胃阻塞 ………………………………………… (75)

创伤性网胃炎 …………………………………… (77)

皱胃炎 …………………………………………… (78)

皱胃积沙 ………………………………………… (81)

皱胃溃疡 ………………………………………… (82)

皱胃阻塞 ………………………………………… (85)

皱胃移位 ………………………………………… (88)

瘤胃酸中毒 ……………………………………… (89)

肠痉挛 …………………………………………… (92)

腹膜炎 …………………………………………… (93)

肠炎 ……………………………………………… (94)

黄疸 ……………………………………………… (96)

急性实质性肝炎 ………………………………… (99)

腹腔积液 ………………………………………… (100)

第三节 神经系统疾病 …………………………… (101)

日射病和热射病 ………………………………… (101)

脑黄 ……………………………………………… (103)

癫痫 ……………………………………………… (105)

第四节 泌尿系统疾病 …………………………… (107)

膀胱炎 …………………………………………… (107)

尿路结石 ………………………………………… (109)

尿血 ……………………………………………… (110)

尿闭 ……………………………………………… (113)

尿道炎 …………………………………………… (115)

肾盂肾炎 ………………………………………… (116)

第五节　心血管及血液疾病…………………………（120）

慢性心力衰竭………………………………………（120）

循环虚脱……………………………………………（123）

心内膜炎……………………………………………（125）

心肌炎………………………………………………（126）

创伤性心包炎………………………………………（129）

贫血…………………………………………………（130）

第六节　营养代谢性疾病……………………………（133）

低镁血症（青草搐搦）………………………………（133）

酮病…………………………………………………（135）

妊娠毒血症（脂肪肝）………………………………（137）

骨软症………………………………………………（139）

骨质疏松症…………………………………………（141）

产后血红蛋白尿症…………………………………（144）

硒缺乏症……………………………………………（145）

铜缺乏症……………………………………………（147）

锌缺乏症……………………………………………（149）

碘缺乏症……………………………………………（151）

维生素 A 缺乏症 ……………………………………（152）

维生素 D 缺乏症 ……………………………………（154）

维生素 E 缺乏症 ……………………………………（155）

营养衰竭症…………………………………………（156）

运输搐搦……………………………………………（158）

生产瘫痪（产后瘫痪）………………………………（159）

第三章　外科疾病……………………………………（161）

淋巴外渗……………………………………………（161）

直肠脱………………………………………………（164）

关节炎………………………………………………（166）

关节滑膜炎 ………………………………………… (169)

面神经麻痹 ………………………………………… (172)

肩胛上神经麻痹 …………………………………… (174)

桡神经麻痹 ………………………………………… (175)

坐骨神经麻痹 ……………………………………… (177)

蹄裂 ………………………………………………… (178)

腕前黏液囊炎 ……………………………………… (179)

腐蹄病 ……………………………………………… (181)

蹄叶炎 ……………………………………………… (183)

风湿病 ……………………………………………… (186)

荨麻疹 ……………………………………………… (189)

结膜炎 ……………………………………………… (191)

角膜炎 ……………………………………………… (195)

第四章　产科疾病 ………………………………… (199)

阴道炎 ……………………………………………… (199)

子宫内膜炎 ………………………………………… (202)

胎衣不下 …………………………………………… (205)

子宫脱垂 …………………………………………… (208)

阴道脱出 …………………………………………… (211)

子宫弛缓 …………………………………………… (212)

输卵管炎 …………………………………………… (214)

卵巢静止 …………………………………………… (215)

卵巢功能减退 ……………………………………… (217)

卵巢囊肿 …………………………………………… (219)

卵巢炎 ……………………………………………… (221)

排卵延迟及卵泡交替发育 ………………………… (223)

持久黄体 …………………………………………… (224)

产后瘫痪 …………………………………………… (225)

乳房炎…………………………………………………（227）

乳房水肿………………………………………………（230）

缺乳症…………………………………………………（231）

胎动不安………………………………………………（233）

胎漏下血………………………………………………（235）

难产……………………………………………………（236）

产后厌食………………………………………………（238）

第五章　犊牛疾病……………………………………（241）

新生犊牛孱弱症………………………………………（241）

佝偻病…………………………………………………（242）

犊牛肺炎………………………………………………（244）

犊牛便秘………………………………………………（247）

犊牛腹泻………………………………………………（248）

犊牛消化不良…………………………………………（253）

犊牛惊风………………………………………………（256）

第六章　公牛疾病……………………………………（260）

阴茎麻痹………………………………………………（260）

阳痿……………………………………………………（261）

滑精……………………………………………………（264）

睾丸炎及附睾炎………………………………………（265）

血精症…………………………………………………（267）

第七章　中毒性疾病…………………………………（269）

栎树叶中毒……………………………………………（269）

马铃薯中毒……………………………………………（271）

棉籽饼中毒……………………………………………（272）

尿素中毒………………………………………………（274）

有机磷农药中毒………………………………………（276）

甘薯黑斑病中毒………………………………………（277）

食盐中毒 ·· (279)

铅中毒 ·· (280)

氟中毒 ·· (282)

闹羊花中毒 ······································ (283)

第八章　传染性疾病 ·························· (285)

巴氏杆菌病 ······································ (285)

破伤风 ·· (288)

牛传染性胃肠炎 ································ (290)

放线菌病 ·· (292)

传染性鼻气管炎 ································ (295)

流行热 ·· (298)

牛病毒性腹泻-黏膜病 ······················ (301)

牛传染性角膜结膜炎 ·························· (303)

恶性卡他热 ······································ (306)

第九章　寄生虫性疾病 ······················ (310)

蛔虫病 ·· (310)

疥螨病 ·· (312)

肝片吸虫病 ······································ (314)

牛皮蝇蛆病 ······································ (316)

伊氏锥虫病 ······································ (318)

泰勒焦虫病 ······································ (321)

球虫病 ·· (324)

第一章 中兽医常用诊法与辨证方法

第一节 中兽医学概论

中兽医学是一个博大精深的文化宝库,是我国古代文化的一部分。中兽医学既汲取了我国古代深邃的哲学、文化和科学思想,又对中华民族数千年来与畜禽疾病做斗争的经验进行了总结。所以,其不但具有极其丰富的理论思辨性和创造性,而且临床实用性极强,即使在现代医学十分发达的今天,中兽医学依然具有很强的生命力,其重要原因之一,就在于其卓越的临床疗效。

中兽医学有两个基本特点,一是整体观念,二是辨证论治,它体现在对畜体生理功能和病理变化的认识,以及对疾病的诊断和治疗等各个方面。

整体观念,即指畜体是一个统一的整体,以及畜体与自然相互关联的整体思想。中兽医学认为,畜体由许多组织器官所构成,包括脏腑经络、四肢百骸等,但彼此之间在结构上、生理上、病理上却有着密切的联系,是一个统一的整体。例如,在结构上,以心、肝、脾、肺、肾五脏为中心,通过经络系统联系到相应的六腑、五体、五官九窍等各组织器官,形成一个上下沟通、表里相连的统一整体。在生理方面,虽然脏腑各有不同的功能活动,但相互之间也是密切配合协调的。如草料入口,首先通过胃的受纳腐熟功能,进行初步消化而输送到小肠,然后依靠脾的运化和小肠受盛化物、分清别浊

的功能,在进一步充分消化的基础上,吸收其中的精微物质而化生
气血营养周身,剩余的食物糟粕又继续输送至大肠,再通过大肠的
传导功能形成粪便而排出体外。由此可见,食物的消化吸收及其
糟粕的排泄过程,是由多个脏腑的生理功能互相配合而完成的。
在病理方面,畜体任何部位发生病变,都可影响到其他的脏腑组织
甚至整个机体,而整体的病变也可影响到局部脏腑器官的功能。
例如,肝的疏泄功能失常,可引起脾失健运,从而影响食物的消化
吸收;心血瘀阻,使肺气运行不畅,可导致呼吸失调等。因此,在临
床上诊治疾病时,必须从整体出发,通过五官、形体、色脉等外在的
变化,来分析和判断内脏的病变,从而在整体观的指导下制定正确
的治疗原则和方法。

　　畜体生活在自然界之中,自然界存在着各种畜体赖以生存的
必要条件,如阳光、空气、水源等。同时,自然界的各种变化又可以
直接或间接地影响着畜体,使畜体产生生理或病理上的相应反应。
例如,一年四季有春温、夏热、秋凉、冬寒等不同的气候变化,会对
畜体产生不同的影响。春、夏季节,天气比较温热,阳气旺盛,畜体
皮肤松弛,毛窍开张,汗出较多而排尿减少;秋、冬季节,天气比较
寒凉,阳气渐衰,畜体皮肤收缩,毛窍固密,排尿增多而出汗减少,
这说明畜体的水液代谢是随着四时气候的变化而自动进行调节
的。如果气候变化过于剧烈,超过了畜体的调节能力,或畜体本身
抵抗力下降,调节功能失常时,就可引起季节性多发病、流行病,如
春多风病、夏多暑病、秋多燥病、冬多寒病等。

　　不仅季节气候变化对畜体有影响,地理环境的不同也影响着
畜体的生理活动和病理状态。例如,在气候温热多雨的地区,畜体
肌肤疏松,体质较弱,容易感受外邪;而在气候寒冷干燥的地区,畜
体肌肤致密,体质较强,一般外邪不易侵犯,其病多为内伤。正因
为不同的地理条件造成了畜体体质上的差异,故一旦易地饲养,原
来的体质状况不能适应新的地理环境,短期内就会出现相应的病

变和不适反应,也就是人们通常所说的水土不服、应激反应。

辨证论治就是将通过望、闻、问、切四诊所收集的症状、体征等临床资料,进行分析、归纳和综合,判断、概括为某种性质的证,然后再根据辨证的结果,确定相应的治疗方法。辨证论治是中兽医学认识疾病和治疗疾病的基本原则,所谓"证",即"证候",是对疾病发生、发展过程中某一阶段的病理变化的概括,包括了疾病的部位、原因、性质及邪正关系等内容。它比单一的症状能更全面、更深刻、更准确地反映出疾病的本质。例如,病畜表现出恶寒、发热、疼痛、无汗、脉浮紧等临床症状,通过分析归纳、辨清病因,为风寒之邪,病位在表,疾病性质为寒,邪正关系是实,于是就概括判断为风寒表实证,治以疏风散寒、辛温解表。可见辨证是决定治疗的前提和依据,论治是辨证的目的,也是检验辨证是否正确的方法和手段,辨证与论治是诊治疾病过程中相互联系而不可分割的两个方面。

在临床上,疾病与证候之间既有内在的联系,又有一定的区别。通常认为,疾病是包括其整个病理过程在内的,而证候则是疾病过程中某一阶段的病理概括。因此,同一种疾病可表现出不同的证,而不同的疾病在发展过程中又可出现相同的证。所以,中兽医认识疾病和治疗疾病,主要是着眼于辨证,在辨病的过程中找出证的共性或差异性。例如,同一种疾病,由于病畜的体质不同,或发病的时间、地区不同,或处于不同的发展阶段等,可以表现出不同的证候,因而治法也不一样。以感冒为例,由于病畜感受的邪气不同,临床上有风寒证与风热证的区别,前者治以辛温解表,后者治以辛凉解表,中兽医学把这种情形叫作"同病异治"。又如,不同的疾病,在其发展过程中,只要出现相同的证候,便可采用相同的治疗方法,如痢疾与黄疸,是两种不同的疾病,但如果都表现为湿热证,就都可用清利湿热的方法来进行治疗,中兽医学把这种情形叫作"异病同治"。由此可见,辨证论治能够从本质上理解病与证的关系,强调"证"在治疗中的首要作用,认为"证同治亦同,证异治亦异"。

第二节　中兽医常用诊法

诊法,是中兽医诊断家畜疾病的方法,包括望、闻、问、切四诊。通过四诊搜集病畜症状,运用中兽医学整体观念、脏腑、经络理论,按八纲辨证等方法进行综合分析,判断病证,为治疗打下基础。望、闻、问、切四诊,不仅很有特色,而且也是中兽医辨证施治的基础之一。在诊察疾病中,它们各有侧重,又相互联系而不可分割,必须有机地结合应用,才能全面系统地掌握病情,做出正确判断,即所谓的"四诊合参"。

中兽医的诊断顺序一般是:病畜就诊前应休息数分钟后再行诊断。诊病时,先向畜主了解病畜性格,询问发病状况,然后由远而近、由前向后、先望后触,依次观察病畜精神、外形、姿态,详细察看耳、眼、鼻、唇、口腔,触摸槽口及其他发病部位,而后诊脉,并配合听诊心、肺、胃、肠,最后进行步行检查。

一、望　　诊

望神是中兽医牛病诊断的第一步,它通过对神气的观察以判断病牛机体精气盛衰、脏腑功能状态及疾病的严重程度和预后。"神"是机体意识和生命活动的总称。《活兽慈舟·认牛病察形法》中记载:"凡看牛病,先看眼光,若照人全身者无灾,若照人只腰膝者半吉(即眼球转动呆钝,只能看人上半身),若照人至心口两乳处者必凶,如照人至头顶者即死"。望诊为四诊之首,分整体望诊和局部望诊两个方面,在临床实践中具有重要意义。

(一)整体望诊

1. 望精神 家畜的精神状态反映着脏腑的功能活动,一般从眼、耳和姿态上表现出来。健康家畜眼明有神,两耳灵敏,昂头站立,行动灵活,轮歇后蹄;若静卧时,有人、畜接近即迅速站起。家畜患病时,其精神的变化不外沉郁与兴奋两方面。

(1)沉 郁

①精神不振 眼睛半闭,耳不灵活,低头仁立,行动较慢。为脏腑发病的轻症,如脾胃不和、心脾血虚等证。

②精神沉郁 闭目无神,耳耷头低,多立少动,行动迟缓。严重者四肢难抬,行动困难,为脏腑发病的重症。若兼有热象多为热毒在内,如心肺壅热的中暑等;若兼有寒象多为寒湿内侵,如肝胆寒湿的阴黄等;若兼有虚象多为脏腑虚损,如劳伤、瘦弱病等。

③精神极度沉郁兼有意识障碍 昏迷嗜睡,目不视物,知觉迟钝,兼见各种异常姿态,多为毒邪内侵或痰迷心窍所致,见于脾虚湿邪、脑黄等病程。

④精神衰惫 目瞪呆立,耳耷头低,肌肉震颤,行如酒醉,口唇松弛,全身大汗,口色苍白,脉象微弱,为脏腑衰竭、亡阳暴脱的危急重症。

(2)兴 奋

①心神不安 眼光四顾寻物,时发叫声,或有前肢刨地、起卧、跳跃等现象。若病畜能听吆唤,多为敏感体质,或有轻度疼痛。应注意妊娠母畜或家畜发情期也见有类似表现。

②心神狂乱 眼急惊狂,四方张望,两耳前竖,咬胸刨地,突起突卧,向前奔走,撞壁冲墙。多为毒邪内攻、邪入心包、痰火扰心等证,如心热风邪、心风黄等。

③心悸惊恐 目光直射,两耳直立,心悸气促,怕光易惊,伴有肌肉强直等,多为破伤风等。

2. 望形态 中兽医积累了丰富的通过观察病畜外形来诊断

疾病的经验,并按脏腑与体表组织器官的联系来判断病位。

(1)观形体　凡形体健壮,营养良好,骨骼坚实,膘满肉肥,皮毛光泽,常表示体内正气充足,血气旺盛,多为无病的征象。即或有病,其病也轻,多为实证。反之,形体瘦削,皮毛枯焦,胸廓狭窄,骨骼纤细,发育不良,常为体内正气不足、气血虚若所致,发病多属虚症、寒症。

(2)望姿态　主要是观察家畜的动、静姿态。异常的动、静姿态和疾病有着密切的关系,通过望态以诊断疾病,在整体望诊中占有重要地位。

①常态　是指健康家畜的动、静姿态。由于家畜种类的不同,其固有的动、静姿态亦有不同。

牛在休息时,常侧卧于地,舌舐鼻孔或被毛,鼻镜湿润,常有汗珠,两耳扇动,生人接近即行起立。起立时,前肢跪地,后肢先起。站立或侧卧休息时,常常间歇性地进行反刍。睡卧时,四肢屈曲集于胸腹下。

②病态　是指家畜在发病后,随着病症的不同而动、静姿态也有变化。临床上常根据这些变化的病理姿态,作为判断病症的辨证依据。

痛证:病畜表现起卧不安,拱背缩腰,回头顾腹或呻吟、磨齿,或蹲腰踏地,或前肢刨地,或后肢踢腹,或拉肚腰,或倒地滚转,或滚转时四脚蹬空而仰卧片刻,或喘粗鼻咋而呈犬坐势,或行走时小颠小跑,或滚转起立后猛向前冲,或直尾行、卷尾行等。

寒证:病畜表现形体蜷缩、伏卧懒动、避寒就温、行步拘束、把前把后、两肷颤抖、二便频繁等。

热证:病畜表现四肢开张、见水就饮、喜凉避热、张口掀鼻、呼吸喘粗等。

风证:家畜表现狂奔乱走,撞墙碰壁,目无所视,攻击人、畜,牙关紧闭,耳竖尾直,四肢僵硬,角弓反张,口眼歪斜;或头垂于地,站立如痴,反应迟钝,目瞪看人;或突然倒地,昏迷不醒,二便失禁等。

虚证:病畜精神委顿,毛焦肷吊,骨瘦如柴,站立不稳,行走缓慢无力,跗关节碰撞,系部软踏,动则气喘,或咳嗽连声,甚则卧地难起等。

③死态　是指家畜病症垂危或临死前所表现的特殊姿态,一般多呆立失神,步态蹒跚,后退,倒地四肢划动,牛头贴地,发出"吭哧"的长短不一的间歇性呼吸声等。

(3)察口色　察色是检查家畜可视黏膜及分泌物、排泄物的色泽,以诊断脏腑病症的方法。中兽医经常应用察口色的方法诊断疾病,并积累了丰富的经验。检查口色除观察口内色泽变化外,还包括口舌的形态、动态、湿度、温度等。口色的变化反映着体内气血盛衰,脏腑的寒热虚实,是辨证施治的重要依据。

①察口色的方法　由于家畜不能自行把口张开,将舌伸出而与兽医合作,因此必须由兽医动手将口打开,以观察生理或病理变化的口色。但是,往往由于方法不对,影响色泽和湿润度致使做出错误的结论,所以必须掌握正确的术式。鉴于家畜的种类不同,术式亦不一样,应特别注意不同家畜的不同术式。

牛的检查方法是:术者应站于牛头的侧面,一手提高鼻绳,另一手先翻开上下唇,看排齿(齿龈)、唇和口角的变化。然后将手指并拢从口角平插于口腔中,先感觉口腔的温度、湿度和津液的稀稠,继而将手掌竖立于口中,将口撑开,以观察舌面、舌底和卧蚕(舌下肉阜)的色泽。最后将舌拉出、翻转,以观察舌下静脉的充盈程度和色泽变化,以及牙齿的磨损情况与口腔黏膜有无损伤等。

由于牛的舌上乳头已角质化,对是否需要察看舌苔问题,有两种说法,一种说法是无苔可看,另一种说法是有苔可看,仅仅是观察的方法不以常规的方法,而是用手去感触舌津的黏稠程度和角质化的乳头是否同正常那样刺手等以辅助判断。鉴于黄牛、水牛、奶牛和牦牛的皮毛肤色不同,在望口色时,口腔黏膜的颜色多有色素沉着,宜注意鉴别,不可作为病色看待。

②察口色的检查部位　检查口色一般要看唇、口角(颊黏膜)、排齿、卧蚕、舌等五处。由于家畜的种类不同,望口色的部位也有所侧重,牛主要观察舌和口角。

口唇:"脾连唇",唇色及其温度和唇态主要反映脾胃的功能变化。

口角:口角指颊部黏膜;一般反映三焦的功能变化。

排齿:排齿指齿龈黏膜。由于"肾主骨""齿为骨之余""胃脉络齿龈"等,所以排齿主要反映肾、脾、胃的功能变化。

卧蚕:卧蚕指舌尖下方,舌系带前方两侧,颌下腺开口处的舌下肉阜,形状像蚕,故称卧蚕。左侧肉阜称为金关,内应肝脏,右侧肉阜称为玉户,内应肺。在临床上,当口舌黏膜被青草或药物等着染,真正的口色被遮盖时,可以查看卧蚕以诊病。

舌:是望诊中的重要内容之一,主要是观察舌质和舌苔两部分。舌质是舌的肌肉脉络组织,又称舌体。舌苔,是舌面上附着的苔状物。正常舌象为舌体柔软,活动自如,颜色淡红,舌面上有一层湿润的薄苔。通过对舌质、舌苔的观察,借以判断病邪的深浅、病性的寒热、病情的虚实和预后的好坏。

望舌质主要观察舌质的老、嫩、胀、瘪、裂纹、芒刺等。

舌质纹理粗糙为"老",多属实证、热证;舌质纹理细腻为"嫩",多属虚证或虚寒证。舌体较正常舌胖大,为胀舌。舌质淡白肿胀,多属脾肾阳虚;舌质红赤肿胀,多属热毒亢盛或湿热内蕴。舌体瘦小而薄为瘪舌。舌质淡而瘪,多为气血不足,心脾两虚;舌质红绛而瘪,多属阴虚热盛,津液耗伤,往往表明病情比较严重。舌体上有各种形状的裂沟或皱纹,为裂纹舌。舌质红绛而有裂纹者,多属热盛;舌质淡白而有裂纹者,多属阴血不足。舌乳头增生而肥大,称为芒刺,多属热邪亢盛,且热邪越重则芒刺越多、越大。舌尖有芒刺,多属心火亢盛;舌边有芒刺,多属肝胆火盛;舌中有芒刺,多属胃肠热盛。

　　望舌态主要观察舌体的形态和动态,健畜舌体胖瘦适度,有弹力,灵活自如。

　　舌体胖大,色红,妨碍咀嚼,多为心脾积热。舌肿满口,板硬不灵活,多为心火太盛,称为木舌。舌体伸缩无力,多为气虚。舌软如绵,伸缩不灵,垂于口外,多为心经败绝,重危。

　　望舌苔主要是观察舌面上的苔垢,舌苔由胃气上蒸而成,主要反映脾、胃、肠的消化功能,并受脏腑气血津液的影响而有所变化。因此,检查舌苔的颜色、厚薄、干湿、深浅等变化,也是诊断疾病的重要依据。健畜的舌面上有时见一层淡白色湿润的薄苔,病畜舌苔表现得比较多样,若苔薄、苔浅、无根易脱,表示病轻、浅。苔厚、苔深有根,不易剥脱,表示病深、重。苔色多见白苔、黄苔和灰苔,有时可见黑苔。检查舌苔时,应注意带有不同色素的草料、药物或泥沙可污染舌面。

　　白苔多主表证、虚证、寒证,邪在卫分。见于外感风寒、阳虚内寒、脏腑气虚及疾病恢复期等。苔白而薄主表寒,苔白薄腻主寒湿,苔白厚而干主寒邪化热、津液耗伤。

　　黄苔多主里热证,邪在气分,见于胃热、大肠湿热等病证。苔淡黄润而薄,热轻;苔深黄而厚,热重;苔黄滑腻为痰湿、湿热、积食;苔黄糙而干燥,为胃热伤津。

　　灰苔表示疾病较重,灰苔滑润,为虚寒重症;灰苔干燥为实热重症。灰苔再进一步发展,可呈黑苔,表示病情已达严重的阶段。黑苔滑润表示阳虚寒盛;黑苔干燥,甚至苔面干裂,表示热盛津枯。

　　病畜舌面光滑无苔,表示机体正气不足,胃气受损,抗病力低下;若舌色红绛,干而无苔,则表示热盛伤阴,阴虚有火,邪入营血。

　　(4)望色泽　色泽是脏腑气血盛衰的外在表现,在疾病过程中,色泽显示异常,则可测知内部脏腑疾病的发展与变化过程。色可分为正色、病色和绝色三大类。正色,是指正常的口色;病色,是指有病的口色变化；绝色，是指病症垂危时的口色表现。观察家畜口色，以有光泽、红润、鲜明为吉，以无光泽、枯槁、晦暗为凶。观察口色各部位的颜色和光泽变化，可分辨家畜生理和病理变化及预后的吉凶。

①正色　粉红光润或红黄相济，鲜明光润。由于四季气候不同，气血盛衰在正常范围内也有一定的差异，因而反映在口色上也会有一些变化。

②病色　光主气，气虚则光暗，气绝则光无。色主血，血盛则色红，血虚则色淡；热证色红，虚寒证色淡。润主津主水，津充则润泽，津枯则干燥，湿盛则滑利。由于病证的复杂多样，临床上可见红、黄、白、青、黑等口色。

红色：红色主热证、实证，一般可分微红、鲜红、深红、紫红等。

微红是较正常口色稍红，见于轻型的热证，如外感风热，心、肺、胃、肠有火等；鲜红是较微红色稍深，色泽较鲜明，见于中度以上的热证，如心经积热、肺经实火等；深红（绛色）是色红而暗，口内常干燥，见于热盛伤津的证候，如结症、肠黄等；紫红是色红而紫，见于重症热病，如重症肠黄、心风黄、中毒等。

黄色：黄色主湿证、黄疸，一般分为淡黄、黄或深黄等。

淡黄（微黄）是正常口色中稍带黄色，多见于消化不良、过劳等病，如肝脾不和、脾蕴湿热等；黄或深黄是在病色中带有黄色或深黄色，为肝胆疏泄不畅所致的黄疸；如色红而带黄，黄色明亮如橘子，为湿热阳黄，黄色晦暗如烟熏，为寒湿阴黄。

白色：白色主虚证，一般分为淡白、苍白、黄白、枯骨白等。

淡白是较正常口色稍淡，也称色淡，多见于气血虚弱的病证，如脾胃虚弱、心脾两虚、肺脾气虚等；苍白是口色白而发暗，为气血过度虚弱，多见于贫血性疾患；黄白色是口色淡白而带黄，为气血虚弱兼有黄疸，多见于劳伤、久病贫血等；枯骨白是口色苍白带黄，干枯无光泽，为气血衰败的危象，多见于内脏破裂的濒死期。

青色：青色为口舌黏膜下静脉瘀血的色泽，主寒证、疼痛，一般分为青黄、青白等。

青黄是色青带黄，为脏腑内寒挟湿，多见于脾胃寒湿（冷肠泄泻）、寒滞小肠（冷痛）等病；青白是色青而白，为脏腑虚寒，多见于胃寒、脾寒等病。

黑色：即黑紫色，为津液极度亏乏、气血停滞的重症，多见于重症疾病濒死期，如偏次黄、中毒性肠黄等。

③绝色　是指危重病症临死前的口色，多为青黑色或紫黑色。

(二)局部望诊

1.望眼　正常家畜眼光明亮，洁净无眵。由于"肝连眼"，而眼又分血、肉、气、风、水五轮，内应五脏。"五脏六腑之精其皆上注于目"，因此眼部的病变可反映脏腑的功能变化。

(1)闭目不睁　表示精神过度沉郁，多为过劳或重病。

(2)眼胞肿胀　兼有色红，羞明流泪，多为肝热初起；兼有水疱、瘙痒，多属风火；若眼胞虚肿，兼寒者多为脾寒、有内寄生虫等。

(3)流泪生眵　轻症多为结膜囊不洁，若为黄白色黏液、脓性分泌物则为肝火，若为大量脓性分泌物则为毒火。

(4)闪骨(瞬膜)外露　伴有肌肉强直，多为破伤风；外露而生有壅肉，瘀血肿胀，多为骨眼。

(5)闪骨生瘀　闪骨色红，生有瘀斑，多为心热内盛，过劳或肠黄。

(6)睛生云翳　指黑睛(角膜)着生白色翳膜，伴有羞明流泪，多为肝火或外伤，属外障眼。若黑睛表层无病，而眼内虹膜及房水变色、变质，并有絮状物者，则属内障眼。若黑睛呈灰蓝色，昏暗不清，有小血管新生，为眼的久病，属月盲眼。

(7)睛珠(晶状体)圆翳　圆形如玉石样，为眼久病，属白内障。

(8)瞳仁飞散　即瞳孔突然散大，多为危象。

2.望耳　健康家畜两耳灵活，听觉正常，感觉敏锐。由于"肾连耳""十二经脉皆连于耳",因此根据耳部的状态,可以诊断脏腑的疾病。

(1)两耳下垂　耳耷头低,多为心气不足、过劳、重病等精神沉郁现象。

(2)两耳直立　两耳直立不灵活,伴有全身肌肉强直,多为破伤风。

(3)两耳歪斜　两耳歪斜,前后相错,多为双目失明或耳聋。

(4)一耳下垂　一耳下垂,松弛无力,多见于面瘫、耳肌麻痹或耳黄。

3. 望鼻　健畜鼻翼随呼吸微微活动,鼻孔内、外洁净。由于"肺连鼻",十四经脉中胃、大肠、肺、小肠、任、督等经脉与鼻有直接或间接的联系。因此,鼻部的病变除主要表现肺、呼吸道的变化外,也可反映其他脏腑功能的变化。

鼻孔开张,表示呼吸困难,呼吸道通气障碍。

鼻孔开张,常伴随鼻翼扇动,若为气促喘粗,多属肺火;若喉中有声,气喘痰鸣,多属肺壅、哮喘或喘鸣症等;若气短无力,多属肺虚(如过力伤肺)。

鼻翼开张如喇叭状,且呼吸极度困难,多为呼吸道狭窄或阻塞;若鼻孔开张如喇叭状,但鼻翼扇动不显著,多为抽搐,见于破伤风等。

鼻肥面肿,松骨肿大,即鼻骨硬固肿胀、无痛,叩诊呈鼓音,多属骨质松软,见于翻胃吐草(骨软症)等。

4. 望口唇　健康家畜口唇紧闭洁净,采食时以唇采草,柔软灵活。老弱家畜唇哆开或下垂。由于"脾连唇",胃、大肠、任、督等经脉也与口唇相连,所以唇也反映脾与其他脏腑功能的变化。

(1)蹇唇似笑　上唇轻度挛缩,口裂微哆开,表示腹痛,见于冷痛等,故有"蹇唇似笑脾之疾"的说法。

(2)口唇紧闭　伴有肌肉强直,多为破伤风;伴有意识障碍,多为中毒等。

（3）下唇松弛　下唇松弛下垂，多为脾虚、气血虚弱，见于老龄、久病体弱、虚寒证。

（4）口唇麻痹　口唇无力，不灵活，甚至偏侧歪斜，多为肝风、脾风，见于吊线风（面瘫）、脾胃湿邪等。

（5）唇不固齿　口唇发凉，松弛无力，下唇下垂，伴有全身衰竭症状，为脏腑内伤的重危现象。

5. 望咽喉　因咽喉为食管、气管的开端，是饮食、呼吸的通道。因此，咽喉的病变可以反映脾、胃、肺等脏腑功能的变化。咽喉发病常见伸头直项、口内流涎、咽喉肿痛、吞咽困难、鼻回草水、时发咳嗽等症，见于喉骨胀、嗓黄、草噎等病。

6. 望槽口（下颌间隙）　槽口又叫食槽，健畜槽口宽大、柔软、平坦、干净，表示肺和脾气充足，胃肠消化旺盛。因此，槽口的病变常反映肺、脾、胃的功能变化。

槽内生结（下颌淋巴结肿胀），柔软活动，多为肺火；槽内生结，硬而不移，多为肺劳、肺败；槽口漫肿、热痛，伴有咳嗽流涕，多为槽结（腺疫）；槽口狭窄，下颌骨肿大，多为翻胃吐草（骨软症）；槽口侧壁有瘘孔，多为腮腺或牙齿疾患。

7. 望皮毛　健畜皮肤柔软有弹性，被毛细密平顺有光泽。肺主皮毛，肺经有病经常可反映在皮毛上。由于皮毛必须有全身气血营养的灌注，所以其变化也能反映脏腑功能的变化。

皮肤弹力稍差，毛长粗乱，多为脾胃虚弱、气血津液不足、营养不良等；被毛稀疏焦枯，多为肺虚久病、津液过伤，或大病恢复期、气血失调等；皮肤瘙痒、脱毛结痂或遍体疙瘩，多为肺风毛燥、疥癣或肺风黄等。

8. 望呼吸　出气为呼，入气为吸，其是畜体内外气体交换的一种生理机制，与肺的功能密切相关。健康家畜呼吸平顺，协调自如。

呼吸次数变动不大或减少,微弱无力,多为正气不足,常属于虚证、寒证;呼吸次数增多,呼吸粗大、亢盛,多为邪气有余,常属于实证、热证。腹部活动加强而胸部活动减弱者,多为胸部痛证,见于肺痈、肺胀等证;胸部活动加强而腹部活动减弱者,多为腹部痛证,见于肠黄、结证等;呼吸时头颈伸直、鼻孔开张,多见于草噎;病畜呼吸困难,张口掀鼻,呈犬坐姿势者,多为大肚结。此外,病畜张口掀鼻,吸气短而呼气长,或呼吸极其微弱,或呼吸深而迟缓,时快时慢,多为危象,预后常不良。

9. 望饮食欲及咀嚼 健康家畜食欲旺盛,对饲草、饲料选择性不强,每能吃饱而达一定数量,有时虽因饲料品质的好坏和调制方法的优劣对食欲有所影响,但一般也不甚显著。饮欲虽随饲料的干湿而有差异,但一般差异也不太大。当家畜发生疾病时,特别是脾胃病证,常可使饮食欲发生变化,有的甚至波及咀嚼。

(1)望饮欲 凡口渴见水急饮者,多为热证或津伤之证。口不渴或食欲大减者,多为寒证或水湿内停之证。见水欲饮,但口不能开,多属风证,如破伤风、歪嘴风等。见水即饮,但中途突然停止,且显惊恐之状者,常为牙齿疾患。见水即饮,饮水从鼻中流出来者,多见于草噎或咽喉疾病。

(2)望食欲 病后食欲如常,多为胃有生气,脾胃未伤;如食欲减少,多为病的初期,病轻;食欲废绝,常为病的后期,病重。病畜只吃干草、干料多属寒证、湿证,如伤水、寒湿困脾等。只吃青草多汁饲料,多为肠胃有热,属热证。食欲时好时坏,多为消化不良,常见于脾胃不和之证。病畜不吃草料,肚腹胀痛,不断嗳气,偶有呕吐者,多为食滞肚胀,属实证。边食边吐,不敢下咽,多为咽喉疼痛。食可下咽,且无痛苦现象,但边食边吐,或朝食暮吐者,多为翻胃呕吐证。吃食少而咳嗽多,常为胃寒不食证。

(3)望咀嚼 病畜咀嚼小心,不敢用力,且显痛苦者,多为牙齿疾病或口腔疾病,如舌生疮等。咀嚼无力,多为脾胃疾病,常见于慢草、脾胃不和证。

10. 望反刍　反刍是反刍动物特有的消化过程,健康牛采食后 0.5～1 小时出现反刍,每次持续 40～50 分钟,一昼夜反刍 6～8 次,每口咀嚼在 30～50 次。如反刍次数减少,多为脾胃不和、宿草不转、百叶干等证。

11. 望分泌物和排泄物

(1)鼻液　水样鼻液,有白沫,伴有喷鼻、咳嗽,多为风寒束肺。白色黏液性或黄白色黏液脓性鼻液,伴有咳嗽,多为肺火。白色黏性鼻液,伴有咳嗽无力,多为肺虚。一侧流鼻液,呈黄白色脓性带臭,多为脑颡黄。

(2)口津和口涎(口腔湿度)　口腔内的湿度是检查口色中的一个重要环节,它与口舌色泽有着密切的联系。口内的津液,简称口津,口内水液过多,则称口涎。口津和口涎是口内干湿度的表现。因此,口内湿度反映着体内津液的变化,健畜口内湿润、口津适量,口内色正而光润。而病畜体内津液的盛衰可在口腔表现出以下不同的症状。

口津干燥,多为津液不足(伤阴),伴有热象,为热盛伤阴,见于肺热、胃热等;伴有虚象,多为虚火,见于肺燥、胃燥等。

口内干枯,多为津液过耗,严重者还有唇颊焦躁,破裂出血,舌苔粗糙干裂等证。伴有热象,多为毒热过盛,见于各种热性病,如心风黄、脑黄等;伴有全身衰竭,多为亡阴危象。

口内湿滑,多为水湿偏盛。口内湿滑,黏腻,口温高为湿热内盛,如肠黄等;口内滑利,口水清稀,口温低,为寒湿内郁,如冷肠泄泻等。

口内垂涎,多为水湿过盛。口流清涎,稀薄量多,伴有寒象,多为脾胃阳虚、水湿停留,见于胃冷吐涎、脾寒等病证;口流黏涎,伴有口唇水疱、烂斑,为脾经湿毒。口舌生疮,咽喉、牙齿、齿龈肿痛等病症,也可见到口内流涎。如口流黏涎,透明量多,为心热舌疮,或为药物、毒物刺激所致;如伴有咀嚼障碍,为齿槽肿痛等;如伴有咽喉、舌根、两腮肿痛,则为喉骨胀、嗓黄、腮黄等。个别病马经常口流清涎,并啃咬缰绳、槽桩等物,则属癖病(俗称水口)。

(3)汗液 汗为津液所化生,查看汗的有无和异常,对于了解津液的正常与亏损和辨别病的寒热虚实均有一定的意义。但由于各种家畜解剖生理特点的不同,故汗液的分布与排泄情况也有很大的差异。

牛的汗腺在全身均有分布,但较马属动物不仅少而且也不发达,只在鼻镜、鼻唇处较易观察到出汗状况,故检查牛的出汗以鼻汗为主。

凡不因气温变化、劳役、休息等外因所引起的出汗异常,都属病理现象,是家畜患病的表现。

①无汗 风寒外来、毛窍闭塞、腠里不通、肺气不宣即可无汗,多见于外感风寒的表实证;阴寒内盛,阳气遇阻,不能蒸化津液,也可无汗,多见于寒实证;阴虚血少津枯,汗源不足也可无汗,多见于素体亏虚、阴液暗耗的慢性、久病的病畜,也可见于长期发热、燥热伤阴、津液耗伤太过的病畜。

②多汗 内热炽盛,热逼津出,致大汗淋漓,多见于里热实证;阳虚不能卫外,腠里不固,津液外泄,亦常在不活动时出汗,多见于阳虚病畜,特别在种畜配种过度时较为多见;久病、重病后,元阳受损时也常可发生;剧烈疼痛,往往导致大汗;过服发表剂,亦可导致大汗;阴阳离决,阴液暴脱,即可出现汗出如油,淋漓不断,名为"绝汗",多见于黑汗证。

(4)粪便 健畜粪便成形,外面光滑、湿润,粪色多为棕黄色,但也因草料变换而不同,如食青草则为绿色,多食高粱则为暗红色等。粪便异常主要反映脾、胃、肠的病变。

①粪干 若粪干而球形未变,多为伤阴;若粪球干小而硬,量少,多为阴液过伤或阴虚有火。

②粪粗和泄泻　粪便粗糙,味带酸臭,伴有腹胀,多为伤料积滞;若粪粗,松软带水,量少,次数多,多为脾胃虚弱;若粪粗、松软带水,先水后粪,排气,臭味不大,多为冷肠泄泻;粪稀而黏,内有黏液、黄白色假膜或混有血液,有酸臭味,多为肠黄热泻。

（5）尿液　正常家畜因种类不同,其尿液的性状也略有差异。牛尿淡黄透明,其气不显。尿短少而色深,多为热证、实证;排尿频数而清长者,多属寒证、虚证;尿少而色红赤,排尿时微显痛苦,多为心热下移小肠;尿黄而浓稠如油,多为下焦湿热;排尿滴淋不畅,呈现疼痛者,多为膀胱积热;频频做排尿姿势而无尿液排出者,多属尿结;尿液中混夹沙石、脂膏、血液者,多为淋证。

（6）带下　正常母畜除发情外,阴道一般清洁湿润,无液体流出。若阴道中经常有白色或赤白色的污秽黏液或脓血流出,就谓之带下。带下是湿浊郁结,下注子宫,从阴道不断流出。一般带下量多,色白而清稀,其气腥秽不显者,多属虚证,见于脾虚带下;若带下浓稠,其色黄白相夹,甚或红绿相兼,其气秽臭难闻者,一般见于湿热带下。

12. 望四肢　健康家畜四肢发育匀称,比例适中,肌肉坚实。站立时,四肢平均负重,昂头静立。肢势端正,轮歇后蹄,偶或平稳侧卧。行走时,四肢运步轻捷,灵活有力,步幅大小适度,举踏无异常。一旦发病,可能呈现各种异常姿态。

点痛证是腰肢气血不通而运步呈现跛行的证候。由于病因与部位的不同,其状亦殊。一般来说,可分闪伤和寒伤两大类。

闪伤跛行大多突然发生,常发于四肢,且多为一肢,运动后跛行增剧,局部增温、红肿、疼痛剧烈,触按敏感,病期短。

寒伤跛行多因感受风寒湿后发病,常发于腰肢上部,且多呈游走性疼痛,运动后跛行减轻,局部皮肤发硬,喜触压按捏,疼痛不剧,但病期长,病势缠绵。

13. 望背腰胸腹　健康牛腰背平直端正,运动灵活、协调。欲部稍凹而平整,随呼吸而与肋弓部协同运动。"腰为肾府",腰部病变多反映肾功能的变化。肷部主要反映胃肠病变。

(1)腰部弓起　多为肾寒。病牛弓腰夹尾,毛乍颤抖,兼有热象,多为风寒外感。肌肉颤抖,兼有寒象,为脾胃虚寒。

(2)腰脊板硬　伴有后肢跛行,多为腰胯风湿。背腰僵硬,耳紧尾直,牙关紧闭,口垂涎唾,闪骨外露,为破伤风。若腰脊板硬,伸头直项,回顾不灵,头项难低,多为颈风湿。伴有毛焦肷吊,鼻浮面肿,腮骨肿大,四肢无力,重则卧地难起,多为翻胃吐草(骨软症)或爬窝病等。

(3)腰腿瘫痪　多为肾经痛。腰胯无力,站立艰难,甚至腰腿瘫痪,卧地不起,多为胡骨把胯。

(4)肷部胀满　病牛站立不安,前肢刨地,回头看腹,起卧滚转,肠音低沉,粪便不下,多为结证。兼见耳鼻寒凉、肠鸣如雷、粪稀下泻者,多为冷痛。

(5)吊肷　肷部收缩,腹部向上吊起,多为食欲不振、消化不良、久病虚弱等。

(6)跳肷(呃逆,膈痉挛)　肷部跳动,震动胸腹壁,多为肝气不疏、肝胃不和等。

14. 望二阴　主要检查肛门,公畜的阴囊、阴茎和母畜的阴门。阴部主要反映肝、肾经病变。

(1)阴囊　阴囊、睾丸肿胀,硬而凉者为阴肾黄,热而痛者为阳肾黄。小肠坠于阴囊之中,以致阴囊肿大、柔软,称为疝气,多属肝寒。

(2)阴茎　阴茎麻痹,脱垂于包皮之外,为垂缕不收,多属肾寒。阴茎勃起,精液未交即泄,为滑精,多属肾虚不固。阴茎萎缩,不能勃起,为阳痿,多属肝、肾不足。

(3)阴门　检查膣腔的色泽、肿胀、分泌物,可反映肝、肾经的寒热虚实变化。如膣腔内色红带黄,多为肝经湿热。如妊娠马未到产期,而阴门虚肿、外翻,有黄白色分泌物,多为先兆流产。

(4)肛门　肛门为督脉所过,内连大肠,可反映脏腑的虚实。肛门松弛无力,为久泻或气虚。肛门外翻脱肛或直肠脱出,为中气下陷。

二、闻　诊

闻诊,是通过用耳和鼻来辨别病畜声音和气味的性质,结合其他三诊所获得的临诊资料,进行综合、归纳和分析,从而对病证做出正确的诊断。分为闻声音和嗅气味两方面。

(一)闻声音　声音的发生与脏腑功能活动有着密切关系。呼吸、喘息等声应肺,叫声和心音应心,嗳气音应脾,磨齿声和呻吟声应肾,瘤胃和瓣胃的蠕动音应胃,肠鸣音应大、小肠等。

1. 叫声　健康牛叫声洪亮,清脆而有节奏,如果发生疾病,叫声即可发生变化。如叫声高亢,后音延长,多属阳证、实证;叫声低微,后音短促,多属阴证、虚证;病初即现声音嘶哑,多属肺卫不宣,常见于外感风寒;久病失音,多为肺经亏损,常见于肺痨等证;叫声无力、气不相接续者,或起声大,后音短,均为病危的表现;叫声怪异,多为邪毒入心。

2. 鼻咋音　即打响鼻。健康畜体也时发鼻咋音,一旦发病,则鼻咋频繁,并伴有不同性质的分泌物。鼻咋带有浆液性分泌物,多为外感风寒;鼻咋带有黏液脓性分泌物,呼出气热而干燥,多为肺火、肺壅等。

3. 呼吸声　鼻腔、喉头、气管等部肿胀狭窄所发出的呼吸道狭窄音,伴有呼吸困难及痛感,多为肺经积热或毒火,见于脑颡黄、喉骨胀、嗓黄等病。

4. 咳嗽声　咳嗽主病在肺,但其他脏腑有病也可影响肺脏发咳。咳嗽中多伴有痰声,咳而有痰,为湿咳,见于肺热、肺虚;咳而无痰,为干咳,见于肺燥。咳声清利响亮,多为肺火,过力伤肺的初期;咳声沉浊无力,带痰音,多为肺火,过力伤肺的后期;咳声如破竹,伴有痛感及气喘,为肺经热盛,见于嗓黄、肺黄、劳伤咳嗽等;咳声无力,昼轻夜重,伴有气喘,为肺肾两虚,见于过力伤肺等病。

5. 气喘声 喘声低微,常伴有痰响,呼多吸少,劳役时加重,严重时张口鼻咋,弱而无力,呼吸不能接续,多属虚证、寒证,常见于肾虚、肺痨等证;若气出喘粗,喘声高亢,伸颈直项,严重时腹肋扩张,扇动不停,多立少卧,痛苦不安,多属实证、热证,常见于肺有湿热或痰湿内停,如甘薯黑斑病中毒等病。

6. 错齿声(磨牙音) 槽牙(白齿)摩擦声,多属重症病畜;口内空嚼而发,多见于肾经疾患;或因痉挛抽搐引起,见于破伤风、肝风、脑黄等。

7. 呻吟声 牛发出呻吟声,为疼痛或病重痛苦的表现,见于结证、大肚结、肠黄、肺痛等病。妊娠母牛呻吟而卧地不起,多为胎动或临近生产的表现。

8. 嗳气声 嗳气是反刍动物在消化过程中呈现的生理现象,健康牛每小时嗳气 20～40 次。嗳气减少,多属虚证,常见于脾胃虚弱和某些传染病;嗳气次数增加,且有酸臭味者多属实证,常见于宿草不转等证;嗳气停止,多见于草噎和气滞腹胀。

9. 肠鸣音 为大、小肠的蠕动音,正常肠音间歇发作,清晰响亮,过如流水,有节奏。肠鸣如雷,连续不断,多为胃肠寒盛,见于冷痛、冷肠泄泻等;肠音沉衰,为胃肠阳衰,见于胃内积滞、结证初期。

(二)嗅 气 味

即医者用嗅觉来辨别家畜口、鼻腔所散发出的气息和各种分泌物、排泄物的特殊气味以诊断疾病的一种诊法。一般说来,凡气息恶臭难闻者,多属实证、热证或湿热证;气息淡酸或甘、味臭不显者,多属虚证、寒证。

1. 口臭　健畜口内无异臭,或带有草料气味。

(1)口内甘臭　多为脾胃有热。

(2)口内酸臭　多为胃内积滞,或口舌生疮、牙齿疾病等。

(3)口内恶臭　多为胃肠积热,毒火,伴有食欲废绝,见于重症结证、肠黄等。

(4)口内腥臭、腐臭　多为口疮糜烂、齿槽炎等。

2. 鼻　臭

(1)鼻液脓性,腐败恶臭　见于脑颡黄、肺痈等。

(2)鼻液脓性,腥臭　见于肺败后期。

3. 脓臭　良性脓液呈黄白色,明亮,无臭或略带甘臭。脓液黄稠、混浊,带恶臭味,为毒火内盛。脓液灰白、稀薄、清泻、味腥臭,为毒邪未尽、气血衰败。

4. 二便臭　健畜粪便和尿液带有草臭,无特殊恶臭,发生病理变化时常带有异臭。

三、问　诊

问诊是向畜主或饲养人员了解病牛的发病症状、经过,治疗、病史,饲养管理、使役等情况,以诊断疾病的方法。询问时,态度应和蔼耐心,语言要通俗,内容要结合病状有目的、有重点地进行。

(一)问发病时间及治疗经过　必须问清发病经过情形及其治法,假如是发病起初很轻,而后来变重了,即应注意标本吉凶。病情有发展,其处理方法就得随机应变。又如,患病时就很重,后来变轻了,也当考虑盛衰逆从。如起卧病,起初起卧得很频繁,最后卧地不起者,这是病势加重,此点必须注意,不能疏忽粗心。询问从患病到现在用过何种药,如用过几次均无效,应考虑药性与病情,若因误治而已陷入坏证,宜设法挽救,但需要向畜主说明情况,经同意后挽救。

（二）问病畜来源与既往病史　了解病畜是从外地买来的，还是自繁自养的，结合当时各地疫情情况，要考虑是否有患某种疫病或寄生虫病的可能。即使是自繁自养的，而该地区又无疫情，也要了解是否外出使役或与其他病畜接触过，这对确诊某些疫病、寄生虫病是很重要的。初诊应询问病史，掌握旧病情况，复诊可查阅病历，有助于了解病因、病症和疾病的经过情况。如曾发生创伤，可能引起破伤风；反复发生眼病，可能是月盲眼；长期吐草、跛行，可能是翻胃吐草等。

（三）问饲养、管理、使役及配种和胎产情况

1. 饲养　应从饲料的种类、品质及调制和饲喂方法等方面询问。如饥饱不均，饲后立即大量饮冷水，或突然变换饲料，或饲料霉败不洁等，极易引起腹痛、腹泻、结证、腹胀等病证。

2. 管理　应从厩舍、棚圈的保暖、防暑、通风、阳光等，以及饲槽、畜体卫生等方面了解。如没有棚圈，寒夜外系，或厩舍防寒不良、潮湿泥泞，均易引起风寒感冒、风湿病、冷痛等病证。卫生条件不好，易引发消化系统疾病和皮肤病等。

3. 使役　应从役种以及鞍具、套具、役畜搭配和使役方法等方面了解。如役畜搭配不当，性急的易发过力伤肺；烈日下长期作业，休息不及时，易发中暑等。

4. 配种和胎产　对种公牛了解配种情况，是否有阳痿、滑精、精少等肾虚症状；对母牛应了解妊娠、胎产情况，这对诊断、用药或防止流产是很重要的。

（四）问汗　询问在使役时是否出汗，汗后如何管理等。患病后若太阴病不用发汗剂自然出汗者，乃是表虚，但有时虽然表虚而不出汗的，需凭脉诊断其虚实。表实者汗不自出而脉浮紧。在少阴病有时仅从耳根部出汗，在阳明病如发热，即全身均出汗。如三阴病原则上不出汗，如汗出如流，乃是脱汗，表示病情危重。

（五）问热　中兽医所说的热不限于体温上升，此点与西兽医

不同。

1. 发热　体表用手摸有热感,在外貌上亦有热象。如仅发热,要分清是表证还是里证,难以分别时,必须诊其有无恶寒和脉证等。

2. 微热　热隐在里,微现于表,微是幽微之微,不是微少之微,所以微热是里证而不是表证。西兽医所谓微热是比正常(生理)体温略高一点,此处所说的微热与中兽医所说的微热并不相同。

3. 大热　乃大表之热,即体表之热。与微热相反,出现于体表,所谓无大热者,是里有热而表无热之意。

4. 寒热往来　寒与热互相往来,恶寒止而热上升,热止而恶寒,乃半表半里证之热型,多用柴胡剂治之。热亦有与寒热往来相似而属于表证之热,但凭热型断证是危险的。

5. 潮热　不伴随恶寒、恶风,有热时全身普遍发热,同时头部到四肢常有微汗。如下肢冷,仅耳部或腋下出汗者不是潮热。潮热是阳明证之热型,谓热充满于里。有人以为潮热如潮水按时涨落,热亦按时出现,那是不正确的说法。如肺坏疽病畜每到下午即发热,谓之曰(申时)潮热,完全不是潮热的本义。

6. 全身均热　虽与潮热相同,但不伴随全身出汗,此亦属于阳明证之热型。

7. 恶热　不伴有恶寒与恶风,但有发汗表现,此亦属于阳明证之热型。

8. 四肢烦热　四肢有热感,好在冷处,此多属于虚热,多用地黄等剂治之,不适于攻下。仅在发热时欲接触冷处者,乃为烦热,但此情况必须由兽医详细审查或多加询问病畜主。

(六)问饮水、食欲　饮水的多少,代表了渴与不渴的问题,借以诊察里证之寒热,辨清虚实。凡内热严重的,则大渴喜饮水,所排泄的粪便反而干硬,脉实气壮,此为阳证;如不喜饮水,也不喜吃拌草(草里加水),有的口吐白沫,如用肥皂洗头发所起的白色泡沫一样,这不是热证,是寒证;又有病畜见水表示喜欢,在表面上看,似乎很渴的样子,但接近水后而不饮,如果牵其离开,也牵不动,这就叫烦渴,是渴而不饮的意思。

太阳病仅有表证而无里证时,食欲如常,但口中发黏也有食欲减退的,需考虑是否邪气已侵入少阳部位。里有病变者,食欲常有改变,但在阴证,食欲多与平时一样。少阳、阳明之证食欲则减,虽能进食而有意识朦胧者,对生命不无关系。有水肿的病畜,经过治疗后,食欲逐渐增加者,可以痊愈;如最初食欲尚好,伴随水肿消退,食欲亦渐减少者,预后不良;有实证者,虽稍过食亦不腹泻,饲喂时间已过,亦不表示饥饿。但有虚证的则与此相反,稍以过食则腹泻,饲喂时间稍过,即表现饥饿的样子。稍食即停止者,乃属于肠虚之证;发热并有瘀血之病畜,食欲常亢进,精神朦胧,或狂躁不安,唇色微黑,脉亦大小不整,常见溜脉或芤脉;病后始终无食欲,忽然食欲增进,有不相适的食量加大,精神亦好,脉亦紧张规律,此称为回光返照,表示死期将近。

(七)问二便 粪便燥而秘结者多实证,腹泻或便粪软的多为虚证,但亦有例外。有虚证而大便秘结者,腹满便秘而脉弱,腹无抵力,乃是虚秘;热病大便秘结,脉弱而腹无力者,乃是假实真虚;大便经久不通,经触诊有硬块累累者,系结粪,但不可因有结粪即断为实证,而用下剂。此时按压肠中,软弱无力者不可下,如能进食,便可自通;有腹泻,按肠中有坚实硬块者,多属实证,可用通下剂;腹泻而里急后重严重者,属实证。然亦有里急后重而属虚证者,如在痢疾里急后重,而微出脓血便;后重虽止者,属虚证。问每天排尿次数,每次的量约有多少(排尿量与饮水量有关),尿液颜色等。如排尿不利,谓尿量减少;排尿自利,谓尿量过多;排尿难,谓小便结等。

(八)问咳嗽 有咳嗽需问其咳嗽同时有无喘鸣,是干咳还是湿咳,湿咳则吐涎,量多还是量少。咳嗽是否为剧咳,白天严重,还是晚上严重,或在早晨严重等。

(九)问出血 出血有衄血、吐血、尿血(血尿)、尽血(包括肠出血)、崩漏(子宫出血)等。如四肢温暖,血色良好,脉亦有力,乃阳性出血;如四肢厥冷,脉软弱无力,所谓冷性瘀血性倾向者,乃阴性出血;此外,还有瘀血之出血,应参照其他症状,明确其属于何种出血。

(十)问腹痛 突然发生腹痛,除结证以外,多属于阳证或实证。慢性腹痛,经各种治疗无效,多为弱阴证或虚证。腹痛的诊断特别重要,腹证不明,难用适当的处方。

四、切 诊

切诊是以手的触觉按压病牛某部以诊断疾病的方法,分为诊脉、试温、触按三方面。

(一)诊脉(切脉) 体内血脉是气血循行的通路。血在脉中,随气而行,输布全身,营养脏腑、经络、四肢百骸,维持着机体的生理活动。由于血脉与全身各部的关系如此密切,当机体某部发生病变时,必然影响气血运行,导致血脉发生相应的变化。因此,我们触按脉管,从其深浅、速度、强弱、节律、形象等变化中,可以测知脏腑气血盛衰和邪正消长等情况,从而分辨病证的表里、寒热、虚实等,以作为诊断疾病,决定治疗的依据。

1. 切脉的部位及方法 家畜因种类繁多,切脉部位也各不相同。

牛多采用尾脉,尾脉位于尾根下面近肛门处的尾中动脉上。诊脉时,诊者站于牛的正后方,左手将牛尾抬举,右手的食指、中指、无名指三指,分别按在尾根腹面正中,拇指置于尾根背面。

2. 脉象及其临床意义 脉象即是脉的深浅、速度、强弱、节律、形象等的综合概念,分为正常脉象、病理脉象和重危脉象等。

(1)正常脉象(平脉)　健畜的脉性平和,无太过,无不及,即脉来不浮不沉,不大不小,不快不慢,从容和缓,节律均匀,兽医的一呼一吸(一息)成年马骡脉跳 2 次(每分钟 32~40 次)。中兽医对平脉的描述是"春弦夏洪,秋毛冬石,来似连珠,过如流水,沥沥相连不断"。说明正常家畜的脉象,随着四季气候的变化而有不同,即春季偏弦,夏季偏洪,秋季偏浮(毛),冬季偏沉(石),但其脉性必须和缓明显,流畅通达,连续不断。此外,因家畜年龄、营养、体质的不同,脉象也略有变化,如幼畜脉偏数,老畜脉偏虚;胖马脉偏沉,瘦马脉偏浮等。

(2)病理脉象(病脉、反脉)　由于疾病的多样性,脉象表现也相当复杂。在这里介绍临床常见的脉象。以深浅分,有浮脉、沉脉;以速度分,有迟脉、数脉;以强弱分,有洪脉、细脉、微脉、实脉、虚脉;以形象分,有弦脉、紧脉、滑脉、涩脉;以节律分,有促脉、结脉、代脉等。

①浮脉　浮取脉跳明显,沉取脉力不足,多属表证;有力为表实,无力为表虚,多见于外感风寒及感染性疾病初期;内伤久病,体质过虚,有时也见浮脉;浮数为风热,浮紧为风寒,浮滑为风痰。

②沉脉　浮取不应手,沉取脉跳明显,多属里证;有力为里实,无力为里虚,多见于脏腑气滞、痰食、水饮等证,如腹痛、冷泻、肠黄、结证等;沉数为里热,沉迟为里寒,沉弦为肝气不疏,沉滑为积食、痰饮等。

③迟脉　一息脉跳不足 2 次,多属寒证、湿证;有力为实寒,无力为虚寒,多见于寒性腹痛、腹泻、阴黄、湿痹等。浮迟为表寒,迟细为气虚血少,弦迟为寒湿痛。

④数脉　一息脉跳 3 次以上,多属热证;有力为实热,无力为虚热,多见于发热、高热病畜,也见于心气不足的虚证。洪数为实热,细数为虚热,弦数为肝火,滑数为痰火、湿热。

⑤洪脉　脉如波澜,幅度宽洪有力,多属热盛实证,多见于各种热性病发热阶段,如肺火、肺黄、肠黄等。

⑥实脉　三部脉浮、中、沉取皆有力,指下脉管充盈亢盛,多属实证,常见于邪热太盛、高热、痰湿积聚等证。弦实为肝火,滑实为痰火,实数为郁热。

⑦虚脉　三部脉浮、中、沉取皆无力,指下脉管虚大软弱,多属虚证,见于久病、失血、伤阴等。虚而数为阴虚,虚而迟为阳虚,虚而沉为气虚,虚而浮为血虚。

⑧细脉　脉来沉细如线,指下分明,主虚证、水湿等,见于脾胃虚弱、久泻、大汗、失血、腰肾寒湿等。沉细为里虚,迟细为阳虚,细数为阴虚。

⑨微脉　脉来极细而软,似有似无,欲绝非绝,主气血极虚、阳气欲脱,多见于重病垂危或亡阳暴脱等证。

⑩弦脉　脉来挺直而长,有弹力,如按琴弦,多为肝胆病、疼痛、痰饮等,如黄疸、风湿、风邪等。肺病多浮弦,腹水多沉弦,肝火多弦数,肝寒多弦迟、弦细,风邪多弦紧,痰湿多弦滑。

⑪紧脉　脉来绷急,紧张有力,如按绳索,主寒证、疼痛等,多见于外感风寒、里寒腹痛等。

⑫滑脉　脉来圆滑,充实、流利,如滚珠状,主痰、湿、食、热等证,多见于湿热、痰盛、积食、咳喘等,妊娠母畜也常见滑脉。

⑬涩脉　脉搏滞涩不畅,往来艰难,主血少、血瘀、气滞等。涩而无力多为心气不足,见于失血、大泻等;涩而有力多为气滞血瘀,见于外伤、结证、肠黄等。

⑭促脉　脉来数而中止,止无定数,多为阳盛实热,而气血运行不畅等证,多见于高热,且伴有心血瘀阻或心气不足的病证。

⑮结脉　脉来迟缓而中止,止无定数,多为阴盛气结、血瘀、痰滞等,多见于劳伤、久病,且伴有心血瘀阻或心气不足的病证。

⑯代脉　脉来常有终止,止有定数,良久复来,多为气血虚损,

脏气衰微等,多见于劳伤、重病、久病等。

从以上几种病脉,可了解到脉象与疾病的关系,一般来说,以浮、沉定表、里,以迟、数定寒、热,以有力、无力、洪、细、虚、实定虚实。由于病证的复杂,临床上常见到的是复合脉,如浮数为表热,沉细为里虚,洪数为里热,弦紧为中风,弦滑数为肝胆湿热,沉细涩为脏腑虚弱兼气滞血瘀等。临床上一般脉与证是一致的,但也有脉与证不一致的,必须深入检查,结合望、闻、问三诊,综合分析,以获得正确的诊断。

(3)重危脉象(危脉、绝脉) 当家畜病重垂危,脏腑衰竭,气血停滞,亡阴,亡阳,则脉象发生急剧变化,指下已不能切知病理的脉形,而呈现散乱无序或良久停搏的现象。常见有如下几种。

①屋漏 脉搏良久一动,如房屋漏雨,半晌一滴。

②雀啄 脉来良久三五动,如鸟雀啄食,一连三五次则停。

③虾游 脉如虾游,突来一跃,时跃时无。

④解索 脉形散乱,如散落的绳索,杂乱无序。

(二)触诊 是兽医用手直接触摸病畜的各个可触部位,以探查疾病的一种方法。通过触诊可感知触摸部位的冷热、干湿、软硬、有无疼痛等。

1. 摸凉热 温度的变化,是家畜发生疾病的重要标志之一。检查前病畜应休息一定时间,待其安静后,再在室内或阴凉处进行检查。试温除用体温计测温外,常用手感知各部位的温度,应注意人手也有温凉,动物体表温度也因季节、气候、时间的不同而有所变化。所以,试温时要进行对称部位的对比,并注意兽医本人手的温度,避免过凉时发生误诊。试温一般从口温、皮温及耳、鼻、四肢温等方面检查。

(1)体温测定 家畜体温一般检测直肠温度,测温前,先将体温计的水银柱甩至35℃以下,然后再从容接近家畜。测牛体温可站在其正后方,以左手轻轻提举尾巴,右手持体温计稍斜向上方,徐徐捻转插入直肠内,用体温计夹子固定在尾根毛上,经3～5分钟后取出,先擦净体温计上的粪便或黏液,再读水银柱上的刻度数。

一般来说,体温偏低,多见于寒证、虚证;体温增高,多见于热证、实证;体温在常温以下,多见于大失血、大失水或濒死期,预后多不良。

(2)摸角温　角为骨之精华,与肾相应。健康牛的角温通常是温和的,角尖较根为凉。根据临床经验,距角根3～4.5厘米(2～3指)微温,为正常现象;若热度超过6厘米(约为4指),即为病态,且多属热证;若角发凉,则多为寒证;热证而反见角凉者,为病情沉重的表现;寒证而见角温者,预后一般多良好;角尖、角根均热,多为实热证候,且为热极之象;角尖、角根厥冷,多为命门火衰,病情危重。

(3)摸耳温　健康家畜两耳温度均等,一般耳根部微温,耳尖部相对微凉。若全耳均热则属热证,全耳均冷则为寒证;两耳时冷时热,多见于外感表证;一耳热,一耳冷,常为半表半里证的表现;两耳的耳根和耳尖温度差相距很大,多为寒热夹杂之证。双耳从耳根至耳尖厥冷者,多示气血败绝,病多危重,预后常不良。

(4)摸口温　健康家畜口腔温而湿润,若口温偏低,且津多滑利者,多属寒证、湿证;口温冰手,特别是舌冷如冰者,多为寒甚,或胃受寒湿;口温增高,且津液少而黏稠,多为热证;若口温热而干燥,津液干,多为里热火盛之象。

(5)摸体表温　健康家畜体表不凉不热,温润柔和,一般随季节、气温等的变化略有差别,如夏、秋季较温,冬季较凉;下午较温,上午较凉;劳役后较温,劳役前较凉等,均属正常现象,不可误判为病态。若体表温度分布不均,多为外感表证;时冷时热,常见于寒热往来、表里不和之证;午后低热,多为阴虚内热;体表发凉,常见于感受寒邪或阳气虚衰之证;体表灼热,多为里热炽盛等。

(6)摸四肢 健康家畜四肢温度一般较胸、腹等处为低,四肢下部较上部为低,四肢外侧较内侧为低。若四肢上下部时冷时热,往往见于风湿痹痛的初期;若四肢发热直至蹄部、握之烫手,多为里热炽盛;四肢下部冰冷,是阳气不能温煦,多见于阳虚证候;四肢局部关节发热,且显肿胀者,多为关节风湿病;局部肿胀、发热,多见于疮黄初期,或因跌扑闪伤所致外伤等;蹄部温热,多为肝经郁热,见于败血凝蹄、五攒痛等。

(7)摸其他部位 阴茎麻痹,下垂冰凉,多为肾寒;阴囊(外肾)硬肿发凉,多为寒凝气滞,见于阴肾黄;阴囊(外肾)肿胀、温热、疼痛,多为湿热下注,见于阳肾黄。

2. 诊肿痛 用手触按畜体皮肤、肌肉、筋骨、体表各部,感知软硬度,有无波动和疼痛反应等,以确诊病畜的寒热虚实。

(1)肿胀 局部气血瘀滞,聚集一处,使局部高大隆起。可分为硬肿和软肿。

①硬肿 多为毒气郁滞、血凝经络、侵入肉里而成,特点是部位固定,触摸时硬而疼痛,刺破后有少量血水流出,多见于鬐甲痈、猪炭疽等病。

②软肿 患部多柔软,疼痛较轻微,甚或不显,微热或不热。肿胀一般不甚高大,与周围界限不十分明显。因其内容物不同,又可分为以下几种。

黄肿:触诊时软而不痛,指按有波动感,刺破后有黄水流出,如膝黄、枷担黄等。

血肿:多因跌扑闪伤、瘀血积聚所致,其特点是手摸不热、肿而不硬、疼痛不剧、皮色青紫等。

水肿:触之柔软,皮色不变,无疼,不热,多以下垂部位和四肢发生较为多见。

脓肿:患部皮色清白,微热而柔软,按之应手有波动感,刺破后有脓液流出。

气肿：肿胀界限不明显，触摸有按皮球样的柔软感，按压发出捻发音，多见于牛的黑斑病甘薯中毒。

（2）疼痛　多因内伤外感，使气血瘀滞，经络不通，郁结不通则痛。

①寒痛　痛处多固定，遇暖疼痛即见减轻。

②热痛　疼痛剧烈，焮热而硬，皮色发红，用寒凉药或冷水敷之，疼痛即见减轻。

③虚痛　虚痛喜按，按压时疼痛减轻，故病畜不抵抗。

④实痛　实痛拒按，按压时疼痛加剧，病畜抗拒、躁动不安。

⑤风痛　痛点多游走不定，且随气温变化疼痛减轻或加重。若病在四肢，病畜常轮换蹄脚。

⑥脓痛　痛处发热，中心柔软，按之有波动感。

3. 触胸腹　病畜拒绝触按胸部两侧，或触按时引起连声咳嗽者，多为胸肺疾患，常见于胸膊病、肺痈等；仅为一侧拒按，且不引发咳嗽，多见于胸部外伤。牛在剑状软骨处拒按，按压常引起剧痛者，多为创伤性网胃炎；若兼见前胸水肿、下坡小心、困难者，则为创伤性心包炎；反刍兽左肷窝膨大，按压有弹性，叩击时发出鼓响音，多为气滞腹胀，若该处无弹性，按压似面团，且压痕久久不消者，多为宿草不转。母牛在妊娠后期发生胎动时，可在牛的右腹壁后下部，触知胎儿的活动。

4. 直肠检查　中兽医在直肠检查诊疗腹腔脏器疾病方面积累了丰富的经验，流传至今，并为现代兽医学继承发扬。在临床上对大肠、小肠、脾、肾、膀胱、子宫、卵巢等疾病进行诊断和治疗，直肠检查是一个广泛应用的方法。

（1）检查前的准备　被检查家畜要确实进行保定，特别是对性情暴烈和腹痛剧烈者应尤其注意，一般采用六柱栏保定，腹下吊带和肩上压绳要结实，防止病牛突然卧倒或跳跃。检查前可用一般温水或肥皂水 3 000～4 000 毫升对家畜进行灌肠，使直肠内的宿粪排出,同时也促使肠道松弛,便于操作;检查者指甲应剪短磨平,清洗手及手臂后涂抹润滑油或肥皂水。

(2)检查方法　若为柱栏保定,术者应站于被检家畜的左(或右)后方,术者(检查左腹用右手,检查右腹用左手)五指并拢呈椭圆形缓缓从肛门进入直肠。病畜努责不安时,检手应停止前进,待病畜安静后再继续前进。当检手抵达直肠狭窄部时,要特别小心谨慎,可先用指端探索肠腔方向。与此同时,手臂下压肛门,诱发病畜做排粪反应,使狭窄部套在检手上。若入手困难时,可将肠道上下左右轻轻摆动,以便寻找肠腔,随着肠管向后移动,再继续深入,并尽可能通过狭窄部进行检查,切忌检手未找到肠腔方向就盲目前进,破伤肠壁,甚至造成死亡。

检手通过狭窄部后,用食指、中指、无名指的指肚,缓慢推移肠管,轻轻触摸,根据触摸到脏器之位置、大小、形状、软硬度情况,以判定是何脏器、病变的性质和程度,以及母牛是否妊娠、胎儿的大小及胎势等。检查时,手指不宜叉开,更不能随意乱摸、乱扯,以免损坏肠黏膜。检查完毕,术者徐徐将手退出。

(3)直肠检查顺序　直肠—子宫—卵巢—膀胱—盲肠—结肠圆盘—瘤胃—左肾—腹主动脉—子宫动脉。

正常家畜在直肠检查时完全无痛苦,如发现病畜有痛感,常为触摸部位有病损的表现。在直肠检查时,常因动物躁动或操作不当而发生直肠黏膜损伤,或肠管破裂,若仅肠黏膜少量损伤,一般可自行痊愈,不必过分紧张。如果发生直肠肌层破损,则需使用止血药物填塞破损处,如果肠壁已破裂,必须立刻进行手术治疗。

第三节　中兽医常用辨证方法

辨证施治是采用望、闻、问、切四诊等方法,在全面系统收集疾病有关信息的基础上,综合分析得出概括疾病病因、病机、病位、病性及邪正力量对比等方面情况的"证",再根据中兽医学的理、法、方、药等原则,做出相应治疗。中兽医的辨证方法很多,此处主要对八纲辨证、脏腑辨证、六经辨证、卫气营血辨证几种常用的辨证方法做简单介绍。

一、八纲辨证

八纲辨证就是以阴、阳、表、里、寒、热、虚、实为纲,依据对四诊资料的综合分析,对病牛的正气盈亏、病邪性质及其盛衰、疾病部位及深浅等情况,进行最基本的概括与归纳,以对疾病有一个提纲挈领的认识。

(一)表里辨证　表里辨证是辨别病邪部位深浅的两个纲领。

1. 表证　表证多见于外感病的初期,起病急,病位在肌表,病势较浅。临床上常以发热、寒战、被毛逆立、舌苔薄白、脉浮为主要特征,兼有咳嗽、鼻流清涕等症状。由于感邪性质及机体抵抗力的不同,其临床表现又各不一样,有表寒、表热、表虚、表实之分。

(1)表寒证　为外感风寒,临床上以怕冷重、发热轻、无汗、遇寒则抖、耳鼻凉、四肢强拘、不喜饮、口润色青白、苔薄白、脉浮紧等为特征。治宜辛温解表。

(2)表热证　为外感风热,临床上以发热重、不甚怕冷或不怕冷、常有汗、耳鼻温、气促喘粗、口干色偏红、喜饮、苔薄白或薄黄、脉浮数等为特征。治宜辛凉解表。

(3)表虚证　为卫阳不固,又感风邪,临床上以发热、有汗、遇风则抖、脉浮缓等为特征,治宜解肌发汗、调和营卫;或卫阳不振,易感风寒,临床上以自汗、恶风等为特征,治宜用益气固表法,扶正祛邪。

(4)表实证　为正气不甚虚,又感受外邪,临床上除具有表寒证或表热证的表现外,以无汗、脉浮紧或浮数有力为特征。治宜发汗解表。

2. 里证 里证的病位在脏腑、气血、骨髓等,病势较深,但多以脏腑为主,故将在脏腑辨证中介绍。

由于正邪双方虚实强弱的不同,病邪可以由表入里或由里出表,而出现表里证的转化。一般来说,病邪由表入里,多示病势加重,多因机体正衰邪盛或医治护理不当等因素所致;而病邪由里出表,多表示病势减轻或向愈。或由于外感、内伤同时发病,或外感之邪未解入里,或内伤未愈而又感外邪,可形成表里同病。如表证未解,又出现咳嗽气喘、粪干尿赤等里热证;胃肠积食停滞,又感风邪,症见发热、汗出、恶风、肚腹胀满、腹痛起卧、粪便秘结等;脾胃素虚,又感风寒,症见草料迟细、粪便稀薄、发热、恶寒、无汗等。诊断时要结合寒、热、虚、实,区分表寒里热、表热里寒、表虚里实、表实里虚及表里俱寒、表里俱热、表里俱实、表里俱虚等。治宜先解表而后攻里或表里双解,但里证紧急时须"救其里"。

(二)寒热辨证 寒热证是辨别疾病性质的两个纲领,前者多见于机体感受寒邪或其功能活动衰弱之时,后者则多见于畜体感受热邪或其功能活动亢盛之际。

1. 寒证 可分为寒实证与虚寒证。前者或因外感风寒形成表寒证,或因内伤阴冷形成里寒证;而后者则多见于慢性或消耗性疾病,畜体阳气受损,症见怕冷、耳凉、鼻凉、四肢凉,喜卧少站,食欲减退,肠鸣,泄泻或完谷不化,或见水肿、口色淡白或青白、苔薄白或无苔、脉象迟涩等。治宜寒则温之,虚则补之。

2. 热证 也可分为实热证与虚热证。前者由阳盛所致,多见于感受燥热、暑热、疫疠之邪,或因风寒、风热、风湿等入里化热证;而后者则由阴虚形成,多见于久病或患传染病、寄生虫病的后期。实热证多见发热,耳、鼻、四肢俱热,呼吸急促,粪干尿赤黄,口干色红燥,喜饮,舌苔干黄,脉象洪数等,或疫疠所致者兼见高热、呆立闭眼,或狂躁不安、舌苔黄厚等,可结合卫气营血辨证进行辨治。虚热证多见病牛精神不振、头低耳聋、低热绵绵,或午后发热、口色淡红、微燥、少苔、脉象细数等。治宜养阴清热。

同表里证一样,寒热证在一定的条件下也是可以相互转化的。一般来说,由寒证转化为热证,多示畜体正气尚盛;而若由热证转化为寒证,多表示正不胜邪。当然,在临床实际中,还可以见到寒热错杂、真热假寒与真寒假热等证。

寒热错杂就是在同一头病牛身上兼有寒证与热证,根据其病机与临床表现的不同,又有上热下寒、上寒下热、表寒里热和表热里寒证之分。如心经热兼胃肠寒,症见口舌生疮、牙龈溃烂、慢性腹痛起卧、粪便稀薄等,即为上热下寒;胃寒兼下焦湿热,症见慢草、口流清涎、尿频短赤、排尿痛苦、常有姿势而少有尿液排出等,即是上寒下热证;先有内热又感外寒,症见发热、被毛逆立、遇冷颤抖、气喘咳嗽、鼻流黄涕、舌红苔黄燥等,即属表寒里热证;先有里寒又外感风热,症见草料迟细、口流清涎、粪便清稀、发热、咽喉肿痛、触之敏感等,即属表热里寒证。

真热假寒就是指内有真热,而外见寒象的一类证候。如症见四肢冰冷、苔黑、脉沉,似属寒证;但又见体温极高、苔干燥、脉按之有力而数、喜饮冷水、口臭、尿短赤、粪便燥结或下痢恶臭、舌色深红等,其内热才是疾病的本质。即是一种寒热格拒,阳盛于内,拒阴于外的真热假寒证。真寒假热是指内有真寒,而外见假热的一类证候。如症见病牛体表热、苔黑、脉大,似属热证;但体表久按又不热、苔兼湿润滑利、脉按之无力、尿清长、粪便稀薄、舌淡等,其内寒才是疾病的本质,即是阴盛于内,格阳于外的真寒假热证。

(三)虚实辨证　虚实证是辨别病牛机体正气强弱与病邪盛衰的两个纲领,前者多见于正气虚弱不足之时,而后者则多见于邪气亢盛有余之际。当然,临床上也常有虚中夹实或实中夹虚等虚实错杂的情况。

1. 虚证 又有阴虚、阳虚、气虚、血虚等的不同。阴虚(虚热)和阳虚(虚寒)见寒热证。气虚证多由于久病耗伤正气,以肺、脾、肾三脏为主的脏腑功能衰退为特征,症见体瘦毛焦、精神萎靡,四肢乏力,气促而喘,食欲不振,易出汗,口色淡白,脉象细微,甚或子宫、阴道、直肠脱出等。治宜补脾、肺、肾之气为主。血虚证多由于五脏功能减弱而使血的化源不足,或因失血等而出现与心、肝、脾、肾四脏有关的一系列证候,症见体瘦毛焦、精神不振、卧多立少、易惊不安、口色苍白、脉细无力等。治宜补血养血、健脾补气。

2. 实证 实证的形成或是由于感受外邪,或由于内脏功能活动失调与代谢障碍,致使痰饮、水湿、血瘀等病理产物停留体内所致。感受外邪所形成的表实症见表里证。病理产物停滞所引起的实证又有气滞、血瘀、水湿与痰湿之分。此处仅将气滞(气实)证与血瘀(血实)证做一简单介绍。前者多因气滞不通所致,以胀满为临床特征,如痰湿阻肺,肺气壅塞不通,症见咳喘;或牛过食发酵草料,胃肠气机壅阻,症见肚腹胀满、腹痛起卧、呼吸促迫等。治宜祛邪理气。后者多因气虚、气滞,或因外伤所致血液瘀滞、运行不畅而发。如长途奔走,血液瘀滞而生蹄头痛、胸膊痛等证;或因风、寒、湿等侵袭皮肤腠理,再传至经络、肌肉,以致腰胯、四肢气滞血瘀疼痛;或因跌打损伤引起局部皮肤、肌肉发热肿痛,以及血液妄行而成黄肿;或见于产后瘀血内阻、恶露不行等。其临床特点主要为局部疼痛、拒按、固定不移,或见皮肤紫斑或皮下血肿,舌质紫暗或有紫斑或瘀点。治宜活血、散瘀、理气。

由于正邪双方的发展变化,在一定的条件下既可以发生虚实证的相互转化,也可以见到虚实错杂证。临床上实证转化为虚证比较多见,而由虚证转为实证比较少见,多是先虚后虚实错杂。虚实错杂证常有表虚里实证、表实里虚证、上盛下虚证、上虚下盛证、虚中夹实证、实中夹虚证等,应仔细分清虚实的程度,是虚多实少还是实多虚少,以确定是以先攻后补,还是先补后攻,或攻补兼施。

当然,还有虚实真假的出现,即所谓的"大实有羸状,至虚有盛候"。真实假虚是指现象似虚,而病理却实则属实。如牛患结证初期,可先出现水泻,似属脾虚泻,实则是粪结旁流之腑实结滞证,治当通腑破结。真虚假实则是现象似实,而病理却实则属虚。如脾虚不磨病牛出现间歇性腹胀似属实证,而实则为脾胃虚弱,不能升清降浊,致使浊气在上而生肿胀。治宜补脾消胀。虚实真假的辨别,可以通过脉象之有力与无力、舌质之胖嫩与苍老、叫声之高亢与低微、体质之强壮与虚弱,以及新病或久病等多方面进行综合分析。实证多见于新病,脉象有力、舌质胖嫩、叫声高亢、体质强壮等;反之,则多为虚证。

(四)阴阳辨证　阴阳是八纲辨证的总纲,统领表里、寒热与虚实各证。表、热、实为阳,里、寒、虚为阴。当然,各证内又可分阴阳。阳证多以身热、恶热、贪饮、脉数为特征,阴证的特征是耳、鼻、四肢俱冷,以及无热恶寒、精神不振、脉沉微无力等。但要注意阳极似阴与阴极似阳的发生。

1. 阴证　多见于里虚寒证,症见毛焦肷吊、倦怠喜卧、形寒怕冷、肠鸣泄泻、尿清长、口舌色淡、流清涎、苔白滑润、脉象沉迟无力等。外科疮疡之阴证则表现为红肿热痛不明显、脓液稀薄而少臭味等。

2. 阳证　多见于里实热证,症见病牛精神亢奋、躁动不宁、气粗喘粗、发热重、耳鼻肢热、口舌生疮、粪便秘结,或腹痛起卧、贪饮、尿短赤、口色红燥、舌苔黄干、脉象洪数有力等。外科疮疡之阳证则表现红肿热痛明显,脓液黏稠发臭。

由于大热、大汗、大吐、大泻、大失血引起阴液衰竭或阳气脱,可出现亡阴或亡阳(阳脱)证。前者症见病牛躁动不安、汗出如油、口腔干燥、喜饮、气促喘促、耳鼻温热、舌色红、脉大而虚或数无力,治宜益气救阴。后者症见病牛极度沉郁或痴呆、颤抖、汗出如水、耳鼻不温、口不渴、气息微弱、舌淡而润或舌质青紫、脉微欲绝。

治宜回阳救逆。

二、脏腑辨证

脏腑辨证是以脏腑学说为基础,对四诊资料进行综合分析,以归纳出各种脏腑证候与进行相应的治疗。

(一)心与小肠病证　心主血脉,藏神;小肠主分清泌浊。其常见病证包括以下几种。

1. 心气虚与心阳虚　症见心悸动、气喘、自汗,运动或使役后加重。心气虚者兼见倦怠喜卧、舌质胖嫩而色淡、苔白、脉虚。治宜益气安神,方用四君子汤或养心汤加减。心阳虚者兼见形寒怕冷,耳、鼻、肢体冰凉,舌淡或紫暗,脉细弱或结代。治宜温阳安神,方用保元汤加减。心阳虚脱者,兼见汗出如水,四肢厥冷,口唇青紫,呼吸微弱,脉微欲绝。治宜回阳救逆,方用四逆汤或回阳救逆汤。脉结代者,可用炙甘草汤加减。

2. 心血虚与心阴虚　症见心悸、躁动、易惊。心血虚者兼见口色淡白、脉细弱。治宜补血安神,方用归脾汤加减。心阴虚者兼见午后潮热或低热不退、盗汗、口舌生疮、口干舌红,或舌尖干赤、脉细数。治宜养阴安神,方用补心丹。

3. 心热内盛　症见高热、大汗、气粗喘急、精神恍惚,甚者躁动不安、粪干尿少、喜饮、口红舌赤、脉洪数。治宜清心泻火、养阴安神,方用香薷散或洗心散加减。

4. 痰火扰心　症见狂奔乱走、登槽越桩、浑身出汗、气促喘粗,甚者啃胸咬膝、咬物伤人、口色赤红、苔黄腻、脉滑数。治宜清心祛痰、镇惊安神,方用天麻散。

5. 痰迷心窍　症见痴呆、步态不稳,或昏睡、喉中痰鸣。其中热痰可见舌红、苔黄腻、脉滑数。治宜涤痰清热、开窍醒神,方用涤痰汤加减。寒痰可见舌淡、苔白腻、脉缓滑。治宜温开涤痰、醒神开窍,方用导痰汤加减。

6. 心火上炎及心移热于小肠　症见苔黄、脉数。只是前者兼见舌尖红、舌体糜烂或溃疡、躁动不安、喜饮。治宜清心泻火,方用泻心汤加减。后者则兼见尿赤涩、淋痛或尿血。治宜清心火、解热毒,方用导赤散加减。

7. 小肠寒　除去概括在脾虚证候内的小肠虚寒证外,还有寒气客于小肠,症见粪不得聚、肠鸣泄泻、排尿不利、鼻寒耳冷、口色青白、脉象沉迟。治宜温中散寒、理气和血,方用橘皮散。

(二)肝与胆病证　肝藏血、主疏泄、主筋爪、开窍于目;胆附于肝,主储藏和排泄胆汁。其常见病症包括以下几种。

1. 肝火上炎　症见目红胞肿、羞明流泪、眵多翳障、瘙痒不安、视物不清,或鼻衄、粪干尿赤黄、口红色鲜、脉象弦数。治宜清肝泻火,方用石决明散或龙胆泻肝汤加减。

2. 肝风内动　主要症状为抽搐、震颤,在临床上又可分为热极生风、肝阳化风与血虚生风三型。热极生风又称热动肝风,症见四肢抽搐、脊项强直,甚或角弓反张、意识不清、狂躁冲撞、舌质红绛、脉弦数。治宜清热熄风、镇痉安神,方用羚羊钩藤汤加减。肝阳化风,症见口眼歪斜、神昏痴呆,或站立摇晃、行走似醉、时欲倒地或突然倒地、肢体麻木、抽搐拘挛,或神昏狂躁、左右转圈如推磨状、舌质红、脉弦数有力。治宜平肝熄风,方用天麻钩藤饮或镇肝熄风汤加减。血虚生风,症见眼干、视物不清,或夜盲、困倦喜卧、蹄壳干裂、四肢拘挛、站立不稳、口色淡白、脉弦细。治宜滋阴养血、平肝熄风,方用四物汤或复脉汤加减。

3. 肝胆湿热　症见可视黏膜黄染、色泽如橘、发热、尿液短赤或黄浊、苔黄腻、脉象弦数,母牛带下腥臭、外阴瘙痒、公畜睾丸肿痛灼热。治宜清肝利胆、除湿去热,方用加味茵陈蒿汤,或用龙胆泻肝汤。

4. 寒滞肝脉　症见睾丸、阴囊肿胀,冰硬如石,后肢运步困难,形寒肢冷,耳鼻不温,腹痛得热则缓、遇寒加重,口色青白,舌苔白滑,脉象沉弦或沉迟。治宜温经散寒、行气破滞,方用茴香散加减。

(三)**脾与胃病证** 脾主运化、主统血;胃主受纳和腐熟水谷。其常见病症包括以下几种。

1. 脾气虚与脾阳虚 前者又可分为脾虚不运、脾气下陷和脾不统血3种证候,而后者又称脾胃虚寒。脾虚不运又称脾气虚弱,症见毛焦体瘦、食欲减退、反刍减少或停止、腹胀或肢体水肿、粪稀尿清少、舌淡苔白、脉缓弱。治宜益气健脾助消化,方用参苓白术散加减。脾气下陷者,以久泻不止、脱肛、子宫脱或阴道脱垂、排尿困难、淋漓不尽等为临床特征。治宜补气升阳,方用补中益气汤加减。脾不统血者,以便血、尿血或皮下出血等各种慢性出血为特征,症见血色淡红、口色淡白或苍白、脉象细弱等。治宜益气摄血、引血归经,方用归脾汤加减。脾阳虚者,症见形寒怕冷,耳、鼻、四肢俱凉,腹痛不重但经久不愈,肠鸣泄泻或久泻不止,口流清涎,口色青白,脉沉迟无力等。治宜温中健脾,方用理中汤加减。

2. 寒湿困脾 症见头低耳聋、四肢沉重、倦怠喜卧、食欲不振、不欲饮、粪便稀薄、排尿不爽、水肿、白带清稀而多、口腔黏滑、口色青白或黄白、舌苔白腻、脉象迟细。治宜温中燥湿、健脾利水,方用胃苓汤加减。

3. 湿热蕴脾 症见精神困倦、肚腹微胀、食欲减退或废绝,粪稀或泄泻、色黄腐臭,尿黄少,口津黏腻、色淡黄,苔黄厚腻,脉象濡数。治宜清热利湿,方用茵陈五苓散加减。

4. 胃热(胃火) 症见食欲不振、口腔干燥、口色鲜红、腐臭、齿龈肿痛,或唇肿口疮、喜冷饮、粪干尿黄少、苔黄厚、脉洪数或滑数。治宜清胃泻火,方用清胃解热散。

5. 胃寒 症状与脾阳虚相近,只是病程较短,形寒怕冷与肠鸣腹痛等症状比较明显,舌苔白润,脉沉迟有力。治宜温胃散寒,方用桂心散加减。

6. 胃实（胃食滞）　症见食欲废绝、不反刍、嗳气酸臭、气粗喘急、肚胀腹满，甚或前肢刨地、起卧顾腹、排尿困难、粪稀软而臭，或不排粪、口干色红、舌苔厚腻、脉象滑实。治宜消食导滞，方用曲麦散加减。

7. 胃阴虚　多见于急性热病的后期，食欲不振、口舌干燥、口色红、粪干尿短赤、少苔或无苔、脉细数。治宜滋阴养胃，方用养胃汤加减。

（四）肺与大肠病证　肺主气、司呼吸、主宣降、通调水道、外合皮毛，故咳嗽、气喘等常责之于肺；大肠主传送体内糟粕，腹胀、腹痛、粪便秘结或泄泻等主要责之于大肠。其常见病证包括以下几种。

1. 肺气虚　症见咳久气喘、喘咳无力、动则加剧、畏寒喜暖、易感冒、出汗、神情疲惫、日渐消瘦、口色淡、舌苔薄、脉细弱。治宜补肺益气、止咳平喘，方用补肺汤加减。

2. 肺阴虚　症见日久干咳、咳声低沉、日轻夜重，甚则气喘、鼻液黏稠、低热盗汗，或午后发热、口干舌红、无苔、脉细数。治宜滋阴润肺，方用百合固金汤加减。

3. 燥热伤肺　症见干咳无痰或痰黏难于咳出、毛焦枯黄、发热微恶寒、咽喉疼痛、口红而干、苔薄黄燥、脉浮细数。治宜清燥润肺，方用清燥润肺汤加减。

4. 肺壅咳喘　症见发热、咳嗽、气喘、鼻翼扇动、鼻液黄黏、腥臭或带血、粪干尿赤、口干色红或深红、舌苔黄燥、脉象洪数。治宜清肺平喘、化痰排脓，方用苇茎汤加味。

5. 肺热咳喘（肺实喘）　症见高热、初不咳、后咳声洪亮、气喘息粗、汗出渴饮、呼气温热、鼻液黄黏、口色红燥、粪干尿赤、无苔或苔黄、脉洪数有力。治宜清肺化痰、止咳平喘，方用麻杏石甘汤或清肺散加减。

6. 肺虚喘（大喘） 夏天多发、长期干咳、声低力弱、夜间尤甚、呼多吸少、声如扯锯、全身晃动、喘息沟及肛门伸缩明显、动则更甚、肷吊毛焦、久则大胯肉陷、多无脓鼻、口色红而干、无苔、脉象沉细。治宜健脾补肾、止咳平喘、方用白果定喘汤合苏子降气汤。

7. 大肠燥结（食积大肠） 症见食欲废绝、口腔酸臭、粪便干少、外附黏液、肚胀腹满、频频顾腹、起卧不安、肠音低沉或消失、尿液短赤、口干舌红、舌苔黄厚或灰黑、脉沉而有力。治宜通肠攻下、行气散结，方用大承气汤加减；老畜、母畜产后和热性病后期用增液承气或当归苁蓉汤加减。

8. 大肠湿热 症见发热、腹痛起卧、粪泻稀软、腥臭难闻，或杂脓血、尿液短赤、口干舌燥、色赤红或赤紫、苔黄干或黄腻、脉象滑数。治宜清热利湿、调理气血，方用郁金散加减。

9. 大肠寒泻 症见形寒怕冷、耳鼻冰冷、肠鸣腹痛、粪便稀薄或泻粪如水、尿少而清、口色青白或青黄、苔白润、脉沉迟。治宜温中散寒、渗湿利水，方用橘皮散或加味猪苓散加减。

(五)肾与膀胱病证 肾为先天之本，主藏精、主命火、主水、主纳气等；膀胱为州督之官，主尿液的贮存和排泄。其常见病证包括以下几种。

1. 肾阴虚 症见瘦弱、腰胯无力、四肢倦怠、视力减退、毛燥易脱、低热盗汗、粪干尿黄，母牛不孕或难孕、公畜牛阳频举、精液自泄、精少或不育，口舌红燥、无苔、脉细数。治宜滋补肾阴，方用六味地黄汤加味。

2. 肾阳虚 症见形寒怕冷、腰瘘冷痛、久泄不止、夜间加重、口色淡白、脉象沉迟无力、公畜性欲减退、阳痿不举、滑精、垂缕不收，母畜宫寒不孕。治宜温肾助阳，方用肾气散或右归丸。

3. 肾气不固 症见体瘦腰拱、尿频数清澈或淋漓失禁、滑精早泄、口色淡白、舌苔薄白、脉象细弱。治宜固摄肾气，方用桑螵蛸散或缩泉丸。

4. 肾不纳气　症见咳喘、呼多吸短、动则加重、易出汗、形寒肢冷、口色淡白、脉象虚浮。治宜补肾纳气,方用都气丸或人参蛤蚧丸。

5. 肾虚水泛　症见耳、鼻、四肢冰凉,腰腿无力,尿少,四肢和腹下水肿,尤以两后肢明显,或宿水停脐、阴囊水肿、睾丸硬肿、口色淡白、舌质胖淡、苔白,脉象沉细。治宜温阳利水,方用真武汤或济生肾气丸。

6. 膀胱湿热　症见尿液短赤、浑浊或带血,或有沙石,尿频而急、排尿困难或障碍、常有姿势而无尿液排出,或淋漓不畅、烦躁不安、蹲腰踏地、口红、苔黄或黄腻、脉滑数。治宜清热利湿,方用八正散加减。

(六)脏腑兼病辨证　由于脏腑之间存在着密切联系与互相影响,临床上常可见到 2 个或 2 个以上脏腑相继或同时发病,即脏腑兼病或脏腑合病。下面介绍几种常见的脏腑兼病。

1. 脾肾阳虚　症见形寒怕冷、腰背拱立、毛焦体瘦、久泻不止、早晚加重、四肢和腹下水肿,尤以后肢为甚,阴囊水肿,或见腹水、耳鼻不温、后腿难移、慢草、倦怠、舌胖色淡、苔白润、脉细弱。治宜温补脾肾,泄泻、肢冷为主者,方用四神丸合理中汤加减;水肿为主者,方用真武汤合五苓散加减。

2. 肝脾不和　症见躁动不安、肠鸣便稀、腹痛、食欲减退或废绝、口色红黄、苔薄黄、脉弦数。治宜疏肝健脾,方用逍遥散或痛泻要方加减。

3. 肝肾阴虚　症见精神不振、站立不稳、夜盲内障、腰胯无力、公畜早泄、母畜发情紊乱、低热盗汗、舌红无苔、脉细数。治宜滋肝补肾,方用杞菊地黄丸加减。

4. 心脾两虚　症见心悸动、倦怠易惊、草料迟细、粪便稀溏、肚腹虚胀、口色淡黄、舌淡质嫩、脉细弱。治宜补益心脾,方用归脾汤加减。

5. 心肾不交 症见心悸动、刨前蹄、踢后蹄、摇头不安、腰胯无力、难起难卧、举阳滑精、低热或午后潮热、盗汗、尿短赤、舌红无苔、脉细数。治宜交通心肾,方用六味地黄汤加味。

6. 肺脾两虚 症见久咳不止、咳喘无力、草料迟细、肚腹虚胀、粪便稀薄,甚则胸腹下水肿、口色淡白、脉细弱。治宜补脾益肺,方用参苓白术散或六君子汤加减。

7. 肺肾阴虚 症见干咳不断、声低无力、夜重昼轻,甚或气喘、动则喘重、呼多吸少、消瘦,腰拖胯軟、低热盗汗,或午后潮热、口红苔少、脉细数。治宜滋肾补肺,方用六味地黄汤加减。

三、六经辨证

六经辨证,是以太阳、少阳、阳明、太阴、少阴和厥阴六经所属脏腑病理变化为基础,对外感风寒所引起的一系列病理变化及其传变规律的认识与把握,因而不完全等同于脏腑辨证。六经传变有顺经传、越经传与直中3种。顺经传就是按六经次序传变,依次为太阳、少阳、阳明、太阴、少阴、厥阴。越经传是不按六经次序,而是隔一经或隔数经相传,如太阳病不愈,不传少阳而传阳明,或不传少阳、阳明而直传太阴。直中则是病邪不由阳经传入,而直接入三阴者,如病初出现太阴病之症状,叫直中太阴;出现少阴病之症状,叫直中少阴。发生越经传与直中,多由病邪偏盛、正气不足所致。

(一)太阳病证 其病位在表,症见发热、恶寒、食欲不振、鼻流清涕、咳嗽气喘、舌苔薄白、脉浮,又有表实与表虚之分。前者也称太阳伤寒证,兼见恶寒、发热、无汗、咳喘、脉浮紧等。治宜发汗解表、宣肺平喘,方用麻黄汤或荆防败毒散。后者也叫太阳中风证,兼见恶风发热、汗自出、脉浮缓。治宜解肌祛风、调和营卫,方用桂枝汤。

(二)少阳病证　其病邪位于太阳与入阳明之间的半表半里，症见寒热往来、耳、鼻、角时温时凉，或左右侧温凉不均、精神时好时坏、时而寒战、不欲饮食、脉弦。治宜和解少阳，方用小柴胡汤。

(三)阳明病证　病位在里，为里实热证，又有经证和腑证之分。阳明经证是指邪在阳明经，症见身热、汗出、喜饮、苔黄燥而厚、呼吸喘粗、脉洪大。治宜清热生津，方用白虎汤。阳明腑证是指邪在阳明胃腑，症见身热、汗出、恶热、粪干或秘结不通、食欲不振、尿短赤、脉沉实有力。治宜清热泻下，方用大承气汤或增液承气汤。

(四)太阴病证　病位在里，多为脾胃虚寒证。症见腹痛、腹胀、粪便清稀、食欲减退或废绝、苔白、脉细缓。治宜温振脾阳、散寒燥湿，方用理中汤加减。

(五)少阴病证　太阴病证只是局部(脾胃)虚寒，而少阴病证则是全身虚弱，又有少阴虚寒证和少阴虚热证之分。前者症见恶寒、嗜睡、卧多立少、耳鼻俱凉、四肢厥冷、体温偏低、脉沉细。治宜回阳救逆，方用四逆汤。后者症见口燥、咽喉触诊敏感、烦躁不安、舌红绛、脉细数。治宜滋阴降火，方用黄连阿胶汤。

(六)厥阴病证　厥阴病证比较复杂，其特点是寒热错杂，厥热胜复。临床上常见的有寒厥、热厥、蛔厥3种类型。寒厥多由于少阴病症寒极所致，症见四肢厥冷、口色淡白、无热恶寒、脉细微。治宜回阳救逆，方用四逆汤。热厥多由于热蕴于内，阻阴于外，症见四肢厥冷、口色红黄、恶热、口燥、尿短赤。治宜清热和阴，方用白虎汤。蛔厥多由于蛔虫感染所致的寒热交错证，症见发热恶寒交错、四肢厥冷与复温交替、口渴欲饮、呕吐或呕蛔虫、黏膜黄染。治宜调理寒热、和胃驱虫，方用乌梅丸。

(七)合病与并病　合病是指两经或三经证候同时出现，而并病是指一经病证未罢，又出现另一经证候。临床上以三阳经的合病和并病最多。

1. 太阳少阳并病　该病证是由于太阳表证未愈,又兼出现少阳半表半里的表现。症见咳嗽、喷鼻(鼻塞)、精神倦怠、四肢关节肿痛(太阳表证)、寒热往来、呕吐(少阳证)。治宜太阳、少阳双解,方用柴胡桂枝汤。

2. 少阳阳明并病　该病证是由于少阳病未愈,又兼出现阳明病的症状。症见寒热往来、耳鼻时冷时热、肠音低弱、粪便干小。治宜少阳、阳明双解,方用大柴胡汤。

3. 太阳阳明合病　该病证是由于太阳表邪未解,又入阳明;或胃肠积热后,又感受寒邪所致。症见恶寒发热、咳嗽、肠音低弱、粪便干燥、舌苔厚。治宜表里双解,方用防风通圣散。

四、卫气营血辨证

卫气营血辨证是在伤寒六经辨证的基础上,通过对温热病四类不同证候及其演变规律的总结与概括,是中医药学对外感热病认识与把握的更进一步发展与完善。卫分证主表,病在肺和皮毛,治宜辛凉解表。气分证主里,病在胸膈、胃肠和胆等脏腑,治宜清热生津。营分证是邪热入于心营,病在心与心包络,治宜清营透热。血分证则热已深入肝肾,重在动血、耗血,治宜凉血散血。先卫分,再依次传入气分、营分与血分,是温热病发展的一般规律;但像伤寒六经传变一样,其也可不经卫分而直接从气分证或营分证开始,或由卫分直入营分而不经过气分,或气分病不经营分而直入血分。故临床治疗要随机应变,灵活应用。

(一)卫分病证　多是温热病邪犯肌表,症见发热重、恶寒轻、咳嗽、口干舌燥、色微红、苔薄黄、脉浮数。治宜辛凉解表,热在皮毛而发热重者方用银翘散,热在肺而咳嗽重者方用桑菊饮。

(二)气分病证　热邪已内入脏腑,属于里热证。但由于所在脏腑不同,又有温热在肺、热入阳明与热结肠道 3 种类型。

1. 温热在肺　症见发热不恶寒、呼吸急促、咳嗽喘急、口色鲜红、苔黄燥、脉洪数。治宜清热化痰、止咳平喘,方用麻杏石甘汤。

2. 热入阳明　症见高热、大汗出、口干喜饮、色鲜红、苔黄燥、脉洪大。治宜清热生津,方用白虎汤。

3. 热结肠道　症见发热、粪便干结或热结旁流、腹痛起卧、尿短赤、口干燥、色深红、苔黄厚、脉沉实有力。治宜滋阴增液、通便泄热,方用增液承气汤。

(三)营分病证　临床上以高热、神昏、舌质红绛、斑疹隐隐为特征,分为营热证和热入心包证 2 种类型。

1. 营热证　症见高热不退、入夜更甚、躁动不安、呼吸喘粗、舌红绛、斑疹隐隐、脉细数。治宜清营解毒、透热养阴,方用清营汤。

2. 热入心包证　症见高热、神昏、舌绛、脉数、肢厥并抽搐、出血,甚者发斑。治宜清心开窍,方用清宫汤。

(四)血分病证　临床上可分为血热妄行证、气血两燔证、肝热动风证与血热伤阴证 4 种类型。

1. 血热妄行证　症见身热、神昏、黏膜和皮肤发斑、尿血、便血、口色深绛、脉数。治宜清热解毒、凉血散瘀,方用犀角地黄汤。

2. 气血两燔证　症见身大热、狂躁不安、喜饮、鼻出血、便血、黏膜和皮肤发斑、舌红绛、苔焦黄带刺、脉洪大而数或沉数。治宜清热解毒、凉血养阴,方用清瘟败毒饮。

3. 肝热动风证　症见高热抽搐、背项强直,甚或角弓反张、口色深绛、脉弦数。治宜清热解毒、平肝熄风,方用羚羊钩藤汤。

4. 血热伤阴证　症见低热绵绵、倦怠喜卧、口干舌燥、色红无苔、尿赤、粪干、脉细数无力。治宜清热养阴,方用青蒿鳖甲汤。

第二章　内科疾病

第一节　呼吸系统疾病

咽　炎

　　咽炎是指咽黏膜与黏膜下层部位炎症,包括软腭、扁桃体等部位发生炎性变化,临床上一般以吞咽障碍、疼痛、厌食、咳嗽为特征。

　　病牛头颈伸直,采食缓慢而谨慎,并常中断,吞咽困难,吞咽时伸头、点头或头向侧边运动;常空口咀嚼、空口吞咽,前蹄踏地或刨地;触诊咽部敏感、热痛。严重者食团(草料)或饮入的水从口、鼻中漏出;饮食时多咳嗽并咳出食物;口中垂涎,呼吸困难并常伴有鼾鸣音或口哨音。

　　【病　因】　主要是饲养、使役不当和外感风热。长途运输,奔走过急,心肺积热;趁热饲喂草料,肺胃积热;外感风热,热邪侵袭,上攻而结于咽部致病。粗暴投送胃管,吸入或食入有刺激性的气体或食物,也可导致本病发生。感冒、口炎、食道炎、唾液腺炎、结核等病中亦可继发咽炎。

　　【辨　证】　根据发病原因,主要分为以下 3 种证型。

　　1. 心经郁热型　症见舌尖红赤,口流黏涎,采食疼痛,咀嚼困难,水草难咽,小便短迟。

2. 脾胃积热型　症见喜饮凉水,粪便干燥,口流涎沫,口臭难闻,齿龈、上腭、唇部肿胀或糜烂溃疡。

3. 外感风热犯肺型　症见精神倦怠,耳、鼻、体表发热,喜饮凉水,舌尖红赤,咽部红肿,采食疼痛,咀嚼困难,水草难咽,粪便干燥,小便短迟。

【中药治疗】

1. 心经郁热型

(1)治则　清解心经火热。

(2)方药　生石膏150克,金银花、玄参、车前子(包)各60克,连翘、黄连、黄芩、知母、栀子各30克。水煎服,每日2次。

2. 脾胃积热型

(1)治则　治宜解热毒,清胃火。

(2)方药　枳实、泽泻、陈皮、旋覆花各50克,黄芩、生地黄、芒硝各30克,柴胡、升麻各24克。共研为末,开水冲调,候温灌服。

3. 外感风热犯肺型

(1)治则　清热解毒,消肿利咽。

(2)方药　病初口服银翘散加减,病情严重者口服消黄散加减。

方剂一:银翘散(《温病条辨》)加减。金银花、连翘、板蓝根、紫花地丁各30克,淡豆豉、桔梗、荆芥穗、牛蒡子、射干各25克,淡竹叶、薄荷各20克,芦根40克,甘草10克。共研为末,开水冲调,候温灌服。

方剂二:消黄散(《元亨疗马集》)加减。黄药子、白药子、知母、山豆根、连翘各25克,栀子、黄芩、大黄、浙贝母、郁金、玄参、防风、黄芪各20克,芒硝60克,马勃、射干、甘草、蝉蜕各15克。共研为末,开水冲调,候温加蜂蜜120克、鸡蛋清4枚,同调灌服。

方剂三:清解利咽汤。板蓝根40克,山豆根50克,芦根60克,桔梗、黄连、黄芩、黄柏各40克,射干25克,金银花、连翘各45

克,玄参、牛蒡子、七叶一枝花各 35 克,马勃 20 克,甘草 15 克。热盛加生石膏 60 克,天花粉 35 克;粪便干燥加大黄 30 克。以上药用清水 3 000 毫升,煎取药汁 1 500 毫升,煎取 2 次,共得药汁 3 000毫升,每日 1 剂,分早、中、晚 3 次灌服(钟永晓)。

方剂四:三根三黄汤。板蓝根 40 克,山豆根 50 克,芦根 60克,黄连、黄芩、黄柏各 40 克,薄荷 25 克,金银花、连翘各 45 克,玄参、牛蒡子、七叶一枝花各 35 克,马勃 20 克,甘草 15 克。热盛加生石膏 60 克,粪便干燥加大黄 30 克,水煎灌服(梁生胜等)。

【针灸治疗】 针刺玉堂穴,膘肥体壮者,可彻鹘脉血。

喉　炎

喉炎是喉黏膜及其下层组织的炎症,临床上以剧烈咳嗽,呼吸困难,咽部增温、肿胀、敏感为主要特征。本病常与咽炎并发,中兽医称其为颡黄、肺颡黄,为三喉证之一。

初期病牛干痛咳,触诊喉部时,感觉过敏,以后变为湿而长的咳嗽,疼痛缓解,但饮冷水、采食干料及吸入冷空气时,咳嗽加剧,甚至发生痉挛性咳嗽。病牛喉部肿胀,头颈伸展,呈吸气性呼吸困难。喉部听诊可听到大水泡音或狭窄音。鼻孔中流出浆液性或黏液性或黏液脓性鼻液,下颌淋巴结急性肿胀。继发咽炎时则咽下障碍,有大量混有食物的唾液随鼻液流出。重症病例精神沉郁,体温升高 1℃～1.5℃,脉搏增数,结膜发绀,咳嗽剧烈,呼吸极度困难。四肢开张站立,喉部肿胀。

【病　因】 多因饲养管理不当,使役过重,奔走太急,以致心肺壅热,热毒上攻,结于咽喉,而发肿痛;或趁热饲喂草料,肺胃积热,上冲于咽喉而致;或外感寒热,郁热生毒,致使热毒结于咽部,而成其患。此外,粗暴投送胃管,吸入或食入有刺激性的气体和物质,亦可诱发本病。

【辨　证】　根据病因、病机不同可分为风热束表型和胃热熏蒸型2类。

1. 风热束表型　以肺卫证候为主。症见精神沉郁,伸头直项,呼吸喘粗,吞咽不利,口内流涎,采食时多咳,饮水时从鼻孔逆出。或流涕,喉嗓软肿,触摸热痛,捏压可引发短促而痛苦的干咳。以后出现分泌物,转为湿性咳嗽,痛苦也减轻。当喉黏膜肿胀严重时,呼吸出现吹哨音或喉狭窄音。口色鲜红,舌苔薄黄,脉浮数。

2. 胃热熏蒸型　邪已入里,热候更甚,大便干燥,小便短赤,口色红燥,苔黄或腻,口臭,脉洪数或滑数。病情重剧则水草难咽,呼吸困难,喉中痰鸣,口色赤紫或青紫,有窒息的危险。

【中药治疗】

1. 风热束表型

(1)治则　清热解表,利咽消肿。

(2)方　药

方剂一:银翘散。热甚者加紫花地丁、蒲公英、黄芩,咽喉肿痛甚者加板蓝根、射干、马勃等。

方剂二:牛蒡子21克,大黄24克,元明粉30克,连翘18克,黄芩18克,栀子18克,浙贝母15克,薄荷15克,板蓝根30克,天花粉30克,山豆根21克,麦冬21克。共研为末,以鸡蛋清4枚为引,开水冲调,一次灌服。

2. 胃热熏蒸型

(1)治则　清热解毒,消黄散结。

(2)方　药

方剂一:济世消黄散。知母、黄药子、栀子、黄芩、浙贝母、白药子各35克,大黄40克,甘草15克,黄连、郁金、黄柏、秦艽各30克。水煎去渣,候温灌服。

方剂二:六神丸(中成药)。取100～200丸,凉水冲服;或研成细末,吹入咽喉内。

方剂三:雄黄散。雄黄、白及、白蔹、龙骨、川大黄各等份,研为末,用醋或水调外敷。

【针灸治疗】 针刺鹘脉穴放血,针鼻俞穴;病势严重则开喉俞穴。

感 冒

感冒是风邪(风寒或风热)侵袭畜体引起的常见急性发热性疾病,临床上以鼻塞、流涕、喷嚏、咳嗽、恶寒、发热、呼吸增快、脉浮等为特征。各种家畜在一年四季均可发病,尤以春、冬两季为多见。

【病 因】 感冒是由六淫之气和时行疫毒侵入畜体而致病。多因对家畜管理不当,由寒冷之邪气突然袭击所致。六淫之气,以风邪为主因,由于风为六淫之首,百病之长,往往与其他当时之气相结合而伤害畜体。当畜体卫外功能减弱,肺卫调节失司,而外邪乘袭时,则易感受发病,如气候突变,寒温失常,六淫及时行之邪肆虐,侵袭肌表,卫外之气不能调节应变,则本病发病率升高;或因饲养管理不当,寒温失调以及过度劳役,而致肌腠不密,时邪疫毒侵袭为病;或因畜体素虚,腠理疏松或过劳出汗,又复感风邪,致使卫气受伤,营液外泄,营卫不和而发病。

【辨 证】 由于感冒的病因不同和畜体素质的差异,故临床表现的证候也不同,一般可分为风寒、风热和时行感冒等主要类型。

1. 风寒感冒 因风寒之邪侵袭肌表所致。症见精神倦怠,食欲不振,被毛竖立,拱腰低头,恶寒,发热,无汗,鼻寒耳冷,鼻流清涕或咳嗽,鼻镜无汗,反刍减少;重则高热不退,精神困倦,食欲废绝,反刍停止,耳、鼻和四肢厥冷,皮温不整,肘部或全身颤抖,肢体拘急;行动不灵,流涕、咳嗽,脉浮紧。

2. 风热感冒 因风热之邪侵袭肌表所致。症见精神沉郁,肌表发热,喜凉恶热,呼吸喘促,有时咳嗽,鼻流黏涕,食欲减退,口渴欲饮,鼻镜干,口流涎黏,口色偏红,呼吸气粗,脉浮数。

3. 时行感冒　因多为风温所致,故发病急,病情重,呈流行性,传染快。症见病牛精神高度沉郁,食欲减退或废绝,发热,咳嗽、流涕,眼红流泪,呼吸快速,反刍减少或停止,肌肤寒战,鼻镜干燥,口热涎黏,四肢无力,步行不稳,脉数。

除此以外,还兼有夹湿、夹暑、夹燥等感冒。

【中药治疗】

1. 风寒感冒

(1)治则　辛温解表,疏散风寒。

(2)方　药

方剂一:麻黄汤加味。麻黄、桂枝各 45 克,杏仁 60 克,甘草 20 克。研为末,开水冲调,候温灌服,或煎汤服。本方适于风寒表实证。

方剂二:荆防败毒散加减。荆芥、防风、桔梗各 30 克,羌活、独活、柴胡、前胡、枳壳各 25 克,茯苓 45 克,甘草 15 克,生姜 20 克。研为末,开水冲调,候温灌服。

2. 风热感冒

(1)治则　辛凉解表,散风清热。

(2)方　药

方剂一:银翘散加减。金银花、连翘、淡竹叶各 30 克,淡豆豉、荆芥穗、桔梗、牛蒡子各 25 克,薄荷 15 克,芦根 60 克,甘草 10 克。研为末,开水冲调,候温灌服。本方适用于风热感冒、温病初起。

方剂二:桑菊饮加减。杏仁、连翘、菊花、桔梗各 30 克,薄荷 15 克,桑叶 40 克。研为末,开水冲调,候温灌服。

3. 时行感冒

(1)治则　辛凉解表,清热解毒。

(2)方药　银翘散或荆防败毒散加板蓝根、大青叶、金银花、葛根等药物。

兼有夹湿感冒用藿香正气散加减。藿香 90 克,柴胡、白芷、大腹皮、茯苓各 30 克,白术、半夏曲、陈皮、厚朴、桔梗各 60 克,甘草(炙)75 克。研为末,加生姜、大枣煎水冲调,候温灌服,亦可水煎灌服。

兼有夹暑感冒用香薷散。黄芩 45 克,甘草 15 克,香薷、黄连、当归、连翘、天花粉、栀子各 30 克。研为末,开水冲调,候温加蜂蜜适量灌服。本方适用于炎夏酷热所伤、心肺壅极、表里俱热之证。

兼有夹燥感冒用清燥救肺汤加减。桑叶 45 克,石膏(煅)75 克,杏仁(炒)、党参、麦冬各 30 克,甘草、胡麻仁、阿胶各 15 克,枇杷叶 25 克。研为末,开水冲调,候温灌服。本方适用于秋令感冒。

【针灸治疗】 可选山根、耳尖、顺气、苏气、百会、尾尖等穴针刺。咳嗽针苏气穴,慢草针通关、六脉穴。

咳　嗽

咳嗽是肺系受病,宣降失常,肺气上逆作声,并将肺管、喉间之痰涎异物咳出的病证。本病一年四季各种家畜均可发生。

咳嗽既是具有独立性的证候,又是肺系多种疾病的一个症状。咳嗽与痰在病机上有密切关系,一般咳嗽每多夹痰,而痰多亦每致咳嗽,故有"咳嗽必由痰作祟"的说法。

【病　因】 咳嗽的病因有外感、内伤两大类。外感咳嗽为六淫外邪侵袭肺系;内伤咳嗽为脏腑功能失调、内邪干肺等引起,内外因致肺系受病,肺失宣肃,肺气上逆作咳。

外感咳嗽与内伤咳嗽还可相互影响为病,久延则邪实转为正虚。外感咳嗽如迁延失治,可致咳嗽屡作,肺气益伤,逐渐转为内伤咳嗽;肺脏有病,卫外不强,易受外邪引发加重,肺脏虚弱,阴伤气耗。因此,咳嗽虽有外感、内伤之分,但有时两者又可互为因果。

【辨　证】　本病可分为外感咳嗽和内伤咳嗽。外感咳嗽多是新病，起病急，病程短，常伴肺卫表证，实证居多；内伤咳嗽多为久病，常反复发作，病程长，可伴见他脏病证，多属邪实正虚。

1. 外感咳嗽　常见有风寒咳嗽、风热咳嗽、风燥咳嗽等。

(1) 风寒咳嗽　多因外感风寒所致。症见咳嗽较剧，被毛逆立，畏寒，咳声洪亮，遇寒咳重，耳、鼻俱凉，鼻流清涕，有时打喷嚏。牛鼻汗不成珠，反刍减少，口涎增多，流泪，畏寒发抖，四肢拘急，鼻塞不通，咳嗽气喘。口色淡红或稍青白，舌苔薄白，口腔湿润，脉浮紧。

(2) 风热咳嗽　多因外感风热所致。症见精神倦怠，草料迟细，耳、鼻俱温，体表热，口渴喜饮，咳嗽阵发，鼻液黏稠，多兼有表热症状。口色偏红，舌苔薄黄，脉浮数。牛可见鼻镜干燥，口热涎黏，口渴多饮，干咳气喘。

(3) 风燥咳嗽　多发于秋燥季节，乃燥邪与风热并见的温燥证。症见干咳，连声作呛，痰黏难咳，咽喉触诊有痛感，口、鼻干燥，口渴欲饮，大便干燥，小便短赤，口色红燥，舌苔薄黄，脉浮数，常伴发热微恶风寒。

2. 内伤咳嗽　根据起病的脏腑不同，分为肝火犯肺咳嗽、肺虚咳嗽、脾虚咳嗽、肾虚咳嗽和心虚咳嗽。

(1) 肝火犯肺咳嗽　症见上气咳嗽阵阵，咳时两目怒张，头则左顾，胸胁胀痛，咽干口渴，痰少而质黏，难以咳出，舌苔薄黄少津，脉弦数。

(2) 肺虚咳嗽　又称劳伤咳嗽，症见咳声连连，声短而低，昼轻夜重，形体消瘦。属肺气虚者，咳声嘶哑无力多兼气喘，口色淡白，舌质绵软，脉迟细而无力。属肺阴虚者，频频干咳，痰少津干，舌红少苔，脉细数。

(3) 脾虚咳嗽　症见咳嗽痰多，咳声重浊，痰液青白滑利，因痰而嗽，痰出咳平，脉缓无力，兼有脾虚不运证候，如食少、便溏、口色薄白、舌苔白腻。

(4)**肾虚咳嗽** 症见咳嗽日久不愈,出现咳嗽时悬其后肢,有时遗尿,咳而兼喘,兼有肾阳虚或肾阴虚等症状。

(5)**心虚咳嗽** 症见低头闷咳,咳喘无力,两眼圆睁,回头顾左胸,有时咳嗽并前蹄刨地。自汗,体瘦毛焦,唇舌暗淡,或见舌有瘀血斑点,卧蚕边缘红而前面青白。脉细弱或结代。

【中药治疗】 肾虚咳嗽宜补肾纳气,止咳化痰;心虚咳嗽宜清肺活血,顺气通瘀。

1. 外感咳嗽

(1)**风寒咳嗽**

①治则 疏散风寒,宣肺止咳。

②方 药

方剂一:荆防败毒散加减。荆芥、防风、桔梗各30克,羌活、独活、柴胡、前胡、枳壳各25克,茯苓45克,甘草15克,生姜20克。研为末,开水冲调,候温灌服。

方剂二:止嗽散加减。桔梗、荆芥、紫菀、白前、百部各1 000克,甘草375克,陈皮(去白)500克。研为末,牛每次50～150克,开水冲调,候温灌服。

方剂三:杏苏散。杏仁、茯苓各30克,紫苏、前胡、桔梗、枳壳各24克,法半夏、陈皮各18克,生姜、甘草各15克,大枣12枚。研为末,开水冲调,候温灌服。本方适用于外感凉燥咳嗽。

(2)**风热咳嗽**

①治则 疏风清热,化痰止咳。

②方药 银翘散加减。金银花、连翘、淡竹叶各30克,淡豆豉、荆芥穗、桔梗、牛蒡子各25克,薄荷15克,芦根60克,甘草10克。研为末,开水冲调,候温灌服。

(3)**风燥咳嗽**

①治则 清热润燥,止咳化痰。

②方 药

方剂一:清燥救肺汤加减。霜桑叶45克,石膏(煅)75克,甘草、胡麻仁、阿胶(烊化)各15克,麦冬20克,杏仁10克,党参、枇杷叶各30克。水煎去渣,候温灌服,或研末冲服。

方剂二:川贝母散加减。川贝母、栀子、桔梗、甘草、杏仁、紫菀、牛蒡子、百部各30克。研为末,开水冲调,候温灌服。

2. 内伤咳嗽

(1)肝火犯肺咳嗽

①治则 清肺平肝,顺气降火。

②方 药

方剂一:枇杷散加减。枇杷叶35克,款冬花、天花粉、苏子、生地黄、山药、马兜铃、知母、川贝母、紫苏、地龙各25克,自然铜10克,秦艽、阿胶各30克,红花子、天冬、麦冬、瞿麦、没药、黄连、当归、白芍、木通各20克,甘草15克。研为末,开水冲调,以童便为引,候温灌服。

方剂二:加减泻白散合黛蛤散。地骨皮、桑白皮、青黛、海蛤壳各45克,甘草20克。研为末,开水冲调,候温灌服。

(2)肺虚咳嗽

①治则 益气补肺,化痰止咳。

②方药 百合固金汤。生地黄30克,熟地黄45克,麦冬25克,百合、白芍、当归、川贝母、生甘草各15克,玄参、桔梗各10克。研为末,开水冲调,候温灌服。

(3)脾虚咳嗽

①治则 益气补脾,化痰止咳。

②方药 二陈汤加减。半夏、橘红各45克,白茯苓30克,炙甘草、生姜各15克,乌梅5个。研为末,开水冲调,候温灌服。

(4)肾虚咳嗽

①治则 补肾纳气,止咳化痰。

②方 药

方剂一：参蛤散。蛤蚧1对，杏仁、甘草、桑白皮各20克，知母、人参、茯苓、川贝母各25克。研为末，开水冲调，候温灌服。本方适用于肾阴虚咳嗽。

方剂二：荷叶散加减。荷叶20克，当归30克，没药21克，血竭25克，韭菜籽、乌药、羌活各18克。研为末，开水冲调，候温灌服。本方适用于肾虚兼见遗尿证。

（5）心虚咳嗽

①治则 活血补心，顺气通瘀。

②方药 螺青散加减。螺青30克，知母、川贝母各21克，薄荷、桔梗、香附各15克，郁金、川芎、牛蒡子、茯苓、没药、当归、远志、瓜蒌各18克，甘草12克，黄芪25克。研为末，开水冲调，加蜂蜜200克，候温灌服。

【针灸治疗】 风热咳嗽针刺血堂、通关、鼻俞、苏气、山根、尾尖、大椎、耳尖等穴；风燥咳嗽针刺血堂、胸堂、苏气、肺俞、百会等穴；肝火犯肺咳嗽针刺通关、鼻俞、肺俞、肝俞等穴位；肺虚咳嗽针刺脾俞、肺俞、百会等穴位；脾虚咳嗽火针脾俞、三焦穴，针玉堂、肺俞等穴；心虚咳嗽针刺玉堂、蹄头、喉脉等穴。

支气管炎

支气管炎是各种原因引起的动物支气管黏膜表层或深层的炎症，临床上以咳嗽、流鼻液和不定热型为特征。以老龄和幼龄牛较多见，主要为热性症状。病牛有精神不振，食欲、反刍减少，心率加快，体温微热，呼吸稍快等轻度全身症状。口色红燥，脉象洪大。病初有显著的短、干而又痛苦的咳嗽，人工诱咳极易发生；以后随着分泌物增加，咳嗽转为湿性而延长，痛苦也略减轻。两鼻孔流出黏性、后呈黏脓性的鼻液。听诊肺部，初期肺泡呼吸音粗厉，以后当渗出物较多时,可出现湿性啰音。叩诊常无变化。

本病按病程可分为急性和慢性两种。

急性支气管炎主要症状是咳嗽。初期短咳、干咳,以后则长咳、湿咳。初期鼻孔流出液性鼻漏,以后则变成黏液性或黏液脓性。胸部听诊,初期肺泡音粗厉,3 天左右则出现啰音。叩诊无明显变化。体温稍高,一般升高 0.5℃~1℃。呼吸稍增,脉跳稍快。食欲减退,眼结膜充血。腐败性支气管炎症病牛呼出气有恶臭味,鼻孔流出污秽和有腐败臭味的鼻液,全身症状严重。

慢性支气管炎表现长期持续性咳嗽,尤其是运动、使役、采食和早、晚气温低时更为明显,并且多为剧烈干咳、气喘。鼻孔流黏液性鼻液,量少,较黏稠。胸部听诊可听到干性啰音,叩诊无变化。病程越长,病情越加重。

【病　因】　由于早春和晚秋气候骤变,动物受寒感冒;或劳役过重,奔走太急,汗后遭到风吹雨淋;或因吸入刺激性气体、烟尘、真菌孢子及误咽异物;或因传染性因素和寄生虫的侵袭等继发本病。

【辨　证】　参考中兽医学的咳嗽进行辨治。

1. 风寒束肺　症见咳嗽,痰白而稀薄,舌苔薄白。

2. 风热袭肺　症见干咳痰少,不易咳出或咳痰黄黏,舌尖红,舌苔薄黄。

3. 痰湿犯肺　症见咳嗽,痰多色白而黏。

4. 脾肾两虚　症见咳嗽喘息,痰多色白,或稀或稠,咳喘缠绵不愈,遇寒即发。

【中药治疗】

1. 风寒束肺

(1)治则　祛风散寒,宣肺化痰。

(2)方药　三拗汤加味。杏仁、荆芥、前胡、紫苏各 60 克,五味子、桔梗、甘草各 45 克,麻黄 40 克。共研为细末,开水冲调,一次灌服,每日 1～2 剂。

2. 风热袭肺

(1)治则　解表宣肺,泄热止咳。

(2)方药　桑菊饮加减。桑叶、前胡、连翘、黄芩各 60 克,杏仁、牛蒡子各 50 克,桔梗、芦根各 45 克,薄荷 25 克。水煎服。或用沙参散加减。沙参 60 克,麦冬、半夏、杏仁各 45 克,白芍、牡丹皮、川贝母、陈皮、茯苓、甘草各 30 克。共研为细末,开水冲调,待凉一次灌服。

3. 痰湿犯肺

(1)治则　燥湿化痰。

(2)方药　二陈汤加减。半夏、茯苓、杏仁、苍术、白术各 60 克,紫菀、白前各 45 克,陈皮 40 克,枳壳、白芥子、甘草各 30 克。水煎服。

4. 脾肾两虚

(1)治则　补肾健脾,润肺止咳。

(2)方药　百合固金汤加减。百合 120 克,熟地黄、山药、黄芪各 60 克,玄参、麦冬、白术、茯苓、陈皮、半夏、白芍、甘草各 45 克。共研为细末,开水冲调一次灌服,每日 1～2 剂。

支气管肺炎

　　支气管肺炎是指细支气管和肺泡的炎症,临床上以呼吸加快、咳嗽和肺部听诊有异常呼吸音为特征,多由细支气管炎蔓延而来,故称为卡他性肺炎或支气管肺炎。常见的是蔓延至个别肺小叶或一群肺小叶发炎,所以又称为小叶性肺炎。

　　本病常见于老弱牛和犊牛,多发于春、秋两季。病初呈支气管炎症状,偶有咳嗽,鼻和支气管分泌物增多,食欲减退,支气管啰音。随后流鼻液,鼻翼扇动,呼吸浅表,站立时头颈直伸,甚至张口呼吸,咳嗽次数频繁,低弱而呈湿性,体温上升 1.5℃～2℃,呈弛张热型。病牛精神沉郁,反刍停止,食欲减退甚至废绝,瘤胃蠕动缓慢,粪干而量少。肺部听诊,病区肺泡音减弱,病初有湿啰音,病重可听到支气管呼吸音。病灶周围组织肺泡音粗厉,出现捻发音。叩诊肺部出现半浊音或浊音。脉搏细而无力,90～100 次/分。X 线检查肺脏边缘模糊不清,在其前下部可发现若干散在性病灶。血液检查,嗜中性粒细胞与白细胞总数增加,嗜中性细胞核左移。

【病　因】　本病病因和支气管炎基本相同,多因病原菌的侵入、外界不良因素刺激及体质虚弱、抵抗力降低所致。常见的病原菌有巴氏杆菌、绿脓杆菌、大肠杆菌、葡萄球菌、肺炎球菌等。饲养管理不当、营养缺乏、劳役过度、受寒感冒、幼弱老衰、维生素 A 缺乏等,都会造成机体及肺组织抵抗力降低。也可继发于子宫炎、乳房炎及创伤性心包炎等疾患。

【辨　证】　可参考中兽医学的咳嗽、痰饮、气喘等证进行辨证。

1. 风温闭肺型　症见发热,咳嗽,气促喘急,鼻流黄涕。

2. 痰热阻肺型　症见病势急骤,痰鸣喘粗,气急鼻扇,高热不退。

【中药治疗】

1. 风温闭肺型

(1)治则　宣肺化痰、清热解毒。

(2)方药　麻杏石甘汤加减。生石膏 180 克,麻黄、杏仁、金银花、黄芩、板蓝根各 60 克,连翘、甘草各 45 克。水煎 2 次,混合后分 2 次灌服。

2. 痰热阻肺型

(1)治则　清热解毒,宣肺祛痰。

(2)方药　葶苈大枣泻肺汤加减。生石膏 120 克,大枣、麻黄、杏仁各 60 克,葶苈子 45 克,甘草 40 克。水煎 2 次,混合后分 2 次灌服。

大叶性肺炎

大叶性肺炎又称纤维素性肺炎,是指整个肺叶发生的急性、高热性炎症。本病的炎性渗出物为纤维蛋白性物质,故称为纤维蛋白性肺炎。临床上以高热稽留,流铁锈色鼻液,肺部有广泛性浊音区和定型的病理经过为特征。有传染性和非传染性 2 种,前者是一种局限于肺脏的特殊传染病;而后者则是一种变态反应性疾病,同时具有过敏性炎症。

本病以咳嗽、气粗喘促、呼吸困难、高热(体温达 40.5℃ 以上)、脉搏 80 次/分以上、颤抖、胸痛、鼻流灰黄色或铁锈色黏涕、呼吸时肺部出现湿性啰音为特征。其常有 4 个典型的炎症病理过程:①充血期。病程短促,持续 12～36 小时,病变肺组织呈深红色,膨胀而体积增大,弹性降低,切面湿润,小块组织在水中不下沉。②红色肝变期。发病的前 2 天内,肺组织坚实如肝,呈红色,切面干燥有颗粒状物,似红色花岗石样,小块组织在水中立即下沉。③灰色肝变期。肺外观先呈灰色,后呈灰黄色,坚固性比红色肝变期要小。几种不同变化常在肺组织的不同部位出现,所以常常使患病部位切面似大理石样斑纹状。④溶解期。渗出物被溶解和吸收,肺组织变柔软,切面有黏性浆液性液体。

【病　因】　病牛有过度劳累的病史,如长期使役过重、驱赶过急等;受寒感冒、运动过量、吸入刺激性气体、外伤、管理不当、卫生环境恶劣等,都可诱发本病。有些是由于饲养管理不良等,降低了机体的抵抗力而致病。牛的巴氏杆菌病与本病发生密切相关,双球菌在本病的发生上也有重要意义。

【辨　证】　可参考中兽医学的风温犯肺、肺热咳喘等进行辨证。

1. 邪犯肺卫型　症见发病急骤，恶寒或寒战，发热，咳嗽，痰微黄，口干渴，舌稍红，苔薄黄，脉浮数。

2. 痰热壅肺型　症见高热不退，咳嗽，气粗喘促，口干欲饮，尿少便干，舌质红，苔黄，脉洪滑数。

3. 温邪伤阴型　症见日久不愈，低热，咳嗽气促，唇舌干燥，口干舌红，脉细。

【中药治疗】

1. 邪犯肺卫型

(1)治则　辛凉解表，宣肺止咳。

(2)方药　银翘散加减。金银花、大青叶、前胡、芦根各60克，连翘、薄荷、杏仁、桑白皮、玄参、甘草各45克，桔梗30克。共研为细末，开水冲调灌服。

2. 痰热壅肺型

(1)治则　清热解毒，宣肺化痰。

(2)方药　麻杏石甘汤加减。生石膏150克，杏仁、黄芩、桑白皮、紫苏叶各50克，麻黄、甘草、桔梗、麦冬、沙参、五味子各30克。共研为末，开水冲调，一次灌服。或用清瘟败毒散加减。生石膏180克，淡竹叶、水牛角各60克，连翘、生地黄、玄参、牡丹皮各45克，桔梗40克，栀子、黄芩、赤芍、知母各30克，黄连、甘草各24克。水煎一次灌服。

3. 温邪伤阴

(1)治则　益气养阴，清肺化痰。

(2)方药　竹叶石膏汤加减。石膏120克，淡竹叶90克，地骨皮、石斛、川贝母、瓜蒌各45克，太子参30克，麦冬、桑白皮各12克。共研为细末，开水冲调，一次灌服。

肺 气 肿

肺气肿由于肺泡内或肺间质蓄积气体而引起,以胸廓扩大,肺部叩诊呈鼓音、肺叩诊界后移和呼吸困难为主要特征。

病牛突然发生气喘,严重时张口呼吸,鼻翼扇动。病牛取站立姿势,不愿卧地,低头,颈伸长,舌伸出,口有泡沫。经 1～2 天后,在颈侧部、背部和臀部以及肩胛周围的皮下,出现不同程度的窜入性气肿,多发于颈部及肩胛,也可蔓延至全身,致使整个身体全部鼓满。触诊感到皮下有气泡移动,手压有捻发音。肺部叩诊呈过响音,间或伴有鼓音性质。听诊肺部呈噼啪音或爆鸣音,原有的肺呼吸音变弱。病程一般 1～2 天,有的可达 1 周。

【病　因】　急性病例常见于比较紧张的重劳役或剧烈的奔跑以后。慢性病例多见于各种慢性呼吸器官疾病,如慢性支气管炎等。肺泡内压力增高,特别是急剧的压力增高,常可引起本病。在顽固而剧烈的呼吸困难或连续咳嗽时,如支气管炎、肺炎、肺丝虫、肺脓肿、真菌毒素中毒、气道内进入异物等时,都容易引起本病。

【辨　证】　中兽医将其分为实喘与虚喘 2 种,不仅症状不同,治疗方法也不同。

1. 实喘　病来势较快,鼻咋喘粗,气急胸满,喘鸣音长,形似拉锯,咳嗽有力,体表发热,精神沉郁,草料减少,口色紫红,脉象洪数,大便干燥,小便短赤。

2. 虚喘　病来势较慢,喘声低而短,静时轻喘,动则重喘,体表不热,口色青白,脉象沉细,有时大便溏泻,小便短少,日渐消瘦。

【中药治疗】

1. 实　喘

(1)治则　养阴润肺,清热祛痰,止咳定喘。

(2)方药　加减葶苈子散。葶苈子 20 克,炙杏仁、川贝母、桔梗、瓜蒌仁、桑白皮、紫菀、天花粉各 18 克,黄芩、知母、栀子、大黄、芒硝、麦冬、玄参、甘草各 15 克。共研为细末,开水冲调,候温以蜂蜜 200 克为引,灌服。

2. 虚 喘

(1)治则 理肺健脾,补虚定喘。

(2)方药 加减滋阴定喘散。熟地黄、山药、何首乌、麦冬、当归、沙参各 24 克,党参、五味子(炒)、天冬、百合、炙黄芪、丹参各 20 克,炙杏仁、前胡、苏子、紫菀、白芍各 18 克,炙甘草、白及各 15 克。共研为细末,开水冲调,候温,加蜂蜜 10 克为引,口服。

第二节 消化系统疾病

口 炎

牛口炎又叫牛口疮,中兽医称舌疮、口疮、口舌糜烂,是口腔黏膜或深层组织的炎症,以舌和口腔黏膜发生红肿、水疱、溃烂、流涎、拒食或厌食为特征。多指因饲料粗硬、开口器使用不当等原因损伤黏膜所引起的口腔炎症,也可继发于牛口蹄疫、恶性卡他热、牛病毒性腹泻、牛传染性鼻气管炎及维生素 A 缺乏症等疾病。

病牛采食、咀嚼障碍,流涎,口腔不洁,呼出气味腐臭,黏膜呈斑纹状或弥漫性潮红,温热疼痛,肿胀。上腭、下腭、颊部、舌、齿龈等黏膜色泽鲜红或暗红,或有大小不等的溃烂面。继而分泌物增多,有白色泡沫附着于唇缘或蓄积于颊腔,有时呈牵缕状流出口角。唾液内常混有草料屑、血丝。采食、咀嚼缓慢,严重者常吐出草团或食团。常发生于夏季。

【病　因】

1. 机械性刺激　如饲喂含芒刺饲草（如糜秸、麦芒等）或饲料中含有木片、玻璃、铁丝、铁钉等尖锐物体，刺伤舌体及口腔。

2. 化学性刺激　误食化学物质（石灰等）和有毒物质，或饲喂霉败变质饲草，或某些疫疠之症（如口蹄疫）均可引起本病。

3. 其他　可继发于舌伤、咽炎或某些传染病。

中兽医理论认为是心肺、胃肠积热上冲于舌，热迫血络上冲于口舌，使局部脉络气血壅滞，血瘀化腐，腐而生疮，故得本病。饲养太盛，气血过旺；暑月炎天，劳役过重，心经积热，心热上攻于舌，致舌体肿胀，继而溃烂成疮；或饮食失调，役后未得休息，趁热喂给热草、热料，使邪热积于脾胃，上攻口舌而致。

【辨　证】　根据发病原因，主要分为以下 3 种证型。

1. 心火上炎型　病牛精神倦怠，两眼赤红，耳、鼻、体表发热，采食、咀嚼困难，疼痛，口内垂涎，口臭，口内灼热。初期舌体红而微肿并有红色小疙瘩；中期舌体肿胀或有烂斑，口内流出黏涎，垂于口外，咀嚼有痛苦感，不时吐出草团，口臭较重；重症舌面溃烂成疮，口涎带有血丝，口中恶臭难闻，或伴有大便干燥，尿短赤，脉洪数，口内赤红。由于日久草料不进，渐而毛焦欣吊，形体消瘦。

2. 胃火熏蒸型　精神较差，食欲不振，饮水较多，口温稍高，口流涎沫，口臭难闻，口内黏膜破溃生疮，齿龈、上腭、唇颊部肿胀或有糜烂、溃疡，有时口黏膜出现深红色斑块，唇肿或焦，舌色红中带黄，舌面上出现绿豆大小的灰白色小疱或溃疡面，齿龈肿胀，粪便干燥，脉象洪数。

3. 外伤型　病牛均有异物刺伤口舌史。采食小心，咀嚼缓慢，甚者吐草，口腔黏膜可见潮红、肿胀、水疱及溃疡等。有时可见异物沿下颌支下边穿出，化脓带血、气味恶臭，有时沿颊嵴上缘穿出，其状难睹；若饲喂带芒刺的麦糠，则多在舌面上有较大的溃疡，上面刺有许多麦芒，大量流涎，口臭难闻。病初一般无全身症状，若日久草料不进,或采食时吐出草团,则日渐消瘦。

【中药治疗】

1. 心火上炎型

(1)治则　宜以清心火解毒、散瘀消肿为主。

(2)方药　洗心散(《元亨疗马集》)。天花粉 18 克,白芷、木通、黄柏、桔梗、黄芩、甘草各 15 克,连翘、栀子、牛蒡子、茯神、白药子各 20 克。共研为细末,开水冲调,候温灌服。粪便干燥者,加大黄、芒硝泻热通便。热甚者,加石膏 120 克。若经久不愈、阴虚火旺者,可改用加味知柏散(《中兽医治疗学》)。酒知母、酒黄柏各30 克,乳香、没药、当归、黄芪各 25 克,木香、白芍、黄药子、白药子、牡丹皮各 15 克,甘草 10 克。水煎服。

2. 胃火熏蒸型

(1)治则　宜清胃肠之火,解热毒,散瘀消肿。

(2)方　药

方剂一:清胃散。黄连、升麻、牡丹皮各 30 克,当归、生地黄各45 克,生石膏 180 克。共研为末,开水冲调,候温灌服。

方剂二:消黄散加减。大黄 30 克,知母、黄柏、连翘、薄荷各21 克,芒硝 60 克,栀子、黄芩、天花粉各 25 克,甘草 15 克。共研为细末,开水冲调,候温加入 4 枚鸡蛋清为引搅拌起沫后灌服。

3. 外 伤 型

(1)治则　以局部处理为主。

(2)方药　对外伤型或有异物刺入者,均应用镊子将芒刺或异物取出。用 5%温盐水、5%硼砂溶液、2%~3%白矾溶液或 0.1%高锰酸钾溶液冲洗口腔,然后施以下列方药。

方剂一:青黛散。青黛、黄连、黄柏、薄荷、桔梗、儿茶各 10 克。研成细末,用纱布做一长条小袋,将药物放入袋内,置于水中浸湿,于饲喂草料后,将袋的两端系一绳,让病牛含于口内。

方剂二:冰硼散。冰片 0.5 克,硼砂 15 克,元明粉 15 克,朱砂

0.6 克。共研为极细末,装瓷瓶内贮存。每次用一捻,装竹管内吹患处。

【针灸治疗】 针刺通关、玉堂、胸堂及鹘脉穴。选用哪个穴位视病情而定,舌体肿胀者,以针通关穴为主;有痴高及齿龈肿胀者,以针刺玉堂穴为主;身热体壮,心经有热者,宜胸堂穴放血。

前胃弛缓

前胃弛缓是指前胃功能紊乱而表现出兴奋性降低和收缩减弱或缺乏,从而引起瘤胃内容物运转迟滞的一种消化功能紊乱综合征,其特征为食欲、反刍紊乱,瘤胃蠕动减弱或异常,故又称前胃虚弱。临床上以水草迟细、前胃蠕动减少或停止、缺乏反刍和嗳气为特征,一年四季皆可发病,尤以舍饲牛、老龄牛及使役过重的牛较多发。

前胃弛缓在兽医临床上可分为急性型和慢性型 2 种类型。

急性前胃弛缓的病牛首先是食欲减退,进而多数病牛食欲废绝,反刍无力,次数减少,甚至停止。瘤胃蠕动音减弱或消失,网胃和瓣胃蠕动音减弱。瘤胃触诊,其内容物松软,有时出现间歇性膨胀。病初一般粪便变化不大,随后粪便坚硬,色暗,被覆黏液,继发肠炎时,排棕褐色粥样或水样粪便。

慢性前胃弛缓的症状与急性型相似,但病程较长,病势起伏不定。病牛精神沉郁,鼻镜干燥,食欲减退或拒食、偏食,异嗜,经常磨牙,反刍逐渐弛缓,嗳气减少,嗳出的气体常带臭味。瘤胃蠕动音减弱或消失,其内容物松软或呈坚硬感,多见轻度瘤胃膨胀。

【病　因】 多因长期饲养不善,单纯饲喂秕壳、麦糠和藤秸,或饲喂品质不良的饲料,饲料突变,饱后即役;或炎天重役,饮喂失宜,使胃腑腐熟异常,酿成湿热之证。若过饮冷水或食冰冻饲料,或长期劳役过重,年老多病,气血双亏,导致前胃受纳腐熟功能衰退,遂发虚寒之证。其他疾病,如宿草不转、气臌胀、产后诸病、肝病、内寄生虫病和慢性中毒等,失于治疗或护理不当,亦可继发本病。

【辨　证】　中兽医认为前胃弛缓主要是由于脾虚不运所引起,可分为以下证型。

1. **脾胃虚弱型**　症见精神不振,站少卧多,食欲不振,体瘦毛焦,倦怠乏力,粪便稀薄,草料不化,口色淡白,脉细无力。

2. **脾虚湿困型**　症见倦怠喜卧,饮食欲废绝,或渴不欲饮,腹部胀满,大便溏泻,小便短少,口内黏滑或口涎外流,舌苔白腻,脉细缓。

3. **湿热内蕴型**　症见口腔酸臭,津少干黏,色红赤,苔黄腻,不欲饮,粪便黏腻不爽,小便黄而少,脉濡数。

4. **脾胃虚寒型**　症见被毛逆立,耳、鼻发凉,四肢不温,鼻汗不成珠,口流清涎,粪便稀薄,小便清长,脉沉迟微弱。

【中药治疗】

1. **脾胃虚弱型**

(1)治则　补中益气,健脾和胃。

(2)方　药

方剂一:扶脾散。茯苓 30 克,泽泻 18 克,白术(土炒)、党参、苍术(炒)、黄芪各 15 克,青皮、木香、厚朴各 12 克,甘草 9 克。共研为细末,温水调服,连服数剂。

方剂二:参苓白术散。白扁豆 60 克,党参、白术、茯苓、甘草、山药各 45 克,莲子肉、薏苡仁、砂仁、桔梗各 30 克。共研为末,开水冲服或水煎服。

方剂三:补中益气汤加减。炙黄芪 90 克,党参、白术、陈皮各 60 克,炙甘草 45 克,升麻、柴胡各 30 克。水煎服。

2. **脾虚湿困型**

(1)治则　健脾祛湿,养胃消食。

（2）方　药

方剂一：胃苓汤。苍术、厚朴、陈皮、茯苓、白术各 45 克,泽泻、猪苓各 30 克,甘草 18 克,肉桂 15 克,加姜、枣适量,水煎服。

方剂二：平胃散加减。大枣 90 克,苍术、党参、白术、黄芪、茯苓各 60 克,厚朴、陈皮各 45 克,甘草、生姜各 20 克。共研为末,开水冲服。

3. 湿热内蕴型

（1）治则　清热利湿,开胃消食。

（2）方　药

方剂一：黄芩滑石汤。黄芩、滑石、猪苓、茯苓各 45 克,大腹皮、白豆蔻、通草各 15 克。水煎候温灌服。

方剂二：三仁汤加减。薏苡仁、滑石、白术、茯苓、神曲、麦芽各 45 克,半夏、杏仁各 30 克,通草、白豆蔻、淡竹叶、厚朴各 15 克。水煎服。

方剂三：黄芪、黄芩、茯苓、茵陈、龙胆草各 60 克,大黄、佩兰、白术、枳实各 50 克,砂仁、甘草各 40 克。水煎灌服。

4. 脾胃虚寒型

（1）治则　温中散寒,消食醒脾。

（2）方　药

方剂一：黄芪建中汤加减。黄芪、党参、焦三仙各 50 克,生姜、炒白芍、炒枳壳各 30 克,槟榔、炙甘草、肉桂各 20 克。共研为末,开水冲调,候温灌服。

方剂二：理中汤合保和丸加减。党参、干姜各 45 克,炙甘草、白术、山楂、神曲、茯苓、莱菔子各 30 克,半夏 25 克。水煎,候温灌服。

方剂三：神曲 120 克,山楂、麦芽各 90 克,党参、白术、干姜、槟榔各 60 克,小茴香、肉豆蔻各 50 克,茯苓 45 克,木香、甘草各 30 克。共研为细末,开水冲服。

【针灸治疗】 针脾俞、百会、肚角、关元俞、顺气穴,电针关元俞、脾俞、百会穴,或用10%氯化钾注射液40毫升或新斯的明注射液15毫升,后海穴一次注射。

瘤胃臌气

瘤胃臌气又名气臌胀、瘤胃臌胀,是反刍兽采食了大量多汁、幼嫩的青草或含蛋白质较高的豆科植物,以及霉变、潮湿、发酵的饲草或饲料,导致瘤胃内容物异常发酵而产生大量气体,同时嗳气功能障碍而不能排出,致使瘤胃、网胃过度膨胀与消化功能紊乱的一种疾病。也可继发于食道梗塞或食道麻痹、瘤胃积食、前胃弛缓、创伤性网胃炎、产后瘫痪、酮病等疾病,有单纯性与泡沫性瘤胃臌气之别。前者为瘤胃内单纯性气体积聚,而后者则为泡沫化气体与液体及固形物混合在一起,积聚于瘤胃内。

临床上以反刍嗳气障碍、呼吸极度困难、腹围急剧膨大和触诊瘤胃紧张而有弹性为特征。多在采食后2~3小时突然发病,腹围膨大,左肷窝隆起甚至高于髋关节,不时回头顾腹,呻吟不安,食欲废绝,嘴边黏附许多泡沫。触诊瘤胃时腹壁紧张但按压有弹性,肷部叩诊有打鼓声。瘤胃泡沫性臌气时鼓音不明显,但听诊多能听到气泡破裂音。急性病牛若不及时采取急救措施,可在1~3小时突发窒息死亡。继发性瘤胃臌气,病初瘤胃蠕动反而亢进,继则呈弛缓状态,瘤胃蠕动和反刍功能减退,全身状态日趋恶化,呼吸困难,脉搏增数,可视黏膜发绀,食欲废绝。继发性瘤胃臌气若呈慢性经过,病程长达数周乃至数月,常难以治愈而反复发作,预后多不良。

【病　因】 过食易发酵的饲料,如幼嫩青草、开花前的苜蓿、酒糟、豌豆等;早春突然转喂青绿饲料,误食霉败或有毒野草,均可迅速产生大量气体,致使瘤胃积气臌胀。饱食后过饮冷水或过食冰冻草料;劳役之后,喘息未定,趁饥饲喂草料太猛,致脾胃运化失职,清阳不升,水谷精微不能输布,浊阴不降,水湿不能传输排出,清浊混杂,聚于胃腑;长期饲养失宜,使役过重,饥饱不匀,损伤胃气,以致脾胃阳虚,气血双亏,均可导致本病发生。

【辨　证】　瘤胃臌气可参考中兽医的臌胀、气胀、肚胀等进行辨治。临床上常分为气滞郁结、脾胃虚弱、水湿困脾3型。

1. 气滞郁结型　症见采食中或采食后突然发病,反刍、嗳气停止,起卧不安,后蹄踢腹,瘤胃胀大,左肷凸起,叩击声若鼓响,呼吸急促,结膜、口色发绀;严重者张口伸舌,口流黏涎,四肢外张站立。

2. 脾胃虚弱型　多见于继发性或慢性瘤胃臌气,症见发病缓慢,反刍减少,腹胀较轻,反复发作,时好时坏,口色淡白,重症者瘤胃蠕动完全停止,多于食后发生,瘤胃按压不甚坚硬,精神不振,口色淡白。

3. 水湿困脾型　症见肷部胀满,触压有硬感,穿刺时水、气同出,且水多气少或仅有泡沫溢出,口色淡红湿润,病情较重时,呼吸促迫,站立不稳,口色青紫。

【中药治疗】

1. 气滞郁结型

(1)治则　破结行气,消积化滞。

(2)方　药

方剂一:丁香散。丁香30克,青皮、藿香、陈皮、槟榔各15克,木香9克。共研为细末,开水冲调,加麻油250毫升一次灌服。

方剂二:药用烟叶300克,牵牛子15克。水煎,加食醋500毫升,一次灌服。

方剂三:炒莱菔子120克,小茴香60克,枳壳、木香各45克,陈皮、槟榔各30克。煎汤,加独头蒜泥100克,灌服。

2. 脾胃虚弱型

(1)治 则 健脾理气,消积除胀。

(2)方 药

方剂一:健脾散合香砂六君子汤加减。党参、茯苓、白术各45克,木香、砂仁、陈皮、莱菔子、甘草各30克。水煎,候温灌服。

方剂二:健胃散加减。芒硝250克,大黄120克,槟榔60克,枳壳45克,莱菔子40克,山楂、神曲、麦芽各30克,甘草21克。共研为细末,开水冲调,候温加豆油500毫升灌服。

3. 水湿困脾型

(1)治 则 逐水通便,消积导滞。

(2)方 药

方剂一:健胃散加莱菔子60克、枳壳45克、大黄120克。共研为末,开水冲调灌服。

方剂二:芒硝500克,大黄120克,枳实45克,厚朴、三棱、莪术、生甘草各30克,大戟、芫花、甘遂各15克。共研为细末,加清油1 000毫升,开水冲调,候温灌服。

【针灸治疗】 针刺脾俞、百会、苏气、山根、耳尖、三江、八字、尾尖、顺气等穴。

瘤胃积食

瘤胃积食又叫瘤胃食滞、第一胃阻塞,中兽医称其为宿草不转、宿草不消,是由于暴食过量草料或饮水不足、劳役过度或缺乏运动等,引起瘤胃内过度充盈,胃壁扩张,神经麻痹,瘤胃运动功能减弱甚至消失,瘤胃内积聚大量的干涸内容物而引起的疾病。也可继发于其他前胃疾病或矿物质代谢障碍等。以瘤胃内容物大量积滞,瘤胃壁伸张,容积增大,胃壁受压,左腹胀满,触如面团样,运动神经麻痹为特征。

本病发病初期,病牛食欲、反刍、嗳气减少或停止,鼻镜干燥,表现为拱腰、回头顾腹、后肢踢腹、摇尾、卧立不安。触诊时瘤胃胀满而坚实呈现沙袋样,并有痛感。叩诊呈浊音。听诊瘤胃蠕动音初减弱,以后消失。严重时呼吸困难、呻吟、吐粪水,有时从鼻腔流出。直肠检查可发现瘤胃扩张,容积增大,有坚实或黏硬内容物,但胃壁显著扩张。如不及时治疗,多因脱水、中毒、衰竭或窒息而死。

【病　因】　使役或饥饿后,一次贪食过多粗硬或易于膨胀的草料,如稻草、麦秸、豆角皮、花生秧、豆饼、玉米、大豆、豌豆等;或食后大量饮水、运动不足;或饲料骤变,突然改喂可口饲料或脱缰偷食精饲料等,致使胃纳太过,脾胃受伤,无力腐熟运化而发病。长期饲养管理不当,饲料单纯,久喂粗硬干草,或饮水不足,或使役过度,或久病体虚、外感诸病,均可使牛体羸瘦,脾胃虚弱,腐熟运化无力,宿草难消,停于胃中而患本病。

【辨　证】　由于体质和病因不同,临床常见以下2种证型。

1. 过食伤胃型　发病较急,左肷膨大,按压坚硬。嗳气酸臭,有时空嚼,偶见喷出食团。背部拱起,回头顾腹或后肢踢腹。或呆立不动,或卧少立多。粪便干硬,色暗量少,外附黏液。宿食挤压膈膜而气促喘粗,四肢张开。鼻镜少汗或无汗,口色赤红或赤紫,舌津少而黏,脉滑数。病至后期,痛苦呻吟,卧地难起,或昏迷不醒,脉沉无力。过食豆谷引起者,可见视力障碍,盲目直行或转圈,甚或狂躁,冲墙撞壁,攻击人、畜。

2. 脾虚积食型　发病缓慢,病势较轻;左腹胀满,上虚下实,腹痛不明显;呆立拱背,神疲乏力,肢体颤抖;或卧地呻吟、粪干量少,间有腹泻,口色稍红,口津少黏,脉沉细。

【中药治疗】

1. 过食伤胃型

(1)治则　消积导滞,攻下通便。

（2）方　药

方剂一：消积导滞散。神曲、麦芽、山楂、枳实、厚朴各 60 克，大黄 90～120 克，芒硝 250～500 克，槟榔 30 克。共研为末，开水冲调，候温灌服。

方剂二：行气散加减。芒硝 250 克，神曲 120 克，大黄、黄芪、滑石各 60 克，牵牛子、枳实、厚朴、黄芩各 45 克，大戟、甘遂各 30 克，猪脂 25 克。水煎，候温灌服。

2. 脾虚积食型

（1）治则　补脾健胃，消积导滞。

（2）方　药

方剂一：曲麦散加减。神曲 60 克，麦芽、山楂各 45 克，厚朴、枳壳、陈皮、白术、茯苓、党参各 30 克，甘草 15 克，砂仁 25 克，山药 50 克。共研为末，开水冲调，候温加白萝卜 1 个，同调灌服。

方剂二：和胃消食汤。刘寄奴 120 克，厚朴、青皮、木通、茯苓各 45 克，神曲 60 克，山楂 60 克，枳壳、槟榔、香附各 30 克，甘草 20 克。共研为末，开水冲调，候温灌服。

【针灸治疗】　针刺脾俞、百会、山根、滴明等穴，电针两侧关元俞穴。

瓣胃阻塞

瓣胃阻塞是瓣胃内容物干涸、阻塞不通的疾病，中兽医称之为百叶干、重瓣胃秘结、百叶干燥或津枯胃结，是指由于长期饲喂麸皮、糠皮或混有泥沙的饲草等，或机体长期过度疲劳及饮水不足等原因，引起以瓣胃收缩无力，大量干涸性内容物积滞，瓣胃麻痹和胃小叶压迫性坏死为特征的重剧性消化系统疾病。原发性瓣胃阻塞比较少见，多继发于前胃弛缓、瘤胃积食、皱胃积食或便秘等病。

病初病牛精神沉郁，食欲、反刍减少，空嚼磨牙，鼻镜干燥，口腔潮红,眼结膜充血,体温、呼吸、脉搏多无异常。严重者,食欲废绝,反刍停止,常伴有前胃弛缓,瘤胃积食、臌气,鼻镜龟裂,眼结膜发绀,口色无光,舌苔黄,眼凹陷,呻吟,磨牙,四肢无力,全身肌肉震颤,卧地不起,粪量逐渐减少,呈胶冻状或黏浆状,恶臭。后期可见顽固性便秘,粪干呈球状,外附白色黏液,体温升高,呼吸和脉搏加快,瓣胃蠕动音减弱或消失,触诊病牛疼痛不安。直肠检查,肛门和直肠紧缩,肠道空虚,肠壁干燥。发生自体中毒时病情迅速恶化,若治疗不当,病牛多因脱水、衰竭而死亡。

【病　因】　长期过多饲喂未经粉碎的粗糙干硬饲料,以及高粱、谷糠、酒糟和粉碎过细或坚韧富含粗纤维的甘薯藤、花生秧、麦秸或混有大量泥沙的草料,且又饮水不足,以致胃内津液耗损,食物停滞百叶;或因长期劳役过重,饲喂失宜,草料不足,营养缺乏,日久气血亏损,百叶津枯,均可导致发病。此外,热病伤津、汗出伤阴、宿草不转及皱胃和小肠疾患,亦可伤津耗液而继发本病。

【辨　证】　本病的本为虚与燥,标为粪便积滞不通,虚实夹杂。

【中药治疗】

(1)治则　生津润燥,消积导滞,攻补兼施。

(2)方　药

方剂一:加味大承气散。大黄120克,芒硝500克,枳实500克。开水冲调,候温灌服。

方剂二:猪膏散。大黄60克,滑石、牵牛子各30克,甘草25克,续随子20克,官桂、甘遂、大戟、地榆各15克,白芷10克。共研为细末,开水冲调,加熟猪油500克、蜂蜜200克,一次灌服。

方剂三:芒硝180克,火麻仁120克,玄参、生地黄、麦冬、大黄、杏仁、瓜蒌仁、当归、肉苁蓉各60克。水煎去渣,灌服。

【针灸治疗】　针刺舌底、耳尖、山根、后丹田、百会、八字、脾俞等穴。

创伤性网胃炎

牛创伤性网胃炎是由于饲料中混入金属异物（如铁钉、铁丝、铁片等）及其他尖锐异物，吃进后所引起的网胃创伤性疾病。若异物刺伤网胃，又穿透膈肌伤及心包使心包发生炎症者，称创伤性心包炎。

病牛表现为顽固性的前胃弛缓，食欲减少，反刍停止，瘤胃臌气，下坡、转弯、走路、卧地时表现缓慢和谨慎，起立时多先起前肢（正常情况下先起后肢），卧地时常头颈伸直，站立时常肘部外展，肘肌发抖。个别牛会出现反复的剧烈呕吐，甚至出现鼻腔中"喷粪"的现象。病牛体温中度偏高。用手捏压肩胛部或用拳头顶压剑状软骨左后方，表现疼痛、躲闪。病牛还常表现为喜走上坡路，不愿走下坡路，或前肢踏槽等。

【病　因】　多因饲养管理疏忽，草料中混有尖锐的铁丝、铁钉、缝衣针、别针、发卡、玻璃、木片、硬质塑料等异物，而牛采食急促，不经细嚼即下咽入胃，随着网胃的强烈收缩，尖锐的异物刺伤胃壁而导致发病。有时还可穿透网胃壁，损伤横膈膜、心包、肺脏、肝脏、脾脏等脏器。单纯刺伤胃壁的病牛，病情较轻且发展缓慢。

【辨　证】

1. 异物未刺穿胃壁　症见精神倦怠，水草迟细，反刍减少，粪便干燥或外附有黏液，瘤胃蠕动减弱，次数减少，或表现间歇性臌气等脾胃虚弱症状。

2. 异物穿透胃壁　很快继发腹膜炎。病牛精神沉郁，食欲大减，反刍减少或停止，反复出现慢性臌气。瘤胃蠕动微弱，排粪减少，粪便干燥，呈深褐色或暗黑色而带黏液。站多卧少，常弓腰站立，喜欢前肢站高，左肘部外展，肘肌颤动，不愿行走。行走时步态缓慢，尤其下坡和转弯时表现困难。有的呻吟磨牙，卧地时小心，卧下后不愿起立,起立时先起前躯。呼吸浅快,体温升高,日渐消瘦,被毛焦燥。奶牛产奶量下降,口色红燥,脉搏增数。

异物还可刺伤相邻的心、肺、肝、脾等脏器引起患部脓肿,而以穿透横膈膜进入心包引起创伤性心包炎为常见。发生创伤性心包炎时,除以上症状更为严重外,心脏听诊病初可听到与心搏动相一致的摩擦音,继而随着心包液的出现和增多,可听到拍水音,心音减弱,叩诊心浊音区扩大,穿刺可排出大量脓性腐败气味难闻的液体。病至后期,颌下和胸前出现水肿,病牛日益消瘦最后导致死亡。

【中药治疗】 治宜排除金属异物。胃壁尚未被金属异物穿透时,用合金制成的恒磁吸引器吸出金属异物,同时结合清热解毒等药物治疗。也可用磁石 50 克(煅为末)、韭菜 500 克(切细捣烂),混合均匀,开水冲服,连用 3～4 天。

如金属异物已经穿透胃壁,伤及横膈膜、心、肺、肝、脾等脏器,恒磁吸引器就难以将金属异物吸出。异物穿透胃壁者,确诊后应早做剖腹手术取出。手术一般在左肷部切开腹壁,术手先伸入腹腔网胃外面触摸有无金属异物、瘢痕和粘连等病灶,发现异物即予取出。如胃壁与横膈膜粘连,则小心剥离。如网胃外找不到异物,则行瘤胃切开,取出瘤胃内容物后,术手通过瘤网孔将网胃内异物取出。如牛体过大,术手不能达到检查网胃的目的,也可施行网胃切开术。术后酌情使用清热解毒或抗菌消炎等治疗措施。

皱 胃 炎

皱胃炎是指各种原因引起的皱胃黏膜及黏膜下层的炎症,是牛消化系统的常发病。临床上以不食、腹痛、腹水、皱胃病变为特征。

牛皱胃炎属临床多发病,病初主要表现前胃弛缓和消化功能障碍,缺乏特征性症状,且多为继发性。病牛拱背,喜卧,磨牙,卧地后嘴放于地上或头颈回顾腹部,排少量带黏液的稀便,尿短赤,眼结膜潮红,鼻镜干燥,口津黏稠,舌苔白腻,口臭,瘤胃蠕动次数减少,力量微弱,皱胃蠕动音增强,触诊右腹部皱胃区敏感,表现后肢踢腹、躲闪、呻吟,饮欲减少,不爱采食精饲料,反刍次数减少或饮食欲废绝。精神沉郁,眼窝下陷,皮肤弹性降低,被毛缺乏光泽,消瘦。心音亢进、加快、心律失常,排粪干硬而量少,表面光滑或附有黏液,个别牛表现腹泻。对皱胃区进行触压或解压之后有疼痛反应,个别病牛表现腹痛不安,叩诊倒数第一、第二肋骨呈现钢管音。

【病　因】　多由于饲喂粗硬、发霉腐败饲料,饲料突然改变,过饥或过饱,长途运输,精神恐惧引起应激等引起,某些化学与有毒物质中毒、前胃疾病、营养代谢病、寄生虫病、传染病等亦可继发本病。

【辨　证】　临床上常分为湿热型、实热型、热毒型3种类型。

1. 湿热型　病牛发热减食,烦渴贪饮,口色红紫,苔黄而腻,臭味大。荡泄,泻粪腥臭,排粪痛苦,里急后重。尿浓,色黄且量少。精神沉郁,肚腹蜷缩,耳尖、鼻端及四肢末梢发凉。

2. 实热型　本型为热毒积滞胃肠所致,多属原发性肠黄。病牛精神高度沉郁,发热不食,口内酸臭,口腔干燥,排齿红肿,口渴贪饮。肠音沉衰,粪球干小,外被黏液,散发恶臭味。色红燥,苔黄厚,脉洪数。

3. 热毒型　上述两型若病情转重,呈现热毒入血分或邪入心包证候者则属于此型。病牛高热不退,精神呆滞,眼闭头低,驻立不稳,皮温不整或四肢下部发凉,肘肌颤抖。食欲废绝,渴而不多饮。口腔干燥,有恶臭气味,排齿红紫。肠音不整或沉衰,肚腹蜷缩,时有腹痛。泻粪如浆,腥臭带血。口色红绛,苔灰黄,脉细数。

【中药治疗】

1. 湿 热 型

（1）治则　清热解毒,渗湿利水。

（2）方药　白头翁汤加减。白头翁100克,黄柏、黄连、秦皮各50克,苦参50克,猪苓、泽泻各25克。水煎去渣温服,或研为末稍煎,温服。

2. 实 热 型

（1）治则　清热解毒,导滞通便。

（2）方药　郁金散加减。郁金、大黄各75克,黄连25克,茵陈、厚朴、白芍各25克,黄柏、黄芩各50克,芒硝200克。共研为末,开水冲调,候温灌服;也可水煎服。

3. 热 毒 型

（1）治则　清热解毒,凉血止血。

（2）方　药

方剂一:凉血地黄汤加减。水牛角50克,生地黄100克,牡丹皮50克,栀子40克,金银花40克,连翘35克,槐花25克,钩藤50克。水煎去渣温服,或研为末稍煎,温服。

方剂二:保和金铃散。焦三仙各200克,大黄50克,川楝子50克,延胡索40克,陈皮60克,厚朴40克,槟榔20克,莱菔子50克。治疗原则为消积导滞,和胃理气止痛(王存军,2001)。

方剂三:乌贼骨散。海螵蛸90克,川贝母45克,木香、香附、红花、桃仁、延胡索各30克,白芍40克,丁香25克。共研为末,开水冲调,候温灌服(刘国红,1988)。

【针灸治疗】　针刺后丹田、百会、八字、脾俞等穴,腹痛明显的可针刺三江、分水等穴位。

皱胃积沙

牛的胃肠积沙,在中兽医又叫沙石积,是牛长时间采食混有泥沙等不洁净的饲草、饲料,或患有异食癖的病牛长时间舔食墙土、泥沙等,从而导致胃肠积沙,消化功能受到扰乱,食欲减退,反刍减少或变弱。病牛的症状因食入沙土的多少不同而异,食入较少的仅表现食欲下降和消化不良;积沙较多的可表现食欲废绝、产奶量锐减,有的病牛顽固性腹泻(水泻),很快消瘦,但腹围不减,尤其是下腹部较宽,形成所谓的"梨形腹"。

【病　因】　本病多因管理失宜,饲养粗放,牛长时间采食混有泥沙等不洁净的饲草、饲料,或患有异食癖的病牛长时间舔食墙土、泥沙等,或因牧区放牧的牛,春季啃食矮草,或饮河坑内的不洁之水,将沙石带入胃肠,损伤脾胃,使脾失运化,中气受阻,大肠传导失司,沙石不断沉积,聚而成结,沙粒积于胃肠。

【辨　证】　病初粪渣粗糙,排粪干稀不定或混有泥沙,时有轻微腹痛。随着病情的加重,病牛毛焦肷吊,精神倦怠,食欲渐减,肠音减弱,有轻度或中度腹痛。其突出特点是频频努责做排粪姿势。直肠检查小肠或大肠内有坚硬结块,多沉于腹底部。

【中药治疗】

1. 治则　消积去坚,健脾和胃,润肠攻下,滑肠利便。

2. 方药

方剂一:导沙散。大黄、芒硝各25克,滑石、皂荚、木通、茯苓、瞿麦、萹蓄、小茴香、白术、吴茱萸、牵牛子、枳实、车前子、猪苓各20克,木香、黄连、肉桂、干姜、甘草各15克,生猪油250克。共研为末,开水冲调,温服。体虚者加黄芪;内热盛者去肉桂、干姜,加黄芩;肠音弱者加槟榔、枳壳(引自《全国中兽医经验选编》)。

方剂二:榆白盐苏汤。干榆白皮2 500克,食盐、碳酸氢钠各

30克。先将榆白皮切碎,水煎后和食盐一同灌下,经4~5小时后再灌碳酸氢钠,再过5~6小时将病牛捆好放倒,使其腹部向上,用脚蹬踩,使腹内肠管的沙石破散、活动,以便排出(引自《全国中兽医经验选编》)。

方剂三:榆白黄硝散。芒硝250克,大黄90克,榆白皮45克,牵牛子21克,枳壳、油炸头发各15克。共研为细末,开水冲调,候温加植物油120克、食醋250毫升,同调灌服(引自《内蒙古中兽医治疗经验》)。

方剂四:猪膏散加减。榆白皮200克,大黄60克,牵牛子、黄芩、滑石各30克,续随子25克,大戟、甘遂各20克,白芷、桂皮各15克,甘草10克。上药共研为末,用沸水2升冲烫,候温后加猪板油500克、蜂蜜100克灌服后,牵牛慢步行走1小时,禁喂草料。另用老面、白砂糖各200克,食盐25克,碳酸氢钠20克,加温水1升灌服(张金生等,2000)。

【针灸治疗】 针三江、四蹄头、关元俞等穴。

皱胃溃疡

皱胃溃疡即真胃溃疡,包括黏膜浅表的糜烂和侵及黏膜下深层组织的溃疡,因黏膜局部缺损、坏死或自体消化而形成。皱胃溃疡是以厌食、腹痛、产奶量下降和排黑粪为特征的消化紊乱性疾病。成年牛与犊牛都会发病,随着产奶量的提高,本病的发病率亦不断增高。

病牛病初食欲减退或废绝,反刍减退或停止,病牛精神沉郁、紧张,腹壁收缩,磨牙、空嚼,伴随呼气发出吭声,呻吟,鼻镜干燥,触诊皱胃区(腹中线右侧,剑状软骨后方10~30厘米)有疼痛反应,或按压皱胃区病牛无疼痛反应,但除去按压时,反而表现疼痛。听诊瘤胃蠕动音低沉,蠕动波短而不规则。排粪量少,粪便表面呈棕褐色,里面多见到暗褐色肉质索状物或絮状物(为脱落的胃黏膜)。舌底紫暗,粪便潜血阳性。

【病　因】　高产奶牛由于饲喂精饲料、青贮饲料过多,粗饲料饲喂较少,加之牛舍狭窄,缺乏运动,冬季缺乏优质干草,饲料单一等诸多因素诱导,致使皱胃运动和代谢功能紊乱,血浆中的皮质类固醇水平升高,促使胃液大量分泌,胃酸增多,保护性黏液相对减少,胃蛋白酶在酸性胃液中呈现自体消化作用,致使胃黏膜组织形成溃疡。从中兽医角度来说,由于不良因素作用,致使脾胃虚弱,运化失常,升降失调;或肝气郁结,疏泄无力,气机不畅,胃失和降;或各种原因引起的气滞血瘀,胃络受阻,使脾胃虚弱不能化生津微,阴津不足,从而出现气阴亏虚或水湿不化,日久则导致胃溃疡。

【辨　证】　根据病因、病机和症状分为肝火犯胃型和脾胃气虚型。

1. 肝火犯胃型　病牛烦躁不安,不时哞叫,或伴有不同程度的腹痛。食欲锐减或废绝,反刍减少或停止,口渴贪饮,鼻镜干燥,口色红而稍青,舌下存淤。触诊皱胃区有疼痛反应。粪便潜血阳性(因皱胃溃疡出血有时呈间歇性发生,故潜血检验应反复进行),粪便呈煤焦油色、黑褐色或暗红色等。初期脉象弦数,后转为细数、虚数以至脉微欲绝。

2. 脾胃气虚型　病牛表现形寒肢冷,耳鼻不温,精神倦怠,卧多立少,全身消瘦,被毛粗乱而无光泽。食少纳呆或饮食俱废,反刍减少或完全停止。口色淡,舌肌无力,舌苔白腻,按压皱胃区病牛无疼痛反应,但除去按压时却有明显痛感。粪便溏稀而黑,潜血阳性,脉象沉细无力。

【中药治疗】

1. 肝火犯胃型

(1)治则　清肝泻火,凉血止血。

(2)方药 溃疡煎1号(暂定名,下述为成年牛剂量,小牛酌减)。牡丹皮50克,栀子50克,柴胡30克,麦冬40克,玄参40克,白芍30克,当归30克,炙黄芪100克,地榆炭100克,槐花炭50克,大黄炭80克。将前8味药水煎2次,合并药液,再将后3味(注意将大黄完全炒成炭)研成细末,混于药液中一次灌服,每天1剂。

2. 脾胃气虚型

(1)治则 补中益气,养血止血。

(2)方 药

方剂一:溃疡煎2号。炙黄芪100克,党参60克,白茯苓50克,炒白术40克,炙甘草25克,当归40克,龙眼肉50克,炒酸枣仁50克,远志30克,蒲黄炭30克,五灵脂40克,干姜炭50克。干姜单包完全炒成炭后,同蒲黄炭一起研成细末,其余药水煎2次,合并药液,混入蒲黄炭、干姜炭,分早、晚2次灌服,每天1剂。

方剂二:失笑散加味。炒蒲黄、五灵脂、白及、延胡索、地榆炭、白芍、大黄各60克,栀子50克,木香45克,槐米、甘草各20克。研末水煎,候温后灌服,每天1剂,连用2~3天。食欲不振者加炒鸡内金45克,炒麦芽60克,神曲60克;胃胀满者加砂仁45克,青皮50克,莱菔子60克;热盛者加黄芩40克,栀子40克,金银花50克;眼球下陷者加天花粉40克,生地黄、麦冬各45克(胡海源,1998)。

方剂三:白及乌贝散加味。白及200克,海螵蛸150克,浙贝母100克。实热重者加黄连、吴茱萸;虚寒重者加白术、干姜;痰湿重者加苍术、厚朴;气虚者加党参、黄芪;血虚者加当归、白芍;积滞者加三仙、莱菔子。研为细末,开水冲调,候温灌服,每天1剂,连用7天为1个疗程(鲁必均等,2007)。

方剂四:乌贝散加味。海螵蛸100克,浙贝母50克。偏实热者加生甘草50克;偏肝郁者加香附60克,延胡索50克;偏虚寒者

加干姜 50 克,炒白术 60 克。研末,开水冲调,候温灌服,每天 1 剂
(李积花等,2005)。

皱胃阻塞

皱胃阻塞也叫皱胃积食,根据皱胃积食的成分不同,分为饮食
性皱胃阻塞和泥沙性皱胃阻塞。

一般发病后病情进展缓慢,阻塞后 3～5 天才被发现,病牛精
神沉郁,鼻镜干燥,食欲反刍停止,右侧腹卧,痛苦呻吟。粪便逐渐
减少,常做排粪姿势,有时排出少量糊状、带有黏液或血丝的粪便。
瘤胃和瓣胃蠕动音减弱或消失,瘤胃内容物充满,瘤胃积液。视诊
右侧中腹部向后下方皱胃区局限性膨大,在肷窝部结合叩诊肋骨
弓进行听诊,呈现叩击钢管般清朗的铿锵音;触诊右侧腹部皱胃区
敏感,皱胃穿刺内容物的 pH 为 1～4;直肠检查,于骨盆腔前缘右
前方,瘤胃的右侧中下腹区,可摸到向后伸展扩张呈捏粉样硬度的
皱胃。

【病　因】　长期偏喂营养单纯、多纤维和加工不好、带皮壳或
混有泥沙及其他杂物的饲料,或饲喂收藏、保管不善,被雨淋或水
浸而发霉变质的饲料等;牛饥饱不均,饮水不足;使役后立即饲喂,
或饱后立即重役;或负载过重,奔走过急,役闲不均;或突然更换草
料或饲养方式;或饲喂冰冻草料,暴饮冷水,以及使役中突然被风
寒暴雨侵袭等;或牛体脾胃素虚,运化功能减退;或老龄牛牙齿不
齐,磨灭不整,咀嚼不全,草料难以消化;或天气骤变,伤损胃肠功
能等,使草料积聚胃肠,不能传送和排出,引起脾胃不和,阴阳不
顺,气血不调,聚粪成结,停而不动,止而不行,肠腔不通而腹痛
起卧。

【辨　证】　本病需标本兼治,急则治其标,缓则治其本。本为
虚与燥,标为粪便积滞不通,虚实夹杂。

1. 热结便秘　症见病牛呈慢草状态,食欲下降,反刍停止,鼻镜干燥,结膜潮红,口色红赤,舌苔黄染,涎液少而黏稠,有时胀气,排粪困难,粪便量少而干硬,多呈块状或算盘珠状。

2. 虚秘　症见消瘦无力,被毛粗乱易脱落。有排便姿势,肛门口多微开,但许久不见粪便排出。口色淡白,行动迟缓,涎液少而黏度大,可视黏膜发白,呈现贫血及营养不良表现。

3. 寒秘　症见畏寒怕冷,四肢发凉,口色发青,舌苔呈淡白色,牵行运动时腹内有拍水音,间歇性腹痛,排便困难。病牛有时发抖。

【中药治疗】

1. 热结便秘

(1)治则　消积导滞,止痛消胀。

(2)方药　大黄60克,芒硝150克,枳实50克,醋香附50克,厚朴30克,火麻仁100克,青木香20克,木通20克,水煎服,奏效即止。有腹胀的病牛可加莱菔子50克、郁金50克、青皮45克、陈皮40克、槟榔30克,水煎取汁,待温后口服。

2. 虚　秘

(1)治则　生津润燥。

(2)方药　油炒当归200克,肉苁蓉(酒炒)60克,番泻叶60克,醋香附(研细)60克,厚朴30克,炒枳壳50克,木香30克,瞿麦20克,通草20克。体虚明显的病牛加黄芪50克,党参40克,柏子仁40克;体温偏低的病牛加肉桂40克;运步困难的加细辛20克。若为妊娠后期母牛,应减去瞿麦、通草,加白芍40克。水煎取汁,待温后口服。

3. 寒　秘

(1)治则　生津润燥,消积导滞,止痛消胀,碎结通下,攻补兼施。

（2）方　药

方剂一：加味大承气散。芒硝360克，大黄60～90克，枳实、厚朴各30克，槟榔15克。共研为细末，加温水7～10升，胃管投服（引自《全国中兽医经验选编》）。

方剂二：当归苁蓉汤。当归200克，肉苁蓉100克，番泻叶、神曲各60克，厚朴、炒枳壳、醋香附各30克，瞿麦、木香各15克，通草10克。水煎取汁，候温加麻油250～500克，同调灌服（引自《中兽医诊疗经验》）。

方剂三：加味承气汤。大黄60克，芒硝、五灵脂、厚朴、枳实、木通、牵牛子各30克，大戟、泽泻各24克，香附、陈皮、当归各15克，木香9克。共研为末，开水冲调，以植物油120毫升为引，同调，候温灌服（引自《全国中兽医经验选编》）。

方剂四：大戟散加味。先于灌药前0.5小时投服液状石蜡1000毫升，继用大戟散500克。以红茶150克煎水取汁约2000毫升冲调大戟散，候温加鸡蛋清10枚灌服（卢江，1995）。

方剂五：藜芦润燥汤。藜芦60克，常山60克，牵牛子60克，当归80克，川芎60克，滑石100克。诸药混合水煎2次取汁，加麻油1000毫升（无麻油可用液状石蜡或清油代替）、蜂蜜250克为引，灌服（王振宇，1989）。

方剂六：猪膏散。大黄65克，枳实65克，槟榔35克，牵牛子35克，续随子35克，青皮35克，郁李仁65克，滑石35克，木通25克，当归35克。以上药共研为末后，再加芒硝250～300克，猪油400～600克，开水调匀，候温灌服，每天1剂（杨正文，1986）。

【针灸治疗】　针刺三江、姜牙、通肠、后海、后丹田、百会、八字、脾俞等穴。或用电针治疗：两侧关元俞穴剪毛消毒后，选9厘米长的圆利针2支，右手进针，45°角斜刺6～7.5厘米（体格大的牛刺深些，以针尖不伤及肾脏为度）。连接电疗机，打开开关，由低到高逐渐调节电压、频率，使病牛全身出现强烈振动和几秒钟的强直,再把电压、频率逐渐放低减慢。每次大约 10 分钟,重复 2～3次,共 20～30 分钟。最后关闭电疗机,去掉导线,起针,穴位消毒,牵遛病牛。若电针数小时后结症未愈,可再电针 1 次,或改用其他方法(引自《全国中兽医经验选编》)。

皱胃移位

皱胃移位是指皱胃离开原有位置,引起消化器官功能紊乱的疾病。移动到左腹侧或左肷部者,为左方变位;移动至右腹侧或右前方者,为右方变位。

皱胃左方变位大多在分娩前几天或分娩后突然发生,病初呈现前胃弛缓症状,病牛食欲减退,厌食精饲料,嗳气和反刍减少或停止,瘤胃蠕动音减弱,排便量减少,呈糊状。随着病程的进展,左腹胁部局限性膨胀,在该区域内听诊或在听诊器周围同时叩诊,可听到皱胃音或钢管音。冲击式触诊可听到液体振荡音,该部穿刺获得的胃液 pH 为 1～4,缺乏纤毛虫。直肠检查,可感到右侧腹腔上部空虚,在瘤胃的左侧可触到膨胀的皱胃。

皱胃右方变位则多呈急性型,病牛突然发生腹痛,不安、呻吟、踢腹。心率每分钟达 100～120 次,体温低于常温,瘤胃蠕动音废绝。粪软色暗,后变为血样乃至黑色。视诊右腹部膨大,在该膨大部听诊,并同时在听诊器周围叩诊,可听到高朗的钢管音,冲击触诊可听到一种液体振荡音,膨大部穿刺可得褐色血样液体,pH 为 1～4,无纤毛虫。直肠检查,在最后肋弓处可触摸到充满气液的皱胃。

【病　因】　其发病原因目前尚不完全清楚,但通常认为与饲喂糟粕饲料过多,粗饲料食入太少;或长期饲喂青贮玉米,且其铡得过短(5 毫米以下);或缺乏运动,皱胃消化障碍,胃内停留不易消化的食物和气体等诸多因素有关。或由于妊娠后期子宫逐渐增大而沉重,瘤胃从腹底被抬高,皱胃趁机向左方移位;而母牛分娩时胎儿被娩出,瘤胃又重新下沉,游离的皱胃被压到瘤胃与左腹壁之间。同时,由于皱胃产生相当多的气体,也很容易进一步上升到左腹腔的上方。

【辨 证】

1. 气机阻滞,食滞不化 症见病牛突然腹痛,后肢踢腹,背部弯曲,精神不安,不时呻吟,瘤胃蠕动消失,食欲和反刍完全停止,饮欲增加,粪便呈褐色,有时腹泻但量很少。

2. 气血两虚,脾虚胃弱 症见食欲时好时坏,厌食精饲料,呈饥饿状态,反刍减少甚至停止,腹痛、腹泻,粪便中带血,日渐消瘦,产奶量急剧下降。

【中药治疗】

1. 气机阻滞,食滞不化

(1)治则 活血理气,消积导滞。

(2)方药 大黄 80 克,醋香附 75 克,猪牙皂、槟榔、五灵脂、厚朴、三棱、莪术、木香各 45 克,生牵牛子、炒牵牛子各 30 克。共研为细末,温水调服,每天 1~2 剂,连用 3~5 天。

2. 气血两虚,脾虚胃弱

(1)治则 补气养血,升阳益胃。

(2)方药 黄芪 250 克,白术、枳实、赭石(研末另包)各 100 克,陈皮、沙参、当归各 60 克,柴胡、升麻各 45 克,川楝子、炙甘草各 30 克。除赭石外,其他药研末,用赭石煎水冲调,候温灌服,每天 1~2 剂。

瘤胃酸中毒

瘤胃酸中毒是指由于过多采食富含碳水化合物的粉状精饲料,或长期大量食入酸度过高的青贮饲料,导致瘤胃内发酵异常,产生大量乳酸,引起全身代谢性中毒的一种疾病。临床上以乳酸中毒、瘤胃内某些微生物群活性降低及瘤胃消化功能紊乱为特征。

临床上由于采食的谷类和碳水化合物饲料的量、瘤胃液 pH 降低程度以及经过时间等的不同,临床症状也有所不同,大致可分为最急性、急性、亚急性和慢性等类型。

最急性瘤胃酸中毒通常在过食或偷食精饲料后 4～8 小时突然发病,病牛精神高度沉郁,极度虚弱,侧卧而不能站立,有时出现腹泻,瞳孔散大,双目失明。体温下降至 36.5℃～38℃,重度脱水。腹部显著膨大,瘤胃蠕动停止,内容物稀软或呈水样,瘤胃液 pH 低于 5,甚至低至 4。循环衰竭,心跳达 110～130 次/分,终因中毒性休克而死亡。

亚急性瘤胃酸中毒病牛表现行动迟缓,常呆立懒动,驱赶时亦不愿走动,步态不稳,左右摇摆,伸头缩颈,流涎,呼吸急促,气喘,心跳加快,多在 4～6 小时死亡,死前倒地,甩头蹬腿,张口吐舌,高声哞叫,口内流出带血的液体。

慢性瘤胃酸中毒病牛表现食欲废绝,精神沉郁,肌肉颤动,行走时后躯无力,眼窝下陷,间或排出黑色带血的恶臭稀便,口流大量黏液,磨牙,呈昏睡状,一般 15～24 小时死亡。

【病　因】　本病是由于大量饲喂易发酵、发酸的草料,或过食碳水化合物含量高的饲料,使瘤胃内产生大量乳酸,致使胃壁麻痹,引起前胃功能障碍、排空功能减弱而导致自体中毒和全身代谢紊乱。临床多表现为发病急、病程短、死亡率高,发病特点是青年牛发病率高于老年牛,产犊前、后的牛发病率高于空怀母牛,高产奶牛发病率高于低产奶牛。

【辨　证】　本证属中兽医学的伤料范畴,根据病情可参考胃热食滞和气滞血凝等证进行辨治。

1. 肝胃不和,胃热食滞　症见食欲减退,流出大量泡沫状涎液,饮欲大增,病牛排泄酸臭而混有血液的泡沫状稀粪,尿液减少,眼窝明显凹陷,严重脱水,眼结膜潮红,视力极度减退,甚至失明,瞳孔散大,反应迟钝。

2. 胃失和降,气滞血凝　症见精神沉郁,瘤胃蠕动停止,腹围膨胀,高度紧张,腹痛不安,后腿踢腹,步态蹒跚,站立困难,甚至瘫卧不起。呻吟,磨牙,肌肉震颤。

【中药治疗】

1. 肝胃不和,胃热食滞

(1)治则　导滞通便,疏肝清胃。

(2)方药　焦山楂 120 克,神曲、麦芽、芒硝各 60 克,柴胡、白芍各 45 克,厚朴、大黄、牵牛子各 30 克,枳壳、陈皮、槟榔、青皮、苍术各 15 克。水煎取汁,加植物油 500 毫升灌服。

或用生地 80 克,金银花 60 克,当归、黄芩、麦冬、玄参、郁金、白芍、陈皮各 40 克,甘草 30 克。水煎灌服。

或用平胃散。苍术 80 克,川厚朴 50 克,陈皮 50 克,甘草 30 克,生姜 30 克,大枣 10 枚。水煎后加碳酸氢钠粉 60～100 克,灌服(张洪涛,2010)。

2. 胃失和降,气滞血凝

(1)治则　活血止痛,祛瘀生新。

(2)方　药

方剂一:当归、延胡索、香附、大黄、牡丹皮、神曲、麦芽、茯苓各 30 克,红花、桃仁、乳香、没药、桂枝、木通各 25 克,甘草 15 克。共研为细末,开水冲调,候温灌服。

方剂二:红花 100 克,乳香 80 克,没药 80 克,当归 60 克,玄参 60 克,佩兰 80 克,川厚朴 60 克,桔梗 60 克,柴胡 60 克,石菖蒲 50 克,青皮 50 克。水煎候温灌服。

肠痉挛

肠痉挛是由于肠壁平滑肌发生痉挛性收缩,并以明显的间歇性腹痛为特征的一种常见的真性疝痛病。本病多只表现肠道的单纯性功能紊乱,多发于寒冷季节。发病突然,伴以阵发性腹痛是本病的重要症状。

发病时病牛不安,时卧时起,后肢踢腹,精神烦躁,食欲、反刍停止,磨牙,心跳加快,轻微臌气,胃肠蠕动增强,肠鸣,有时数步以外即可听到高朗的肠音,偶尔出现金属音。随着肠音增强,牛排便次数也相应增加,频频排出稀便。严重时牛肌肉震颤,倒地不起,头颈伸直,呻吟。中兽医称为脾气痛、冷痛、伤水起卧、姜牙痛。

【病　因】　多由于气候严寒或突变,牛体虚弱,易为寒邪所伤;或役后空肠过饮冷水,或采食冰冻饲料,或被阴雨苦淋,或夜露风霜;或素体阳虚,相火不足,不能暖脾生土;或过食粗硬难消化饲料,或误食有毒物质,或采食霉败变质饲料。以上寒湿邪气伤于脾胃,使牛体气机阻塞、两相促迫而致。

【辨　证】　可参考中兽医学冷痛或伤水起卧进行辨治。

1. 寒凝气滞　症见病牛剧烈腹痛,或平卧于地,时发哀鸣,舌色灰白,口腔湿润,口温偏低,耳鼻冰凉,口色淡白或青黄。

2. 寒湿困脾　症见病牛腹痛不安,肠音高亢,连绵不断,随肠音的增强,泻粪如水,舌色灰白。

【中药治疗】

1. 寒凝气滞

(1)治则　理气和血,温中散寒。

(2)方药　橘皮散加减。小茴香、桂心、厚朴、当归各 60 克,青皮、陈皮各 45 克,白芷、细辛、炒盐各 24 克。共研为细末,加葱白适量、白酒 100 毫升,开水冲调,候温灌服。

2. 寒湿困脾

(1)治则 利湿健脾,温补脾肾。

(2)方药 当归、苍术各 60 克,厚朴、青皮、益智仁各 45 克,细辛、甘草各 24 克。共研为细末,加大葱 5 根、醋 250 毫升,开水冲调,一次灌服。

【针灸治疗】 三棱针刺三江、姜牙、分水穴。可配合圆利针刺脾俞、后海穴,小宽针放蹄头血。针刺耳尖、尾尖、通关、脾俞、关元俞等穴。或血针、白针留针、火针、电针、水针、光针、特定电磁波治疗仪(TDP)穴区辐射。

针刺鼻梁、耳尖、尾尖,以出血为宜。

腹 膜 炎

牛腹膜炎是腹膜壁层和脏层各种炎症的统称,是以腹壁疼痛和腹腔有炎性渗出物为特征的一种疾病。由细菌感染或邻近器官炎症蔓延引起的,主要表现为精神沉郁,反刍减少,胸式呼吸,腹痛,呻吟,病初体温升高,穿刺多见穿刺液呈橙黄色、不透明,并含有大量的白细胞和纤维蛋白。

【病 因】 在临床上可分为原发性病因和继发性病因。

1. 原发性病因 主要由于腹腔或骨盆腔内器官破裂而引起,如分娩时强行整复胎位或因粗暴牵引胎儿或摘除胎衣等,使子宫内容物流入腹腔。在剖腹手术时,由于手术器具消毒不彻底亦可引起本病。

2. 继发性病因 常发生于创伤性网胃-横膈膜炎、子宫炎、膀胱炎,尿结石末期引起的膀胱破裂、肠炎、腹腔穿刺术等也可引起本病。牛肝片吸虫病等也可以引起局部性或弥漫性腹膜炎。有些腹膜炎是传染病的一种继发症,如炭疽、肠结核、出血性败血症等。

【辨　证】　本病为外感湿毒之邪,湿邪停于中焦,湿热困于脾胃,中焦受阻,气血乱行,水道不通,津液运行不畅所致,不通则痛。

【中药治疗】

1. 治则　清热解毒,健脾利水,理气止痛。

2. 方药　金银花、连翘、白术、肉桂、茯苓、苍术各 30 克,猪苓、泽泻、车前子、木香、小茴香、生姜各 20 克,大腹皮、槟榔各 15 克。煎汤去渣,候温灌服;或共研为末,开水冲调,候温灌服。

肠　炎

肠炎是肠黏膜及其深层组织发生的重剧炎症,中兽医称为肠黄,以黏膜充血、出血、肿胀甚至化脓坏死等病理变化为特征。

病牛精神不振,食欲减少,反刍减少或停止,体温偏高,结膜潮红或发绀。耳根、鼻镜及四肢末端变凉,粪便呈糊状或水样,有腥臭味,常混有血液、黏液或脓性物。后期排无粪黏液或脓血块,病牛严重脱水,眼窝凹陷,四肢乏力,体温下降,最后全身衰竭而死。

【病　因】

1. 原发性病因　多因劳役过重,奔走太急,感受暑湿之邪,趁饥饲喂过多谷料,或喂后立即使役;暑月炎天,饮水不足;饲养太盛,谷料浓厚;过食不易消化的饲料、采食霉败变质饲料,或误食有毒物质等,均可使肠湿热蕴结、脏腑壅极、热毒内陷而引发本病。

2. 继发性病因　常见于肠阻塞之后,或因攻下太过,或因肠阻塞重笃,或因护理不周等引起,对慢草不食(消化不良)误治失治也可转为肠炎。

【辨　证】　临床上常见湿热、实热、毒热和虚热 4 种证型。

1. 湿热型　结证继发的肠黄多属此型。病牛发热减食,烦渴贪饮,肠音活泼,频排恶臭稀便,其中常混有腥臭的脓血或剥脱的肠黏膜,排便痛苦,里急后重。尿浓色黄量少。精神沉郁,肚腹蜷缩,耳尖、鼻端及四肢末梢发凉。口色黄或暗红,苔厚腻,脉滑数或弦数。

2. 实热型　本型为热毒积滞胃肠所致,多属原发性肠黄。病牛精神高度沉郁,发热不食,口内酸臭,口腔干燥,齿龈红肿,口渴贪饮。肠音沉衰,粪球干小,外被黏液,散发恶臭味。口色红燥,苔黄厚,脉洪数。

3. 毒热型　上述两型若病情转重,呈现热毒入血分或邪入心包证候者属于此型。病牛高热不退,精神呆滞,眼闭头低,驻立不稳,皮温不整或四肢下部发凉,肘肌颤抖。食欲废绝,渴而不多饮。口腔干燥,恶臭,排齿红紫。肠音不整或沉衰,肚腹蜷缩,时有腹痛。泻粪如浆,腥臭带血。口色红绛,苔灰黄,脉细数。

4. 虚热型　病至后期呈现正虚邪留之象者属于此型。病牛低热不退,体瘦毛焦,水草迟细,肚腹蜷缩,久泻不止,或酸臭如浆,或下泻如水。口腔干燥,口色深红,无苔或有少量薄黄苔,脉细数无力。

【中药治疗】

1. 湿 热 型

(1)治则　清热解毒,燥湿利水。

(2)方　药

方剂一:郁金散。郁金、大黄各45克,黄连20克,栀子、白芍、黄柏、诃子、黄芩各30克。共研为末,开水冲调,候温灌服;也可水煎服。

方剂二:白头翁汤。白头翁90克,黄柏、黄连、秦皮各45克。水煎温服,或研为末稍煎,温服。

方剂三:葛根黄芩黄连汤。葛根150克,黄芩90克,黄连60克,炙甘草30克。煎汤去渣,候温灌服;或共研为末,开水冲调,候温灌服。

2. 实 热 型

（1）治则　清热解毒，导滞通便。

（2）方药　黄连解毒汤合大承气汤。黄连30克，黄芩、黄柏各45克，栀子60克，大黄60～90克（后下），芒硝150～250克（冲），厚朴、枳实各40克，水煎去渣温服。

3. 毒 热 型

（1）治则　宜清热解毒，凉血止血。

（2）方　药

方剂一：凉血地黄汤加减。犀角9克（锉细末，可用10倍量水牛角代替），生地黄150克，牡丹皮、栀子各45克，金银花50克，白茅根30克。水煎去渣，候温加犀角末或水牛角末，灌服。

方剂二：白头翁汤加减，见湿热型。

4. 虚 热 型

（1）治则　清热利湿，涩肠止泻。

（2）方药　粉葛散加减。葛根60克，栀子、黄柏各30克，木通、五味子各25克，乌梅20克，甘草15克。水煎去渣温服，或研为末冲服。阴虚重者加玄参、麦冬；湿重者加猪苓、泽泻；气虚者加党参、白术。

【针灸治疗】　针刺带脉、鹘脉、尾本、后三里、百会、关元俞、大肠俞、尾根、大椎、后海等穴。

黄　疸

黄疸是指以目黄、身黄、尿黄为特征的一类病证。中兽医把牛黄疸病分为阳黄和阴黄2种，它是以牛的目黄、皮黄、尿黄、阴户黄、乳汁黄、黏膜发黄，尤其是以乳房皮肤黄染明显为特征的一类病症，不同于机体消瘦衰弱、贫血、焦虫病等黏膜黄染的疾病。

病牛发病时表现为消化不良，粪便臭味大而色泽浅淡。可视黏膜黄染,皮肤瘙痒,脉搏减慢。尿色发暗,有时似油状。叩诊肝脏浊音区扩大,触诊和叩诊均有疼痛反应。后躯无力,步态蹒跚,共济失调;狂躁不安,痉挛,或者昏睡、昏迷。体温升高或正常,脉搏和心动徐缓。

【病　因】 阳黄多因暑热炎天,气候潮湿,热气蒸腾,湿热之邪外袭机体所致;阴黄多因牛前胃弛缓、脾胃虚弱、误饮、误喂冰冻水草,寒湿之邪外袭牛体所致。总之,阳黄和阴黄均是湿热或寒湿之邪外袭机体,内阻中焦,导致脾胃运化失常,肝胆失于疏泄,胆汁外溢与肌肤,泛于黏膜等处而现黄色。

【辨　证】

1. 阳黄 发病较快,眼、口、鼻、阴道黏膜以及乳房皮肤、尿液呈黄色,鲜明如橘;患病动物精神沉郁,食量减少,粪干外皮色黑或泄泻黏腻,气味恶臭,发热等,多发生在暑热炎天。

2. 阴黄 眼、口、鼻等可视黏膜发黄,黄色晦暗;患病奶牛精神沉郁,四肢无力,食欲减少,耳、鼻发凉,体温正常或微低,舌色淡黄白腻。病程长,多兼有不同程度的前胃弛缓,口龄较大的体差牛多发,且多发于冬、春季节。

【中药治疗】

1. 阳　黄

(1)治则 清热解毒,利湿通便,疏肝理气。

(2)方药 茵陈龙胆汤(茵陈汤、龙胆泻肝汤合剂)。茵陈 80 克,大黄 60 克,栀子、龙胆草、黄芩各 50 克,木通、车前子、当归、生地黄、柴胡、泽泻各 40 克,生甘草 20 克。共研为末,开水冲调,候温一次灌服。

热盛者加黄连、生地黄、牡丹皮、赤芍各 30 克;妊娠母牛去大黄、木通,加熟大黄 60 克,猪苓 30 克;粪干者加枳实 30 克、芒硝 100 克、槟榔 50 克;有积滞加山楂、神曲、麦芽各 60 克;泌乳牛去麦芽。以上用量为中等体型奶牛的量。

久病者辅以健脾益胃,方选茵陈蒿汤加味:茵陈 200 克,大黄、板蓝根、金钱草各 100 克,栀子、柴胡、白芍、青皮各 60 克,陈皮、金银花、连翘、香附、枳壳、黄芩、龙胆草、甘草各 40 克。水煎取汁,候温灌服,每天 1 剂。偏湿者加苍术、厚朴、泽泻各 60 克;热邪偏重者加大青叶、蒲公英、鱼腥草各 60 克;肝区叩诊疼痛敏感时加川楝子、延胡索、郁金或三棱、莪术各 40 克;尿赤黄或尿血者加白茅根、牡丹皮、生地黄各 60 克;粪干者加芒硝 300～500 克,大黄量增至 150～200 克;胎动时加白术、黄芪各 60 克。

2. 阴 黄

(1)治则 健脾益气,温中化湿。

(2)方 药

方剂一:茵陈术附汤加减。茵陈 60 克,白术 50 克,附子 40 克,干姜 40 克,生甘草 20 克。共研为末,开水冲调,候温灌服。

随症加减:一般病例都加苍术 50 克,陈皮、生姜、车前子、茯苓、泽泻各 30 克;妊娠母牛去附子,加砂仁、白豆蔻、紫苏各 30 克,木香 20 克;有风寒加当归、川芎、荆芥、防风、白芷、羌活、独活、生姜各 30 克,细辛 20 克;有积滞加槟榔、陈皮、厚朴各 40 克,山楂、神曲、麦芽各 50 克;体虚者加黄芪 80 克,党参、当归各 40 克。

方剂二:黄芪建中汤加味。炙黄芪、党参、苍术、茵陈、熟地黄各 80 克,炙甘草、干姜、厚朴各 60 克,当归、川芎、桂枝各 30 克,大枣 20 枚。水煎取汁,候温灌服,每天 1 剂。寒重加肉桂、附子各 40 克;湿重加茯苓、泽泻、白术各 60 克;食欲不振加焦三仙各 60 克;有外感表证加防风、荆芥、紫草各 40 克;色黄而带赤紫者,重用当归、川芎,酌加桃仁、红花。

方剂三:茵陈姜附散。茵陈 45 克,白术 30 克,附子 15 克,干姜 15 克,炙甘草 15 克。共研为末,开水冲调,候温灌服(引自《中兽医治疗学》)。一般病例都加苍术 30 克,陈皮、生姜、车前子、茯苓、泽泻各 20 克;妊娠母牛去附子,加砂仁、白豆蔻、紫苏各 25 克,木香 15 克；有风寒，加当归、川芎、荆芥、防风、白芷、羌活、独活、生姜各 20 克，细辛 10 克；有积滞者加槟榔、陈皮、厚朴各 30 克，山楂、神曲、麦芽各 35 克；体虚者加黄芪 50 克，党参、当归各 30 克。用上述方剂诊治耕牛阴黄病 11 例，治愈率达 93％ 以上（张春明，2013）。

急性实质性肝炎

　　急性实质性肝炎是由于传染性和中毒性因素侵害肝实质引起以肝细胞变性、坏死和肝组织炎性病变为特征的一组肝脏疾病。临床特征为黄疸，体温升高，消化不良，便秘或腹泻，腹痛，神经症状，水肿，出血性素质；肝脏肿大，触诊疼痛等。肝功能检查可见血清黄疸指数升高，直接胆红素和间接胆红素含量增高，反映肝损伤的血清酶类活性增高。本病危害性较大。

　　病牛发病时表现为消化不良，粪便臭味大而色泽浅淡。可视黏膜黄染，皮肤瘙痒，脉搏减慢。尿色发暗，有时似油状。叩诊肝脏浊音区扩大，触诊和叩诊均有疼痛反应。后躯无力，步态蹒跚，共济失调；狂躁不安，痉挛，或者昏睡、昏迷。体温升高或正常，脉搏和心动徐缓。

【病　因】

1. 中毒性肝炎　见于各种有毒物质中毒，如磷、砷、锑、硒、铜、铂、四氯化碳、六氯乙烷、棉酚、煤酚、氯仿等化学物质中毒；千里光、猪屎豆、羽扇豆、杂三叶、天芥菜等有毒植物中毒；黄曲霉、青霉、杂色曲霉等真菌毒素中毒等。

2. 感染性肝炎　见于细菌、病毒、钩端螺旋体、寄生虫等各种病原体感染，如沙门氏菌病、钩端螺旋体病、牛恶性卡他热、血吸虫病的严重侵袭。

3. 营养性肝炎　主要见于硒、维生素 E、蛋氨酸和胱氨酸等缺乏。

4. 充血性肝炎 充血性心力衰竭时,肝实质受压缺氧导致肝小叶中心变性和坏死。

【辨　证】

1. 阳黄 发病较快,眼、口、鼻、阴道黏膜及乳房皮肤、尿液颜色鲜黄明亮如橘;患病动物精神沉郁,食量减少;粪干,外皮色黑或泄泻黏腻,气味恶臭;发热,多发生在暑热炎天。

2. 阴黄 眼、口、鼻等可视黏膜发黄,黄色晦暗;患病奶牛精神沉郁,四肢无力,食欲减少,耳、鼻发凉,体温正常或微低,舌色淡黄白腻。病程长,多兼有不同程度的前胃弛缓,口龄较大的体差牛多发,且多发于冬、春季节。

【中药治疗】

1. 治则 保肝利胆,清肠制酵,镇静解痉。

2. 方药 治疗参照黄疸的治疗,也可用加味茵陈蒿汤治疗。茵陈 120 克,栀子 60 克,大黄 60 克,郁金 45 克,黄芩 45 克,板蓝根 90 克。共研为末,水煎,候温一次灌服,每天 1 剂,连用 3～4 天。

腹腔积液

腹腔积液是指腹腔内积聚大量渗出液的慢性病,也叫腹水,是其他疾病的一个症状,中兽医叫作宿水停脐。出现腹水超过正常值并潴留,并发症状有发热、产生蛋白尿、尿量减少等。病牛主要表现精神沉郁,反刍少,胸式呼吸,腹痛,呻吟,病初体温升高。视诊腹部,下侧方对称性增大,而腰旁窝塌陷,腹轮廓随体位而改变;触诊腹部不敏感,冲击腹壁闻振水音,对侧壁显示波动;叩诊腹部,两侧呈等高的水平浊音,上界因姿势而变化;腹腔穿刺液透明或稍浑浊,色泽淡黄或绿黄,并含有大量的白细胞和纤维蛋白。全身症状取决于原发病,通常显现充血性心力衰竭、恶病质或慢性肝病体征。

【病　因】　主要是门静脉瘀血的结果,另外细菌感染、肿瘤、结核性腹膜炎、消化道穿孔、肝硬化、营养不良等都有可能引起腹水。中兽医理论认为有如下成因。

1. 饮食不节,损伤脾胃　导致湿浊内蕴,清气不升,浊气不降,壅阻气机,脾土壅滞则肝失条达,气滞血瘀,水湿内停,气血交阻而成臌胀。

2. 血吸虫感染　血吸虫感染晚期内伤肝脾,脉络瘀阻,气机不畅,升降失常,气、血、水淤积腹中而成。

3. 黄疸积聚失治　日久湿热伤脾,水湿内停,肝失条达,气血凝滞,脉络瘀阻,终致肝、脾、肾三脏俱病而成臌胀。

【辨　证】　本病为湿毒之邪停于中焦,中焦受阻,湿热困脾,水道不通,津液运行不畅,累及肝肾,气、血淤积所致。

【中药治疗】

1. 治则　温补肝肾,健脾利水,祛瘀除湿。

2. 方药　党参、白术、大黄、木通、猪苓、泽泻各 50 克,车前子、小茴香、大腹皮、肉桂、茯苓各 30 克,甘遂、芫花各 20 克。共研为细末,开水冲调,候温,一次灌服。

第三节　神经系统疾病

日射病和热射病

日射病和热射病(包括热衰竭和热痉挛)又称为中暑,是指家畜在高温或烈日环境下使役,由于强烈的阳光辐射及高温作用,当通风不良及畜体适应能力低下时,引起家畜体温调节障碍,水、盐代谢紊乱及神经系统功能损害等一系列症状。

病牛精神沉郁或兴奋。运步缓慢,体躯摇晃,步样不稳。全身出汗,体温达42℃以上,脉搏每分钟100次以上。呼吸高度困难,张口呼吸,呼吸数达每分钟80次以上。肺泡呼吸音粗厉。结膜潮红、食欲废绝,饮欲增进。后期高热昏迷,卧地不起,肌肉震颤,意识丧失,口吐白沫,痉挛而死。临床上以体温显著升高,循环衰竭,突然神昏头低、眼神呆痴、行如酒醉、浑身肉颤、汗出如浆、气促喘粗为特征。民间兽医称为发痧,皆发生在夏季。

【病　因】　暑月炎天,使役过度;负重长途运输,奔走太急;在舟车中运输,气温过高,过度拥挤;圈舍狭小,通风不良;饲养过甚,膘肥肉满。故使暑热内侵,卫气被郁,内热不能外泄,热毒积于心胸,或热耗津液,致成本病。

【辨　证】　临床上根据病情轻重分为伤暑和中暑2种。

1. 伤暑　病牛精神倦怠,耳耷头低,四肢无力,呆立如痴,身热气喘,鼻镜干燥,水草不进,肷窝出汗,口津干涩,口色鲜红,脉象洪数。

2. 中暑　发病急,病程短,高热神昏,行走如醉,精神极度衰沉,两目直瞪,气促喘粗,浑身肉颤,倒地抽搐,口吐白沫,汗出如油,气随汗脱,虚脱而死。口色赤紫,脉洪数或细数无力。

【中药治疗】

1. 伤暑

(1)治则　清暑,解热,化湿。

(2)方药　香薷散。香薷30克,茯神、远志、黄连、薄荷、甘草各15克,朱砂12克,栀子、连翘、柴胡、枳壳、青皮各21克。共研为末,以白蜂蜜120克为引,开水冲调,候凉灌服(引自《中兽医诊疗经验》)。

2.中　暑

(1)治则　清热解暑,安神开窍。

(2)方　药

方剂一:止咳人参散(《元亨疗马集》)加减。党参、芦根、葛根各30克,生石膏60克,茯苓、黄连、知母、玄参各25克,甘草18克。共研为末,开水冲服。无汗者加香薷;神昏者加石菖蒲、远志;狂躁不安者加茯神、朱砂;热极生风、四肢抽搐者加钩藤、菊花;有衰竭症状者,要结合补液及电解质进行救治。

方剂二:茯神散。茯神10克,朱砂、雄黄各3克。共研为细末,加猪胆汁1个,同调灌之(引自《元亨疗马集》)。

方剂三:朱砂散。朱砂9克,党参、黄连各15克,知母、茯神、栀子各32克,甘草18克,以猪胆汁1个为引。共研细末,开水冲药,候温灌之(引自《甘肃中兽医诊疗经验》)。

【针灸治疗】　用利刀于尾尖穴上呈"十"字形劈之。

彻鹘脉、太阳、三江、大脉、通关、耳尖等血。初患体壮者,可彻鹘脉血1000毫升左右;中后期、脉虚数者,切勿放血过多。

脑　黄

脑黄是指心肺热极上注于脑,脑中生黄而惊狂或痴呆的病证,首见于《司牧安骥集》。

病牛狂躁不安,高度兴奋,并呈进行性发作。摇头,啃咬物品,磨牙,嘶鸣,无目的地前冲或后退,头抵饲槽,冲撞墙壁。有的病牛挣脱缰绳,不顾障碍物向前奔跑。结膜充血,头盖部灼热,瞳孔散大或缩小,呼吸急促,脉搏增数,目光惊恐,体温有时升高,食欲下降。后期,病牛转入抑制,出现精神沉郁,目光呆滞,不注意周围事物,行走摇晃,呼吸、脉搏减慢。

【病　因】　多因暑月炎天,劳役过重或受烈日暴晒,圈舍闷热,以致热积于心肺,火灼津液为痰,痰浊郁于胸膈,上注于脑,蒙蔽心窍,阻塞经络而发病。

【辨　证】　根据病理变化和临床表现不同,分为以下3型。

1. 惊狂型　多因痰火过盛引起。症见狂躁不安,乱走乱撞。如系木桩,常用力向前挣脱,或绕桩做圆圈运动。当自由运动时,或向前冲,或向单侧做圆圈运动,不避障碍,或头顶墙壁不动。单侧或两侧瞳孔散大,视力模糊,间有唇向下垂或歪向一侧,食欲减退或废绝,口色赤红,脉象洪数,属痰火扰心证。

2. 痴呆型　多因痰气郁结引起。症见头低耳耷,眼闭呆立,状如睡眠,有时头顶墙壁,呆立不动。或将嘴插入水中不断空嚼,或嘴含饲草而不知咀嚼。步态不稳,或后肢高抬,或卧地不起。口色赤红,脉象滑数。

3. 混合型　惊狂和痴呆交替发作,时而惊狂,时而痴呆。惊狂发作后,郁火渐泄,痰气滞留而转为痴呆。痴呆经久,痰郁化火,痰火过盛,又可出现惊狂。惊狂时治宜清热、化痰、安神,痴呆时治宜祛痰、开窍、安神。可随证情变化,灵活化裁应用。

【中药治疗】

1. 惊狂型

(1)治则　清热化痰,镇惊安神。

(2)方药　天竺黄散。天竺黄30克,黄连15克,郁金20克,栀子10克,生地黄20克,朱砂(水飞)10克,茯神15克,远志15克,防风20克,桔梗10克,木通15克,甘草10克。共研细末,以蜂蜜、鸡蛋清调糊,开水冲药,候温灌之(引自《中兽医治疗学》)。

2. 痴呆型

(1)治则　祛痰开窍,安神镇惊。

(2)方药　朱砂散加减。朱砂(水飞)10克,党参45克,茯神45克,黄连15克,天南星15克,半夏20克,浙贝母10克,天花粉10克。共研细末,以猪胆汁1个为引,开水冲药,候温灌之。

3. 混合型

(1)治则 惊狂时治宜清热、化痰、安神,痴呆时治宜祛痰、开窍、安神。

(2)方药 可随证情变化,灵活化裁应用。

【针灸治疗】 惊狂型针刺太阳、鹘脉穴。痴呆型火烙大风门、风门等穴。使用铍针劈开尾尖放血。

癫 痫

癫痫俗名抽羊角风,是牛意识和行为发生障碍的一种慢性神经性疾病,主要表现为无定期性的僵直或间断性的痉挛。发作无定时,也无明显征兆,有时仅呈现呆板或垂头站立。

发作时病牛突然倒地,哞哞惊叫,肛门测温正常。先从口角附近开始痉挛,后发展至全身,头后仰,僵直;四肢伸直,不停地做游泳状划动;牙关紧闭,口角周围溢出白色泡沫;瞳孔散大,眼球回转;心跳加快,呼吸不规则。每次发作持续时间短则2~5分钟,长则15~30分钟,随着病程的延长,发展到每天发作3~4次。发作停止后,病牛自行起立,饮水、采食恢复正常,与健康牛无异。本病多发生于3~8月龄的犊牛。

【病 因】 大脑皮质或皮质下中枢神经兴奋性增高,使兴奋或抑制严重紊乱致使本病发作。有时脑肿瘤和脑寄生虫也可以引起癫痫发作。

中兽医认为牛癫痫外因多是受暑热、过度劳役;内因是肝阳偏盛,肝风内动,痰火上逆,壅注上焦,心包经气闭塞,以致突发本病。

【辨 证】

1. 血热型 忽然倒地,全身抽搐,四肢乱蹬,牙关紧闭,嘴流泡沫,严重时每天发作6~7次。临床检查可见舌色赤红,津液干黏,口角挂有涎沫,舌两边筋纹明显粗大,呈污紫色,口渴贪饮,吃草减少,精神急躁不安。

2. 血虚型 病牛躺于地上抽搐,咬紧牙关,嘴吐白沫,头向后背,前腿趴,后腿伸直,临床检查舌色淡白津液少,耳耷头低,精神沉郁,行动缓慢,食欲不好,反刍有气无力,脉象细迟。

【中药治疗】

1. 血热型

(1)治则 清热凉肝,熄风止惊。

(2)方药 羚角钩藤汤加减。羚羊角片 30 克(先煎),钩藤 45 克,霜桑叶 30 克,滁菊花 45 克,鲜生地黄 90 克,生白芍 45 克,川贝母 50 克,淡竹茹 60 克(鲜刮,与羚羊角先煎代水),茯神 45 克,生甘草 20 克。水煎服,一次灌服,每天 1 剂,连用 3～5 天。

2. 血虚型

(1)治则 养血熄风,柔肝舒筋。

(2)方 药

方剂一:补肝汤加减。生地黄 30 克,当归 30 克,白芍 20 克,酸枣仁 30 克,川芎 20 克,木瓜 30 克,炙甘草 30 克。共研为细末,开水冲调,一次灌服,每天 1 剂,连用 3～5 天。

方剂二:镇痛散加减。钩藤、僵蚕、当归、川芎、白芍、茯神、柏子仁、石菖蒲、菊花、决明子各 10 克,全蝎、朱砂(先煎)各 5 克,蜈蚣 5 条,两煎两服(胡元亮,1990)。

方剂三:柴胡、郁金、桔梗、白芍、僵蚕、石菖蒲、天麻、珍珠母、茯神、远志各 10 克,全蝎 5 克,胆南星、半夏各 8 克。共研为细末,开水冲调,候温灌服。治疗 6 例,治愈 5 例(胡海元,1999)。

方剂四:钩丁胆星汤。钩丁 25 克,胆南星 10 克,黄芪 15 克,玄参 15 克,酸枣仁 20 克,生地黄 25 克,蝉蜕 10 克,炒僵蚕 10 克,薄荷叶 10 克,当归 20 克,陈皮 20 克,大黄 20 克,麦冬 10 克,生石膏 20 克,朱砂 2 克(包冲服)。治疗犊牛癫痫 20 例,治愈 18 例,疗效显著(孙新善,1988)。

方剂五:石菖蒲 30 克,天麻 15 克,钩藤 30 克,全蝎 15 克,陈皮 15 克,远志 18 克,胆南星 15 克,半夏 15 克,浙贝母 20 克,朱砂 9 克(另包),茯苓 20 克,甘草 20 克。以上药物共研细末,先灌朱砂,其他诸药开水冲调,候温灌服,每天 1 剂。治疗牛癫痫 14 例,治愈 13 例,治愈率达 92.8%(杨正文,1990)。

【针灸治疗】 针刺肝俞、脾俞、丹田、太阳、鼻中、山根、百会等穴。

第四节 泌尿系统疾病

膀 胱 炎

膀胱炎系膀胱黏膜或黏膜下层的炎症,按其性质可分为卡他性、纤维蛋白性、化脓性、出血性 4 种。临床上以黏膜的卡他性炎症较为常见。临床特征是尿频、尿痛、尿急、尿少、尿色赤。病牛体温正常或微升高,眼结膜潮红,食欲正常或稍减,排便干燥,排尿滴淋有很浓的氨气味,起卧呻吟不安,拱腰举尾,做排尿动作。公牛在做排尿动作时阴茎常伸出,母牛拱腰举尾频繁努责,常见肛门出血,阴毛处粘有坏死的组织碎片。检查母牛尿道时常见坏死的组织碎片阻塞尿道口。直肠检查可见有的病牛膀胱无积尿,有的由于尿道阻塞而膀胱充盈。

【病 因】 因膀胱气化不利所致。其病因、病理比较复杂,主要包括:心火过盛,下注小肠而入膀胱;或热浊积于膀胱,导致清气不升,浊气下降,致使湿热郁结膀胱;或肾虚而命门火衰,使膀胱气化不全而出现尿频等症状。

【辨 证】 本病在中兽医学属于淋证范畴,根据临床病因、症状和临床经验,将本病分为下焦湿热型、肾阳不足型和阴虚火旺型。

1. 下焦湿热型 病牛肚腹胀痛,踏地蹲腰,欲卧不卧,甩尾刨蹄,排尿不通,或尿频、尿痛、尿急、尿少而黏稠、尿色赤。严重病牛还表现痛苦呻吟状。口色红黄,津黏,脉濡数。

2. 肾阳不足型 体质瘦弱,气血虚亏,排尿无力而不畅,次数多,尿量少,色淡(类似慢性膀胱炎),排尿痛苦姿势不明显。口色淡白,脉沉细。

3. 阴虚火旺型 病牛食欲、反刍减少或停止,尿频、尿痛、淋漓,或尿中带血,口内发热,口色赤红,苔黄,脉数。

【中药治疗】

1. 下焦湿热型

(1)治则 清热利湿,通调水道。

(2)方 药

方剂一:八正散加减。瞿麦 60 克,萹蓄 60 克,车前子 60 克,滑石 60 克,甘草梢 25 克,栀子 30 克,木通 25 克,大黄 20 克,灯芯草 20 克;如排尿带血加白茅根 60 克,生地黄 60 克,大蓟 45 克,小蓟 45 克,金钱草 60 克。共研为细末,开水冲调,候温一次灌服。

方剂二:滑石散。滑石 60 克,泽泻 45 克,灯芯草 15 克,茵陈 30 克,知母(酒制)25 克,黄柏(酒制)30 克,猪苓 25 克,瞿麦 25 克。共研为末,开水冲调,候温灌服(引自《元亨疗马集》)。

2. 肾阳不足型

(1)治则 温补肾阳,利水通淋。

(2)方药 肾气丸。山药、山茱萸、熟地黄各 60 克,茯苓、泽泻、牡丹皮、怀牛膝、车前子(另研)各 30 克,黄芪 45 克,肉桂、炮附子各 12 克。共研为末,开水冲调,候温灌服(引自《济生方》)。

3. 阴虚火旺型

(1)治则 滋阴补肾,清热除湿。

(2)方药 知柏汤加味。知母 100 克,黄柏 100 克,茵陈 100

克,广木香 30 克,栀子 50 克,滑石 50 克,木通 40 克,川楝子 50 克,车前子 40 克,甘草 25 克,瞿麦 50 克,石膏 50 克。共研为末,开水冲调,候温灌服。

尿路结石

尿路结石是尿路中盐类物质结晶积聚膀胱或尿道,影响尿液排出的疾病。尿石形成于肾或膀胱,但阻塞发生于输尿管及尿道,临床上以尿淋或尿闭为特征。主要发生于公牛,母牛较少发生。本病属中兽医的沙石淋范畴。

病牛排尿时间长,拱腰努责,尿液淋漓;有时呻吟,后肢张开,腹壁抽缩,欲尿而不出,尿后症缓;尿沉渣中有细沙粉状物质或尿时带血。若为尿道结石,公牛多发生于阴茎的乙状弯曲或接近龟头部位,触摸 S 弯曲处有痛感。直肠检查,膀胱膨大、充盈、坚实,用指加压不见排尿,有时挤压阴茎可排出少量易碎的白色状物。

【病　因】　由于饲料或饮水中长期含有大量的钙盐,日久沉淀而形成结石。或长期饮水不足,尿液浓缩,饲料中长期缺乏维生素 A 或经常饲喂没有经过无毒素处理的棉籽饼等均可引起本病。中兽医认为本病多由肾虚,湿积不化,郁久化热结于下焦,煎熬尿液积聚为石;又因肾气不足,膀胱气化不利,不能通调水道,使湿热内遏,壅阻尿路,两者相互影响,互为因果;且结石内阻,久留不去必然导致气滞血瘀。

【辨　证】　根据临床表现,将其分为湿热型、气滞血瘀型、肾虚亏虚型。

1. 湿热型　口干,粪干,尿短黄,舌质红,苔黄,脉弦数,尿血,肾性腹痛,此型最为常见。

2. 气滞血瘀型　伴有剧烈的腹痛,血尿,舌色紫红,舌边有瘀血点,脉涩。

3. 肾虚亏虚型 病程长久,精神沉郁,体质消瘦,舌淡苔白,脉沉无力,尿无力,常有排尿动作,尿频,尿少。

【中药治疗】

1. 湿热型

(1)治则 清热利湿,利尿通淋。

(2)方药

方剂一:八正散加减。车前子 50 克,瞿麦 40 克,木通、牛膝、陈皮、白茅根、石韦各 35 克,海金沙 30 克,金钱草 80 克,鸡内金 50 克,滑石 100 克。共研为末,开水冲调,候温灌服。

方剂二:萆薢分清饮(《医学心悟》)加减。川草薢、黄柏、海金沙、金钱草各 60 克,萹蓄、瞿麦、滑石各 45 克,茯苓、白术、丹参、车前子各 35 克。水煎,候温,分 2~3 次灌服。

2. 气滞血瘀型

(1)治则 清热利尿,行气活血止痛。

(2)方药 车前子 50 克,牵牛子 30 克,木通 35 克,金钱草 60 克,通草 40 克,三棱 15 克,莪术 15 克,当归 30 克,红花 20 克,滑石 40 克,牛膝 30 克,甘草 20 克。研末,加水用胃管投服。

3. 肾虚亏虚型

(1)治则 补肾益气,凉血止血。

(2)方药 金匮肾气丸加减。生地黄 30 克,猪苓、泽泻、牡丹皮、牛膝、茯苓各 30 克,黄芪 80 克,当归 40 克,路路通 50 克,金钱草 60 克,甘草 20 克。研末,开水冲调,用胃管投服。

【针灸治疗】 针刺百会、肾门、开风、尾根、肾俞等穴,白针留针或火针、电针、水针、光针、特定电磁波治疗仪穴区辐射。

尿 血

尿血是指血液从尿液而出,尿色因之变为淡红色、鲜红色,甚至混有血块,又称溺血、溲血。其尿血症状不一,或点滴流血,或先血后尿,或先尿后血,或鲜红血尿外流不止。此证病因非一,治法大异。

【病　因】　多因外感温邪袭击肺卫,致使肺卫宣通失职,不能通调水道以致尿血。或者热邪内侵,内热炽盛,热邪耗伤心阴,热盛移于小肠或湿热蓄积肾经和膀胱,气化失常,致热极排妄行所致。或湿热结于膀胱,气化之功失调,合阖失度,排泄不畅,损伤脉络而致。或肝火太盛,下劫肾阴,迫血妄行。或由于肺肾阴虚,虚火妄动,损伤血络而致尿血。或因脾气虚弱,气不能固摄血液而致尿血。或因劳役过重或饮喂失调损伤脾肾,致脾虚统血无权,肾虚封藏失职,血液下注而发生尿血。或因重物撞击,跳沟过河,损伤腰部所致。或因尿路检查不慎损伤脉络所致。或因尿路结石而致。

【辨　证】　根据本病的病因、临床症状,可将本病分为外感风热型、心火亢盛型、肝火亢盛型、湿热结于下焦型、阴虚阳亢型、脾肾两虚型、腰部损伤型和尿路结石型 8 种证型。

1. 外感风热型　恶寒发热,头部、眼睑水肿,尿液带血呈鲜红色,脉浮涩。

2. 心火亢盛型　病牛烦躁不安,口干欲饮,发热,尿急尿频,尿带血丝、血块,点滴排出,呈绛红色,脉洪大而涩。

3. 肝火亢盛型　目赤睑肿,眵盛难睁,夹尾拱背,后肢无力,尿血或尿中带有血丝,排尿时感痛呻吟,口色鲜红,舌苔黄腻,脉象弦数。

4. 湿热结于下焦型　口干舌燥。小便赤涩,窿闭,淋漓,点滴溲血,举尾拱腰,频做排尿姿势。舌苔黄腻,脉实而数。

5. 阴虚阳亢型　病牛素有小便短少,尿血时有时无,色多鲜红,精神沉郁,口中灼热,鼻镜干燥,脉细涩。

6. 脾肾两虚型　精神不振,耳耷头低,水草迟细,尿频带血,血呈黑红色。

7. 腰部损伤型　行走吊腰,尿频有血,血呈暗红色,触诊腰部敏感。

8. 尿路结石型　参见尿石症。

【中药治疗】

1. 外感风热型

(1)治则　辛凉宣肺,利水止血。

(2)方药　银翘散加减。金银花 130 克,连翘 130 克,杏仁 120 克,桔梗 120 克,薄荷 120 克,牛蒡子 120 克,生地黄 140 克,萹蓄 130 克,侧柏叶 145 克,白茅根 150 克。共研为末,开水冲调,候温灌服。

2. 心火亢盛型

(1)治则　清热泻火,凉血止血。

(2)方药　导赤散加减。生地黄 150 克,麦冬 150 克,木通 130 克,瞿麦 230 克,黄连 120 克,牡丹皮 120 克,赤芍 120 克,车前子 130 克,淡竹叶 100 克,甘草 80 克。共研为末,开水冲调,候温灌服。也可用加味秦艽散治疗。秦艽 40 克,瞿麦、车前子、当归、黄芩、赤芍、天花粉、乳香、甘草各 20 克,滑石、炒蒲黄、栀子、连翘、牡丹皮各 30 克。共研为末,开水冲调,候温灌服。

3. 肝火亢盛型

(1)治则　清肝泻火。

(2)方药　龙胆泻肝汤加减。黄芩 130 克,黄连 120 克,黄柏 230 克,栀子 130 克,芦荟 220 克,青黛 75 克,木通 130 克,泽泻 130 克,柴胡 120 克,生地黄 130 克,牡丹皮 130 克,龙胆草 130 克,郁金 70 克,甘草 80 克,白茅根 150 克。共研为末,开水冲调,候温灌服。

4. 湿热结于下焦型

(1)治则　清热凉血,排石通淋。

（2）方药 小蓟饮子加减。生地黄 140 克，木通 130 克，当归 120 克，蒲黄 120 克，栀子 130 克，小蓟 130 克，滑石 180 克，甘草 80 克，牛膝 150 克，石韦 130 克，海金沙 130 克，鲜车前草 200 克。共研为末，开水冲调，候温灌服。

5. 阴虚阳亢型

（1）治则 滋阴降火。

（2）方药 知柏地黄丸加味。熟地黄 160 克，淮山药 160 克，茯苓 120 克，牡丹皮 120 克，泽泻 120 克，山茱萸 100 克，知母 130 克，黄柏 130 克，小蓟 130 克。共研为末，开水冲调，候温灌服。

6. 脾肾两虚型

（1）治则 健脾益气，补肾固摄。

（2）方药 加味补中益气汤。黄芪 40 克，党参、当归、巴戟天、杜仲炭各 20 克，陈皮、白术、升麻、柴胡、菟丝子、山药、甘草各 20 克。共研为末，开水冲调，候温灌服。

7. 腰部损伤型

（1）治则 凉血止血。

（2）方药 加味止血散。蒲黄、车前子各 40 克，地榆炭、棕榈炭、木通、知母、黄柏各 30 克，甘草 20 克。共研为末，开水冲调，候温灌服。也可用大蓟、小蓟、荷叶、侧柏叶、白茅根、茜草炭、大黄、栀子、牡丹皮、棕榈皮各 20 克。水煎取汁，加入云南白药 20 克，候温灌服。

8. 尿路结石型 参见尿石症的治疗。

尿 闭

尿闭症是膀胱闭塞或尿道不通、尿液滞留、膀胱胀痛之症。

【病 因】 泌尿道炎症如肾炎、膀胱炎及尿道炎所致或尿路结石引起阻塞，或因母畜产仔时，造成产道损伤发炎，或因母畜体质虚弱,产后引起膀胱弛缓,以致排尿不通,或虽通亦少,出现点滴排尿,甚至无尿。牛在排尿过程中,因受到突然性的鞭打或惊吓,反射性地引起膀胱外括约肌痉挛,造成排尿中断,形成尿闭。中兽医认为本病多因炎热而饮冷水,水火入肠,清气未清,浊气未降,清浊未分,冷热相击,以致膀胱闭塞;或由于肾阳不足,命门火衰,影响膀胱气化,尿液传送无力而发生排尿不利和尿闭;或由于跌打损伤,经络瘀阻而发生尿闭。

【辨　证】　根据本病的病因、临床症状,可将本病分为实热型、肾虚型和瘀阻型。

1. 实热型　病牛精神沉郁,食欲、反刍减少,做努责状排尿姿势或向后坐姿势,欲排尿而未排出尿液,尿色赤黄,尿淋漓不爽,或尿液滞留不通,口红涎少。

2. 肾虚型　病牛精神沉郁,食欲、反刍减少,排尿不利,呈点滴状流出,耳、鼻、肢端不温,口色淡白。

3. 瘀阻型　病牛精神不振,食欲、反刍减少,欲排尿而未见尿液排出,尿液呈淡褐色,尿液不畅或滞留不通。

【中药治疗】

1. 实热型

(1)治则　清热养阴,利水化湿。

(2)方药　鲜海金沙藤 300 克,鲜萹蓄 250 克,鲜车前草 500 克,鲜灯芯草 300 克,鲜石菖蒲茎 200 克,鲜花椒根 200 克。水煎 2 次,混合药液,每天 1～2 剂,连用 3 天。也可用滑石散加味。滑石 100 克,木通 60 克,猪苓 50 克,泽泻 50 克,茵陈 150 克,酒知母 100 克,酒黄柏 100 克,瞿麦 50 克,车前子 50 克,生石膏 50 克,生栀子 60 克,金银花 60 克,生甘草 30 克。以灯芯草 6 克为引,水煎,每天 1 剂,灌服。

2. 肾虚型

(1)治则　补中益气,温补肾阳,渗湿利水。

（2）**方药**　党参 50 克,黄芪 45 克,白术 30 克,熟地黄 30 克,肉桂 15 克,车前子 40 克,海金沙 40 克,萹蓄 30 克,木通 20 克,仙鹤草 50 克。水煎,每天 1 剂,灌服。或用瓜蒌根 50 克,瞿麦 45 克,附子 20 克,茯苓 35 克,山药 40 克,熟地黄、肉桂各 50 克。水煎,每天 1 剂,灌服。也可用济生肾气丸加减。熟附子 60 克,肉桂 18 克,熟地黄 90 克,山药 60 克,茯苓 60 克,车前子 60 克,通草 36 克,川牛膝 60 克,泽泻 60 克。水煎,候温灌服。

3. 瘀阻型

（1）**治则**　活血祛瘀,消炎利尿。

（2）**方药**　当归 50 克,白芍 25 克,红花 25 克,没药 30 克,延胡索 25 克,车前子 50 克,瞿麦 40 克,萹蓄 30 克,海金沙 40 克,仙鹤草 50 克。水煎,每天 1 剂,候温灌服。

【针灸治疗】　开针洗口、耳尖、尾尖穴道放血,再针通关、断血、后丹田、腰中、百会、滴明、海门、尾结等穴。

尿 道 炎

尿道炎为膀胱颈部至尿道口部黏膜的炎症,属中兽医淋证范畴。在临床上主要见于公牛,母牛较少发病。

【病　因】　因细菌感染或邻近器官炎症蔓延而引发。如膀胱炎、包皮炎、阴道炎及子宫内膜炎和其他炎症均可蔓延至尿道发炎。多因湿热蕴结于膀胱,致气化不畅、水道不利而致病。

【辨　证】　病牛精神不安,食欲减退,尿液断断续续流出,公牛阴茎频频勃起,母牛不断开张阴唇、拱腰努责,尿道黏膜肿胀潮红,不断做排尿状,有时点滴不止,流出黏液性分泌物,严重时可见尿液浑浊,其中也有黏液性血尿、脓液,有时还有坏死黏膜脱落。病牛腹胀,口干色红,舌苔黄滑,脉滑数。此外,尿道炎常常会使尿道产生阻塞,导致血尿、尿闭及膀胱破裂等症状。如皮毛松乱,频频排尿不出,则预后不良。

【中药治疗】

1. 治则 清热解毒,利尿通淋。

2. 方药

方剂一:草薢苦参汤(验方)。草薢 40 克,苦参、黄柏、土茯苓各 35 克,白鲜皮、萹蓄、薏苡仁、车前子(包煎)各 30 克,通草、瞿麦、滑石(后下)、牡丹皮各 25 克,蒲公英、紫花地丁、金银花、金钱草各 40 克。水煎取汁,每天 1 剂,候温灌服。

方剂二:赤茯苓 30～60 克,黄芩 30～45 克,甘草 30 克,泽泻 15～30 克,金钱草 25～30 克,马鞭草 50～60 克,车前草 25～30 克。水煎取汁,每天 1 剂,候温灌服。

方剂三:龙胆泻肝汤。龙胆草 45 克,车前子 45 克,柴胡 30 克,栀子 30 克,生地黄 30 克,泽泻 30 克,蒲公英 30 克,紫花地丁 30 克,土茯苓 30 克,苦参 10 克,甘草 20 克。水煎取汁,每天 1 剂,候温灌服。连用 10 天为 1 个疗程。

肾盂肾炎

肾盂肾炎是一侧或两侧肾盂和肾实质受非特异性细菌感染而引起的一种慢性炎症过程。临床上主要以发热、排尿异常为主要特征。本病属于中兽医学的淋证范畴,包括尿血、淋浊等病证。

多数牛呈渐进性、慢性病程。初期食欲不振,泌乳量日趋下降,衰弱,消瘦,腹痛,表现起卧不安,拱背站立,体温大多正常。主要症状是排出带有脓液或小脓块的血尿。尿液量逐渐减少,排尿次数增加,尿液呈淡红色、鲜红色、褐红色,具恶臭味。直肠检查可见肾脏敏感,病牛腰背左右摇摆,后肢站立不稳,肾肿大,肾小叶界限不明显;输尿管肿大,管壁肥厚、变硬;膀胱壁增厚;阴道黏膜潮红、糜烂,阴道口周围发炎肿胀,阴道内潴留脓性分泌物。尿液检查可见蛋白质增多,尿沉渣中有肾上皮细胞、脓球、红细胞和大量病原菌。血液检查可见红细胞和血红蛋白减少,白细胞增加,血清总蛋白含量下降。后期病牛体温急剧升高,拱背站立,行走时背腰僵硬,后躯摇摆。肾区触压敏感,直肠触压肾脏肿大且疼痛不安,肾盂内脓液蓄积时有波动感。病牛频频排尿,尿液浑浊,混有黏液和血液,甚至有时带有脓液和大量蛋白质。

【病　因】　本病多由肾脏和母畜泌尿生殖系统的内在因素引起,又感受湿热之邪,留恋于肾,肾之气化失司,水道不利;亦可因母畜产后外阴不洁,秽浊之邪上犯膀胱,累及于肾;再者长期饲喂精饲料或误服对胃有刺激性的药品,使脾胃运化失常,积湿生热,蕴结成毒,与津血互结,循水道阻结于肾,损伤气血与肾盂黏膜而致肾盂肾炎。

【辨　证】　根据病因、病理变化和临床症状,可将本病分为膀胱湿热型、脾肾两虚型、阴阳两虚型、脾肺气虚型、脾肾阳虚型、气阴两虚型和肝肾阳虚型7种证型。

1. 膀胱湿热型　精神沉郁,食欲不振,拱背站立,排尿短迟或不通,排便不畅,舌苔黄腻,不欲饮水,脉象滑数或濡数。

2. 脾肾两虚型　排尿淋漓,缠绵不愈,肾阴虚时,口干舌红,脉细数;肾阳虚时,形寒肢冷,耳鼻不温,口淡而润,脉虚弱;脾虚则表现为倦怠乏力,不思草料,粪便溏薄,顽固不化,排尿频数,淋漓不尽,舌苔淡白,脉沉细无力。

3. 脾肺气虚型　症见面浮肢肿,久咳不止,咳喘无力,纳呆腹胀,卧多立少,草料迟细,粪便溏稀,平素易感冒,舌质淡,舌体胖嫩,脉细弱。

4. 脾肾阳虚型　症见周身水肿严重,有的宿水停脐或阴囊水肿,畏寒怕冷,腰膝乏力,神疲倦怠,纳呆便溏,久泻不止,舌色暗淡,舌体胖,苔润多津,脉沉迟。

5. 气阴两虚型　症见水肿朝重于睑,暮重于足,腰和四肢乏力,神疲倦怠,气息短促,低热不退,口唇红绛,口干舌燥,舌淡嫩红,脉细无力。

6. 肝肾阳虚型 症见面肢水肿,低热不退,燥热不安,后躯无力,排便干燥,眩晕耳鸣,易盗汗,公牛举阳早泄,母牛发情周期不正常,严重者难起难卧,或卧地不起,咽干口燥,舌质红,少苔或薄黄苔,脉弦细。

7. 阴阳两虚型 症见周身水肿,神疲气短,身倦乏力,腰肢疼痛,形寒怕冷,纳呆腹胀,排便干燥,舌淡红,舌苔白,脉濡软或细弱。

【中药治疗】

1. 膀胱湿热型

(1)治则 清热利湿,解毒通淋。

(2)方药 八正散加减。瞿麦 60 克,萹蓄 60 克,车前子 60 克,滑石 60 克,甘草梢 25 克,栀子 30 克,木通 25 克,大黄 20 克,灯芯草 20 克。共研为细末,开水冲调,候温一次灌服,每天 1~2 剂。

2. 脾肾两虚型

(1)治则 健脾益肾,清热利湿。

(2)方药 参苓白术散合二仙汤加减。党参 60 克,白术 60 克,茯苓 45 克,白扁豆 45 克,薏苡仁 30 克,仙茅 30 克,淫羊藿 30 克,黄柏 30 克,知母 30 克,当归 30 克,山药 30 克。共研为细末,开水冲调,候温一次灌服,每天 1~2 剂。

3. 脾肺气虚型

(1)治则 益气健脾,理气活血。

(2)方药 黄芪 10~80 克,白术、茯苓、益母草、鱼腥草各 7~60 克,猪苓、泽泻、陈皮、桑白皮、木香各 5~40 克,甘草 4~30 克。腰膀乏力者加杜仲、狗脊各 4~30 克;形寒肢冷者加干姜、肉桂各 4~30 克;盗汗者加牡蛎、浮小麦各 4~30 克。水煎,候温灌服。

4. 脾肾阳虚型

（1）治则　温肾健脾,利水活血。

（2）方药　用党参 10～80 克,猪苓、茯苓、泽泻、益母草各 10～100 克,白术、鱼腥草、桂枝、杜仲、制附子各 5～40 克,甘草 4～30 克。举阳早泄者加补骨脂、肉苁蓉各 4～30 克;虚咳气喘者加五味子、麦冬各 4～30 克;虚咳气喘者加五味子、麦冬各 4～30 克;胃寒呕吐者加半夏、生姜各 4～30 克。

5. 气阴两虚型

（1）治则　益气养阴,清利活血。

（2）方药　黄芪、牡丹皮各 8～60 克,太子参 10～80 克,山药、山茱萸、茯苓、泽泻、当归、熟地黄、鱼腥草各 5～40 克,甘草 4～30 克。排粪干燥者加生地黄、玄参各 4～30 克;表虚自汗者加浮小麦、牡蛎各 4～30 克。

6. 肝肾阳虚型

（1）治则　滋补肝肾,清热活血。

（2）方药　生地黄、山茱萸、白茅根、泽泻、鱼腥草各 7～60 克,当归、野菊花各 6～50 克,茯苓、知母、黄柏各 5～40 克,牡丹皮、益母草各 10～70 克,甘草 4～30 克。心悸易惊者加茯神、远志各 4～30 克;视力减弱者加青葙子、决明子各 4～30 克;抽搐拘挛者加天麻、白芍各 4～30 克。

7. 阴阳两虚型

（1）治则　补益阴阳,渗利活血。

（2）方药　党参、枸杞子各 10～80 克,泽泻、益母草各 6～60 克,白术、茯苓、陈皮、杜仲、淫羊藿、砂仁各 5～50 克,女贞子、鱼腥草各 8～70 克,甘草 4～30 克。心悸易惊加茯神、远志各 4～30 克;血虚者加熟地黄、阿胶各 4～30 克;盗汗者加黄芪、浮小麦各 4～30 克。

第五节 心血管及血液疾病

慢性心力衰竭

心力衰竭又名充血性心力衰竭,是由于心脏某些固有缺损(如心瓣膜病),使牛在休息时不能维持循环平衡而出现静脉循环充血,伴以血管扩张,肺或末梢水肿,心脏扩大和心率加快,是一种全身血液循环障碍性疾病。

病牛精神萎靡,食欲废绝,排粪量减少;下颌肿胀,延伸至右侧后颜面部,腹部、乳房发生水肿;口唇皮肤、眼结膜、外阴黏膜苍白;右侧肩前淋巴结肿大至鹅蛋大小,右侧腮淋巴结和右侧下颌淋巴结肿大;颈静脉怒张如绳索状,颈静脉阳性波动,第一心音高朗,第二心音微弱,心律失常,心音混浊;在两侧肺区、瘤胃区、右侧腹壁听诊均可听到第一心音搏动;呼吸音正常,体温 38.5℃左右。

【病 因】 原发性心力衰竭主要是由于长期重剧使役造成,正如《元亨疗马集》中所描述的那样,"心痛者,心不宁也,皆因食之太饱,乘骑奔走太急,瘀痰凝于罗膈,痞气冲塞心胸。令兽胸膛出汗,气促喘粗,前蹄跪地,眼闭头低,此谓心气忪忡之症也"。

继发性心力衰竭常继发或并发于多种亚急性和慢性感染,多见于心脏本身的疾病(心包炎、心肌炎、心肌变性、心脏扩张和肥大、心瓣膜病、先天性心脏缺陷等)、中毒病(棉籽饼中毒、霉败饲料中毒、含强心苷植物中毒、呋喃唑酮中毒等)、慢性肺泡气肿等疾病过程中。

此外,瑞士的红色荷斯坦牛与西门塔尔牛的杂交牛中,曾发生过一种遗传因素起主导作用,外源因素(可能是饲料中的毒素)为触发因子的心力衰竭。

【辨　证】　根据病因和临床症状,可将本病分为心阳虚及心气虚型和心血虚及心阴虚型2种证型。

1. 心阳虚及心气虚型　症见心动过速,气喘,自汗,动则尤甚,呼吸浅速,胸腹下水肿,耳鼻不温,口色淡白,脉象细数无力。

2. 心血虚及心阴虚型　症见心动急速,躁动易惊,精神萎靡,脉象细弱。

【中药治疗】

1. 心阳虚及心气虚型

(1)治则　温心阳,益心气,安心神。

(2)方　药

①心阳虚　可选用保元汤。党参80克,黄芪80克,肉桂30克,甘草20克。共研为细末,开水冲调,候温一次灌服,每天1剂,连用3~5天。

②心气虚　可选用四君子汤。党参60克,白术40克,茯苓40克,炙甘草20克。共研为末,开水冲调,候温一次灌服,每天1剂,连用3~5天。

③心阳虚脱　可选用参附汤。人参30克,附子60克。水煎取汁,候温一次灌服,每天1剂,连用3~5天。或用芪附汤。黄芪60克,附子60克,用法同上。

④心阳虚致肢体水肿　可选用五苓散。猪苓60克,茯苓60克,泽泻60克,白术40克,桂枝20克。水煎取汁,候温一次灌服,每天1剂,连用3~5天。

⑤脉象结(心律失常)　可选用炙甘草汤。炙甘草50克,党参60克,大枣40克,熟地黄50克,麦冬50克,阿胶(烊化)40克,桂枝30克,火麻仁40克,生姜20克。水煎取汁,加白酒50毫升灌服,每天1剂,连用3~5天。

2. 心血虚

(1)治则　补血安心,滋心阴,安心神。

(2)方药　选用以下方剂治疗。

①四物汤　熟地黄60克,白芍45克,阿胶(烊化)50克,当归45克,柏子仁45克,川芎20克,炙甘草20克。水煎取汁,加蜂蜜150克,一次灌服,每天1剂,连用3～5天。

②补血散　熟地黄50克,当归45克,川芎35克,白芍35克,党参30克,麦冬30克,山药45克,五味子30克,砂仁25克,石菖蒲20克,茯苓35克,焦山楂35克,枳壳(炒)25克,甘草20克,生姜25克。共研为细末,开水冲调,候温加蜂蜜150克,一次灌服,每天1剂,连用3～5天。

③补血当归散　当归50克,川芎30克,党参35克,土炒白术38克,茯苓35克,熟地黄40克,益智仁30克,陈皮30克,五味子30克,丹参35克,石菖蒲15克,炙甘草12克。共研为细末,开水冲调,候温加蜂蜜150克,一次灌服,每天1剂,连用3～5天。

④生脉散　党参60克,麦冬50克,五味子40克。水煎取汁,加蜂蜜150克,一次灌服,每天1剂,连用3～5天。盗汗者,加麻黄根30克、浮小麦30克、牡蛎100克,以潜阳敛汗;低热不退者,加青蒿30克、地骨皮30克等退虚热;阴虚火旺者,加黄连30克、栀子30克,以清心火。

⑤养心汤　心神不宁者可选用。炙黄芪60克,茯神50克,茯苓50克,川芎40克,党参40克,当归(酒洗)40克,酸枣仁(炒)40克,制半夏20克,肉桂20克,柏子仁30克,五味子30克,远志20克,炙甘草15克。水煎取汁,或研为细末用开水冲调,候温加蜂蜜150克,一次灌服,每天1剂,连用3～4天。

⑥养荣散　气血两虚者可选用。当归45克,白芍40克,党参35克,茯苓30克,土炒白术35克,甘草15克,炙黄芪60克,五味子35克,陈皮30克,远志25克,红花20克。共研为细末,开水冲

调,候温加蜂蜜 150 克,一次灌服,每天 1 剂,连用 3～5 天。对原发性慢性心力衰竭,加人参 50 克、大枣 60 克;水肿者,加泽泻 30克、车前子 30 克、葶苈子 25 克;呼吸困难者,加紫苏子(炒)40 克、炒白果 40 克。

循环虚脱

循环虚脱又称外周循环衰竭,是血管舒缩功能紊乱或血容量不足引起心排出量减少,组织灌注不良的一系列全身性病理综合征。由血管功能引起的外周循环衰竭称为血管性衰竭;由血容量不足引起的外周循环衰竭,称为血液性衰竭。

病初病牛精神沉郁,黏膜苍白,鼻镜冷而无汗,心率增数。随后,黏膜尤其是齿龈黏膜、结膜呈现暗红色至紫绀色。齿龈毛细血管再充盈时间由正常的 1 秒钟左右延长至 5～6 秒钟,眼窝下陷,皮肤弹性降低,尿量明显减少。体温偏低,有时降至 36℃ 以下甚至不到 35℃,皮肤冰冷。病牛卧地,昏睡,脉弱无力,甚至不感于手,食欲、反刍消失,瘤胃蠕动音微弱甚至消失。病后期,静脉穿刺时流出的血液黏稠,极易堵塞针头,也有可能发生于不明原因的出血性倾向。

【病 因】 血容量突然减少,大出血,肝、脾破裂;胃肠疾病引起恶呕,剧烈腹泻致严重脱水;大面积烧伤,血浆大量丧失;中毒性脱水等。

剧痛和神经损伤,使交感神经兴奋或血管中枢麻痹,外周血管扩张,血容量相对降低。

严重中毒和感染,因各种毒素作用使交感素分泌增多,内脏与皮肤等部位的毛细血管和小动脉收缩,血液灌注量不足,引起缺血、缺氧,产生组织胺与 5-羟色胺,继而引起毛细血管扩张或麻痹,形成瘀血,渗透性增强,血浆外渗,导致微循环障碍,发生虚脱。

过敏反应产生大量血清素、组胺、缓激肽等物质,引起周围血管扩张和毛细血管广泛扩大,血容量相对减少。

【辨　证】　根据病因和临床症状,可将本病分为气血两虚型和心阳暴脱型 2 类证型。

1. 气血两虚型　症见精神萎靡不振,心悸,气短乏力,动则喘甚,四肢、下腹发绀,自汗或盗汗,低热不退或午后发热,口色苍白或口干舌红,少苔乏津,脉弱或细数而结代。

2. 心阳暴脱型　见于大失血和血浆外渗(即汗出如油),血液浓缩,血压急剧下降,微循环衰竭。症见病情危急,精神高度沉郁,呼吸微弱,心音混浊,心律失常,站立不稳,肌肉震颤,黏膜发绀,眼窝下陷,全身大汗淋漓黏手,四肢厥冷,脉微欲绝,直至昏迷。

【中药治疗】

1. 气血两虚型

(1)治则　益气,补血,养阴。

(2)方药　加味生脉散。党参 80 克,黄芪 80 克,当归 50 克,麦冬 50 克,五味子 30 克。水煎取汁,加蜂蜜 150 克,一次灌服,每天 1 剂,连用 3～5 天。热重者,加生地黄 60 克、牡丹皮 40 克;脉微者,加石斛 30 克、阿胶(烊化)50 克、甘草 15 克。

2. 心阳暴脱型

(1)治则　回阳固脱,大补心阳。

(2)方药　人参四逆汤。人参 50 克,制附子(先煎)50 克,干姜 100 克,炙甘草 25 克。水煎取汁,加蜂蜜 150 克,一次灌服,每天 1 剂,连用 3～5 天。

【针灸治疗】　可取分水、三江、心俞等穴,以血针、白针、电针或艾灸治疗。

心内膜炎

心内膜炎是心脏瓣膜及心内膜的炎症过程,临床上以血液循环障碍、发热和心内器质性杂音为特征。

病牛常有消瘦病史,伴有周期性、明显的、暂时性产奶量下降,重要的症状是心区听诊时的杂音和触诊时的颤动,杂音的强度根据受损瓣膜部位不同而有差别,而且这也决定着脉搏的大小和压力有无异常,以及左房室瓣或主动脉瓣的损害是否明显。在发病早期,心脏处于代偿时期,有一定的耐受性,在代偿能力降低的情况下,发生充血性心力衰竭,炎症过程有中度的波动性发热。可继发外周淋巴结炎、栓塞性肺炎、肾炎、关节炎、腱鞘炎、心肌炎等症状,体况明显下降,黏膜苍白,心搏加快,有带呻吟的呼吸音,动物似有疼痛,瘤胃中度胀气,腹泻或便秘,失明,面神经麻痹,肌肉无力以致战栗或卧地,黄疸,突然死亡,许多病例还有颈静脉扩张、全身水肿和心脏收缩期或舒张期杂音。心内膜炎病程可能长达数周或数月,也有无前期症状突然死亡者。

【病　因】　原发性心内膜炎多数是由细菌感染引起的,主要是由化脓性放线菌、链球菌、葡萄球菌和革兰氏阴性菌引起。继发性心内膜炎多继发于牛的创伤性网胃炎、乳房炎、子宫炎和血栓性静脉炎,也可由心肌炎、心包炎蔓延而发病。

此外,维生素缺乏、感冒、过劳等也是本病的诱因。

【辨　证】　根据病因、临床症状可将本病分为心热内盛型和气阴两伤型 2 类证型。

1. 心热内盛型　症见精神不安,体温升高,听诊第一心音增强伴有金属音;第二心音极弱,甚至消失,心律失常。口色红赤或紫暗,脉数而紧促。

2. 气阴两伤型　症见精神沉郁,闭目呆立,站立不安,运步蹒珊,食欲减退,伴有间歇性腹痛。心脏波动增强,心律失常,第一心音增强伴有金属音,第二心音较弱,体表静脉因瘀血而怒张,口色红,口津减少,脉细而促。

【中药治疗】

1. 心热内盛型

(1)治则　清热解毒,宁心安神。

(2)方药　清热宁心汤。石膏(先煎)120克,生地黄50克,黄连30克,栀子30克,牡丹皮30克,夜交藤50克,连翘25克,白茅根35克,淡竹叶30克,甘草15克。水煎取汁,加蜂蜜150克、鸡蛋清6枚为引,一次灌服,每天1剂,连用3～5天。

2. 气阴两伤型

(1)治则　益气养阴,宁心安神。

(2)方药　清心补血汤。人参50克,当归40克,茯神40克,炒酸枣仁40克,麦冬40克,生地黄40克,五味子40克,栀子30克,白芍30克,川芎25克,陈皮20克,炙甘草15克。水煎取汁,加蜂蜜150克、鸡蛋清6枚为引,一次灌服,每天1剂,连用3～5天。

【针灸治疗】　可取鹘脉、胸堂、心俞、大椎穴,以血针、白针、电针或艾灸治疗。

心 肌 炎

心肌炎是发生于心肌的炎性疾病,是以心肌兴奋性增强和收缩功能减弱为特征的局灶性和弥漫性心脏肌肉炎症。本病很少单独发生,多数继发或并发于其他各种传染性疾病及脓毒败血症等疾病的病程中。此外,心内膜炎、心外膜炎及心包炎等可蔓延至心肌引起本病。

牛心肌炎有急性非化脓性心肌炎和慢性心肌炎两类。急性非化脓性心肌炎的症状包括心跳加快,稍有运动则跳得更快。运动停止后,加快的心跳仍要持续较长时间,这是确诊心肌炎的主要依据之一。心力衰竭,脉跳加快,第一心音增强,并有混浊或分裂音。第二心音则显著减弱,并有杂音。当心力衰竭较严重时,眼黏膜红紫,呼吸高度困难,体表的静脉血管怒张,颌下、肉垂和四肢末端有水肿现象。如果是感染和中毒引起的心肌炎,除有上述症状外,还可表现体温升高,血液中的红细胞、白细胞数量均有变化。心肌炎严重者,精神高度沉郁,食欲、反刍完全停止,全身虚弱无力,浑身颤抖,行走踉跄。后期神志不清,眩晕,最后因心脏完全衰竭而死。

慢性心肌炎病程较长,病牛瘦弱乏力,不愿行走,水肿现象时轻时重、时有时无。静脉血管中有充血现象。心律不齐,心音分裂,心叩诊界扩大。体温通常正常。

【病　因】　急性心肌炎通常继发或并发于某些传染病和脓毒败血症,如传染性胸膜肺炎、牛瘟、恶性口蹄疫、布鲁氏菌病、结核病等的病程中。局灶性化脓性心肌炎多继发于菌血症、败血症及瘤胃炎-肝脓肿综合征、乳房炎、子宫内膜炎等伴有化脓灶的疾病及网胃异物刺伤心肌时。

【辨　证】　根据病因和临床症状,可将本病分为热毒侵心型和气阴亏虚型2类证型。

1. 热毒侵心型　症见心悸发热,体温常在39℃～41℃,食欲不振或废绝,喜饮冷水,粪干渣粗,舌红苔黄或有舌刺。

2. 气阴亏虚型　症见心悸不安,动则加重,低热不退,乏力卧地,食欲不振,舌红少苔或舌嫩红。

【中药治疗】

1. 热毒侵心型

(1)治则　清热解毒,宁心安神。

(2)方　药

方剂一:清心安神汤。金银花35克,连翘35克,板蓝根40

克,黄连 40 克,栀子 35 克,牡丹皮、夜交藤各 50 克,白茅根 30 克、淡竹叶 30 克,甘草 15 克。水煎取汁,加蜂蜜 150 克、鸡蛋清 6 枚为引,一次灌服,每天 1 剂,连用 3～5 天。

方剂二:白虎汤(生石膏 60 克,知母 25 克,甘草 15 克,粳米 150 克)或黄连解毒汤(黄连 15 克,黄芩 15 克,黄柏 20 克,栀子 15 克)加大青叶 30 克、金银花 25 克、连翘 25 克、苦参 30 克、紫河车 15 克、郁金 30 克、牡丹皮 20 克。每天 1 剂,连用 3～5 天。食欲不振加枳壳、山楂;粪干者加虎杖、牵牛子、郁李仁。

2. 气阴亏虚型

(1)治则　益气养阴。

(2)方　药

方剂一:炙甘草汤(偏于温阳复脉,补气养血)。炙甘草 30 克,阿胶(烊化)20 克,桂枝 15 克,生姜 25 克,麦冬 30 克,生地黄 30 克,火麻仁 15 克,人参 20 克,红枣 30 克。每天 1 剂,连用 3～5 天。

方剂二:黄连阿胶汤(偏于清热、养血、安神)。黄连 35 克,阿胶 30 克,黄芩 35 克,白芍 30 克,鸡子黄 30 克。每天 1 剂,连用 3～5 剂。

方剂三:天王补心丹(偏于滋阴清热)。人参 15 克,玄参 25 克,丹参 30 克,白茯苓 30 克,五味子 25 克,远志 30 克,桔梗 30 克,当归 25 克,天冬 30 克,麦冬 35 克,柏子仁 20 克,酸枣仁 30 克,生地黄 30 克,朱砂 15 克,银柴胡 30 克,苦参 25 克,鹿蹄草 25 克,板蓝根 30 克,七叶一枝花 20 克。每天 1 剂,连用 3～5 天。

【针灸治疗】　取大椎、百会、心俞等穴,以白针、电针或艾灸等治疗。

创伤性心包炎

创伤性心包炎是由心包受到机械性损伤所致,主要由从网胃而来的细长金属物刺伤引起,是创伤性网胃-腹膜炎的一种主要并发症。

本病病初显现固执性前胃弛缓症状和创伤性网胃炎症状,以后才逐渐出现心包炎的特有症状,即心区触诊疼痛,叩诊浊音区扩张,听诊有心包摩擦音或心包拍水音,心搏动显著减弱。体表静脉怒张,颌下及胸前水肿,体温升高,脉搏增数,呼吸加快。

本病曾有消化紊乱及腹内压增高的病史(如瘤胃臌气等)。临床症状除体温升高(39.5℃~41℃)及生产性能骤然下降外,主要表现心血管系统的特征性变化。病牛心率达每分钟 100 次以上,稍稍牵蹓运动,增加更加显著。早期可出现心包摩擦音(纤维素性渗出),1~2 天即转为拍水音(浆液渗出及气泡产生)。叩诊浊音区增大,上界可达肩端水平线,后方可达第七至第八肋间。1~2周后,血液循环明显障碍,颈静脉搏动明显,下颌间隙、胸前及垂皮水肿。心包穿刺可排出一定数量的乳白色、乳黄色或棕褐色浑浊发臭的心包液,有时穿刺针会被絮状物所阻塞。

【病　因】　因牛采食时咀嚼粗放而又快速咽下,加上其口腔黏膜分布着许多角化乳头,对硬性刺激物如铁钉、铁丝、玻璃片等感觉比较迟钝,因而易将尖锐物摄入胃内;又由于网胃与心包仅以薄层的膈相连,故在网胃收缩时,往往使尖锐物体刺破网胃和膈直穿心包和心脏,同时胃内的微生物随之侵入,因而引起创伤性心包炎。极个别的病例,也可由于肋骨骨折或胸壁穿透创而导致。由于异物刺入心包的同时细菌也侵入心包,异物和细菌的刺激作用和感染使心包局部发生充血、出血、肿胀、渗出等炎症反应。渗出液初期为浆液性、纤维素性,继而变为化脓性、腐败性。

【辨 证】 根据以上病因、症状可将本病分为心热内盛型(单纯性创伤性心包炎早期)和心血热毒型(心包组织坏死、腐烂、化脓,全身败血症)。

1. 心热内盛型 症见精神不安,体温升高,心率加快,活动尤甚,生产力急剧下降,并出现心包摩擦音,体表静脉怒张,口色红赤或紫暗,脉数。

2. 心血热毒型 症见精神沉郁,呼吸浅快、促迫,呈腹式呼吸。心区听诊呈明显的心包拍水音,可视黏膜发绀,四肢厥冷,脉微欲绝。

【中药治疗】

1. 心热内盛型

(1)治则 清热解毒,宁心安神。

(2)方药 清热宁心汤,具体见心内膜炎的治疗。

2. 心血热毒型 该证型病牛即使采取手术将金属异物成功去除,但病牛的预后仍然不良,一般不能维持原有的生产能力。因此,建议淘汰病牛。

贫 血

贫血是指红细胞和血红蛋白含量低于正常值或全血量减少,各种家畜均可发生。中兽医称血虚,属虚劳范畴。贫血可分为4类,即出血性贫血、溶血性贫血、营养性贫血和再生不全性贫血。除急性出血性和严重溶血性疾病外,其余多为慢性。

本病病情一般发展缓慢,初期症状不明显,但病牛呈渐进性消瘦及衰弱。严重时可视黏膜苍白,机体衰弱无力,精神不振,嗜睡。血压降低,脉搏快而弱,轻微运动后脉搏显著加快,呼吸快而浅表。心脏听诊时,心音低沉而弱,心浊音区扩大。由于脑贫血及氧化不全的代谢产物中毒,引起各种症状,如晕厥、视力障碍、嗳气、呕吐和膈肌痉挛性收缩等。

　　贫血严重时,胸腹部、下颌间隙及四肢末端水肿,体腔积液,胃肠吸收和分泌功能降低,腹泻,最终因体力衰竭而死亡。

　　【病　因】　主要由于饲喂不调、营养缺乏、劳役内伤、脾虚久泻、久病体虚、失血过多、寄生虫侵袭以及某些药物和毒物的影响,致使血液耗损,或影响脾、肾功能,气血化生不足而导致血虚。因为血液生成于脾,根本在肾,脾虚则不能运化和吸收水谷的精微;肾虚则不能助脾运化,精髓空虚就不能变化为血,因此贫血的发生与脾、肾密切相关。又因气与血两者互相影响,故血虚常兼气虚,病牛往往气血双虚。血虚则心失所养,气虚则脾运不健,故气血亏虚者可表现心、脾两虚的症状。肾藏精、生髓、养肝,肾虚则肝失滋养,虚火偏亢,更迫血妄行,故肝肾阴虚常伴有出血或阴虚发热的症状。

　　【辨　证】　贫血虽以血虚为主证,但根据血与气、脏腑的病理关系,临床常见有气血(心脾)两虚型、肝肾阴虚型和脾肾阳虚型3种证型。

　　1. 气血(心脾)两虚型　多见于营养性贫血和再生不全性贫血的轻症。症见精神萎靡,头垂于地,倦怠无力,心悸,食少,气喘,出汗,口色苍白,舌体绵白,脉虚无力。

　　2. 肝肾阴虚型　多见于营养性贫血和再生不全性贫血的重症。症见低热不退,烦躁不安,皮肤干燥,蹄甲干枯,黏膜上有瘀点、瘀斑,鼻衄,舌体光红,脉细无力。

　　3. 脾肾阳虚型　见于各种贫血的严重阶段。症见精神不振,倦怠怕动,形寒肢冷,气短自汗,食少便溏,心悸怔忡,口色苍白,舌质绵白,脉象沉细。

　　【中药治疗】

　　1. 气血(心脾)两虚型

　　(1)治则　补气养血,健脾补心。

（2）方　药

方剂一：丹参补血汤。丹参 80 克，制首乌 60 克，熟地黄 60 克，白芍 45 克，当归 45 克，阿胶 45 克，炒杜仲 30 克，川芎 20 克。共研为细末，开水冲调，候温加黄酒 150 毫升，一次灌服，每天 1 剂，连用 8～10 天。心神不宁者，加柏子仁 30 克；盗汗者，加牡蛎 80 克、龙骨 80 克、浮小麦 50 克、麻黄根 20 克；低热不退者，加青蒿 30 克、地骨皮 30 克；阴虚火旺者，加黄连 30 克、莲子心 30 克、栀子 30 克。

方剂二：八珍汤。熟地黄 60 克，白芍 45 克，当归 45 克，川芎 20 克，党参 60 克，白术 40 克，茯苓 40 克，炙甘草 20 克。共研为细末，开水冲调，候温加蜂蜜 150 克、黄酒 150 毫升，一次灌服，每天 1 剂，连用 8～10 天。

方剂三：当归补血汤。黄芪 300 克，当归 60 克。共研为细末，开水冲调，候温加蜂蜜 150 克、黄酒 150 毫升，一次灌服，每天 1 剂，连用 8～10 天。

2. 肝肾阴虚型

（1）治则　滋肾阴，补肝血。

（2）方药　四物汤合六味地黄丸加减。熟地黄、当归、白芍、川芎、女贞子、炙首乌、炙龟板、炒鳖甲、枸杞子、山药、牡丹皮、泽泻各 30～60 克。共研为末，开水冲服。

虚火明显、低热持久不退者加青蒿、银柴胡、地骨皮；有瘀斑或出血者酌加仙鹤草、大蓟、小蓟。

3. 脾肾阳虚型

（1）治则　补脾益气，温肾固阳。

（2）方药　熟地黄、党参、黄芪、鹿角霜、巴戟天、淫羊藿、补骨脂、吴茱萸、葫芦巴各 30～60 克。共研为末，开水冲服。有慢性出血者加炮姜、煅龙骨、牡蛎，以温阳敛血；正虚感受外邪而发热者，暂从标实治疗。

【针灸治疗】　取大椎、百会、心俞、关元俞、后三里等穴，以水针、白针、电针或艾灸等治疗。

第六节　营养代谢性疾病

低镁血症（青草搐搦）

低镁血症又称青草搐搦、青草蹒跚、泌乳搐搦、低镁血性搐搦等，是指母牛由采食低镁或高钾牧草引起血液中镁含量减少，临床上以兴奋、痉挛等神经症状为特征的矿物质代谢性疾病。主要发生在人工草场（过多施用氮、钾肥料）上放牧的牛群，天然草场上放牧的牛群极少发生。本病属世界性疾病之一，多数地区发病率为1%～2%，少数地区可达 20% 左右，死亡率高达 70% 以上。

本病在临床上以痉挛为特征，与神经型酮病、乳热症等的临床症状极为相似。发病前 1～2 天呈现食欲不振、精神不安、兴奋等类似发情表现，有的则精神沉郁、呆立、强拘步样、后躯摇晃等。急性者在采食中突然抬头哞叫，盲目乱走，随后倒地，发生间歇性肌肉痉挛，2～3 小时中反复发作，终因呼吸衰竭而死亡。亚急性病牛开始时精神沉郁、步态踉跄，接着兴奋不安，肌肉震颤，抽搐，瞬膜外露，牙关紧闭，耳、尾和四肢强直，全身呈现间歇性和强直性痉挛。水牛患本病后多取亚急性经过。慢性发病过程中，即使轻微刺激病牛其反应也十分敏感，头颈、腹部和四肢肌肉震颤，甚至强直性痉挛，角弓反张。可视黏膜发绀，呼吸促迫（60～82 次/分），脉搏增数（82～105 次/分），口角有泡沫状唾液。

【病　因】　能导致血镁含量减少、镁代谢障碍的因素，是引起本病发生的主要原因，分为镁缺乏和钾过多两大类型。土壤中镁缺乏或镁溶解流失,导致镁含量减少;草场尤其是人工草场施用钾肥过多而致使土壤中钾含量增多,钾过高时即使土壤中含镁量不缺乏,但由于钾、镁离子的拮抗而影响植物对镁的吸收,导致饲草、饲料中镁缺乏,这是导致低镁血症发生的主要原因。

放牧草场氮含量过多,瘤胃内产生大量氨(40~60 毫克/100毫升),氨与磷、镁结合成不溶性磷酸铵镁,一方面降低了机体对镁的吸收,另一方面可诱发牛群腹泻,从而影响消化道对镁的吸收,导致血镁含量减少。在含钾过多的草场上放牧,钾离子可使机体肌肉和神经的兴奋性提高,表现兴奋和痉挛等症状。妊娠母牛在分娩前由于妊娠而镁消耗量增大,在分娩后又由于大量泌乳,使镁消耗更大,加上瘤胃内产生过多的氨等,致使对镁的吸收不充分而导致血镁含量减少。

【辨　证】　中兽医学虽无低镁血症的说法,但纵观该证以痉挛、抽搐为特征。中医学认为"诸暴强直,皆属于风",因此低镁血症所表现的肢体震颤、四肢蠕动、肌肉震颤、角弓反张、牙关紧闭、关节拘急,甚至猝然昏倒等,与肝阳上亢、血虚生风所表现的肝风内动证颇为相似。

【中药治疗】

1. 治则　滋阴熄风,柔肝止痉。

2. 方药　当归 60 克,阿胶(烊化)60 克,白芍 120 克,生地黄45 克,茯神 65 克,石决明 45 克,钩藤 45 克,生牡蛎 120 克,生龙骨 120 克,甘草 45 克。水煎灌服,每天 1~2 剂。

防风、荆芥、羌活、独活、苍术、小茴香各 24~40 克,乌蛇 80~160 克,罂粟壳、陈皮各 15~25 克,乌药、枳壳、秦艽各 20~30 克。水煎 2 次,混匀后待温缓慢灌服,大多数病例用药后 1 小时症状减轻,甚至能爬起行走、反刍、采食。一般服 1 剂可痊愈,少数需再服1 剂。

酮　病

酮病是由于糖、脂肪代谢障碍致使血液中糖含量减少,而血液、尿液、乳汁中酮体含量异常增多,在临床上以消化功能障碍(消化型)和神经系统紊乱(神经型)为特征的营养代谢性疾病,又称醋酮血病。主要表现为低血糖、高血脂、酮血、酮尿、脂肪肝、酸中毒,以及体蛋白消耗和食欲减退或废绝。临床上通常有以下几种类型。

消化型:病牛拒食精饲料,喜食干草及污秽的垫草,呼出的气体、皮肤和尿液有醋酮味或烂苹果味,牛奶易起泡沫,有醋酮味。继而反刍停止,鼻镜无汗,舔食泥土和污秽不洁的垫草,啃咬栏杆等。或顽固性腹泻,或腹泻与便秘交替发生,粪便呈球状而干少,外附有黏液。黏膜苍白或黄疸。体重减轻,明显消瘦,眼窝下陷,有时眼睑痉挛,严重脱水,皮肤弹性丧失,被毛粗乱无光,步态踉跄,卧地不起。

神经型:病情较消化型严重,除具有消化型酮病的症状外,还伴有口角流有混杂泡沫的唾液,兴奋不安,狂暴摇头,眼球震荡,做圆圈运动。肌肉尤其是颈部肌肉多见痉挛,甚至全身抽搐。病久转为抑制,四肢轻瘫或后躯不全麻痹,头颈弯曲于颈侧,反应迟钝,呈昏睡状态。多数病牛体温降至常温以下。

乳热型:多见于分娩后 10 天内,其与乳热症极为相似,泌乳量急剧下降,体重减轻,肌肉乏力,不时发生持续性痉挛。

【病　因】　发病原因较多,血糖代谢负平衡是导致发病的根本原因。通常按其病因的不同,分为原发性和继发性两大类型。高蛋白质、低能量的饲料饲喂过多,特别是含碳水化合物饲料饲喂不足,随着泌乳量急剧增多,为了满足能量需要,则动员体内蓄积的脂肪并加强氧化分解过程,由于中间代谢产物如乙酰乙酸、β-羟丁酸和丙酮等含量增多而发生酮病;瘤胃代谢功能障碍,产生大量挥发性脂肪酸,其中乙酸和丁酸吸收后可转变为β-羟丁酸等酮体,瘤胃发酵所产生的挥发性脂肪酸的比例越大,血液中酮体的含量相应也增多;由于乳腺合成乳脂功能障碍,乙酰乙酸等酮体增多,诱发低血糖症而发生乳房性酮病;能量负平衡、脂肪肝、肝糖原含量明显减少,从而使游离脂肪酸酯化过程减弱,产生大量酮体,肝脏生酮与肝外组织酮体代谢平衡紊乱,肝脏酮体产生超过肝外组织酮体代谢分解能力时,可能发生酮病;当奶牛处于妊娠、泌乳应激、脑垂体-肾上腺分泌功能降低、激素分泌量减少时,影响瘤胃黏膜上皮细胞对丙酸的吸收及对糖原的利用,致使血糖含量减少,出现低血糖症。另外,肥胖奶牛在分娩后血液中胰岛素含量明显减少,血液中酮体含量增多,内分泌功能障碍可诱发酮病发生。上述为原发性酮病的主要病因。继发性酮病多与产后瘫痪、子宫内膜炎、皱胃变位、创伤性网胃炎、各种应激等疾病因素有关。低钙血症、低磷血症或低镁血症等,也与继发性酮病有一定关系。

【辨　证】　传统兽医学虽无牛酮血症的记载,但根据其所表现的临床症状分析,应与气血两虚有关。

1. 脾胃气虚　症见瘤胃蠕动弛缓无力,前胃弛缓,食欲废绝,时有腹泻,黏膜苍白,泌乳量急速下降,甚至完全停止泌乳,乳房缩小,体重减轻,消瘦明显等。

2. 肝血不足　肝血不足,不能营养全身,濡润筋骨,导致卧地不起甚至瘫痪;肝阳上亢,则筋骨失养;肝虚生风,发生狂躁不安,横冲直撞,双目凶视,眼球震颤,肌肉痉挛,甚至全身抽搐,猝然昏倒。

【中药治疗】

1. 脾胃气虚

(1)治则　补气健脾,活血补血。

(2)方药　党参 60 克,白术 40 克,茯苓 40 克,当归 30 克,熟地黄 30 克,川芎 30 克,白芍 30 克,半夏 30 克,陈皮 30 克,草豆蔻 25 克,厚朴 30 克,黄连 25 克,木香 30 克,神曲 60 克,山楂 40 克,莱菔子 30 克,干姜 15 克,甘草 20 克,苍术 60 克。煎服,每天 1～2 剂,连用 5～7 天。消化不良、粪中带有未消化饲料者,重用砂仁、山楂、神曲;胃蠕动弛缓者,加厚朴、枳壳;病久体虚、体温下降、舌绵软、色白者重用党参并加黄芪、黑附片;产后恶露不净者,加益母草;体温高者,去党参、白术、砂仁,加金银花、鱼腥草;神经症状明显者去茯苓,加石菖蒲、酸枣仁、茯神、远志。

2. 肝血不足

(1)治则　滋补肝肾,滋阴潜阳。

(2)方药　当归 60 克,白芍 45 克,川芎 30 克,麦冬 45 克,酸枣仁 60 克,菊花子 45 克,枸杞子 45 克,山茱萸 60 克,山药 60 克,泽泻 45 克,茯苓 30 克,生赭石 120 克,生龙骨 60 克,生牡蛎 60 克,甘草 30 克。诸药水煎 2 次,分早、晚灌服。

妊娠毒血症(脂肪肝)

　　牛妊娠毒血症也称牛脂肪肝、肥胖母牛综合征。在干奶期饲喂能量过高的饲草、饲料,导致消化、代谢、生殖等功能紊乱,临床上以食欲废绝、酮病、乳热症、乳房炎和卧地不起为基本特征。不同胎次的牛都可发病,但胎次低、产量高的牛发病率相应较高。

　　初病牛拒食精饲料,随后拒食青贮饲料,但还能继续采食干草,并可能出现异食癖。随后体重减轻、身体消瘦、皮下脂肪消失、皮肤弹性减弱。急性发作的病牛精神沉郁,食欲减退乃至废绝,瘤胃蠕动微弱。产奶量减少或无乳。可视黏膜黄染,体温升高达 39.5℃～40℃,步态不稳,目光凝视,对外界反应迟钝。伴发胃肠炎症状,排黑色泥状、恶臭的粪便。多在病后 2～3 天卧地不起而死亡。慢性病牛多在分娩后 3 天发病,多呈现酮病症状,呻吟,磨牙,兴奋不安,抬头望天或颈肌抽搐,呼出气和汗液带有丙酮气味,步态不稳,眼球震颤,后躯麻痹不全,嗜睡。食欲减退乃至废绝,泌乳性能大大降低。粪便量少且干硬,或粪便稀软。有的伴发产后瘫痪被迫横卧地上,其躺卧姿势以头屈曲放置于肩胛部呈昏睡状。有的伴发乳房炎,乳房肿胀,乳汁稀薄呈黄色汤样或脓样。子宫弛缓,胎衣不下,产道内蓄积多量褐色有腐臭味的恶露。中兽医认为本病由于饮食不节,过食精饲料,责之于内,导致肝脾失和、脾失健运、肝失疏泄、气滞血瘀而引起。

【病　因】　目前围产期奶牛脂肪肝的确切发病原因虽然还不十分清楚,但其发病率与奶牛品种、年龄及饲养管理有极大的关系。干奶(奶牛)时间过早或饲喂精饲料过多,分娩后由于泌乳致使体内糖和其他营养物质不断随乳汁排出,损失的能量如果不能及时得到弥补,造成能量负平衡。奶牛妊娠、分娩及泌乳会使垂体、肾上腺负担过重,由于肾上腺功能不全,引起糖的异生作用降低,且瘤胃对糖原的利用也发生障碍,结果使血糖降低而发病。还有人认为,奶牛分娩后血糖及蛋白结合碘含量均降低,特别是分娩后 2 周内,蛋白结合碘显著减少,造成甲状腺功能不全而发生脂肪肝。脂肪肝的发病率和牛的品种也有关系,娟姗牛发病率最高,达 $60\%\sim66\%$,其中有 87.5% 的病牛患中度和重度脂肪肝;中国荷斯坦牛次之,发病率为 $45\%\sim50\%$,其中有 40% 的牛患中度和重度脂肪肝;更赛牛的发病率为 33%;役用黄牛的发病率仅为 6.6%。在不同年龄的奶牛中,以 5~9 岁的奶牛发病率最高,初产奶牛发病率较低。奶牛的一些消耗性疾病,如前胃弛缓、创伤性网胃炎、皱胃变位、骨软症、生产瘫痪及其他慢性传染病等,均可继发脂肪肝。

【辨　证】　中兽医认为本病是由于饮食不节,过食精饲料,责之于内,导致肝脾失和、脾失健运、肝失疏泄、气滞血瘀所致。根据病因、临床症状,可将本病分为湿热蕴脾型和肝瘀气滞型 2 种证型。

1. 湿热蕴脾型　症见精神沉郁,可视黏膜黄染,呻吟,磨牙,食欲废绝,瘤胃蠕动减弱。产后的病牛明显消瘦,有时粪便呈稀粥样,色黄,恶臭,病牛卧地不起。

2. 肝瘀气滞型　可视黏膜黄染,目光呆滞,步态强拘或步态不稳,眼球震颤,后躯麻痹不全,皮肤弹性减弱,多有乳痈、胎衣不下发生。产奶量少或无乳。

【中药治疗】

1. 湿热蕴脾型

(1)治则　燥湿健脾,益气强胃。

(2)方药　党参 60 克,白术 60 克,陈皮 45 克,紫苏 45 克,厚朴 30 克,茯苓 45 克,甘草 30 克,油当归 120 克,丹参 60 克,山楂 120 克,神曲 60 克。水煎 2 次,加陈皮酊 250 毫升,一次灌服,每天 2 次。

2. 肝瘀气滞型

(1)治则　疏肝解瘀,益气活血。

(2)方药　黄芪 120 克,当归 60 克,枳壳 30 克,白芍 60 克,泽泻 45 克,柴胡 30 克,茯苓 30 克,桃仁 34 克,川楝子 25 克,延胡索 45 克,川芎 30 克,山楂 120 克,甘草 30 克。共研为细末,开水冲调灌服。

骨 软 症

骨软症是成年奶牛因钙、磷缺乏或比例不当及维生素 D 缺乏所致的矿物质代谢障碍性疾病。临床上主要表现为消化紊乱、异嗜癖、跛行、骨质疏松和骨骼变形等。骨软症主要发生于饲料单纯、营养不全价的舍饲成年牛群,特别是妊娠或泌乳性能高的奶牛群,呈地方性暴发。由于发病率和淘汰率较高,给养殖业造成了巨大的经济损失。

病牛食欲减退，反刍减少，瘤胃蠕动音减弱，最明显的变化是出现异嗜，舔食墙土，啃咬砖石瓦块，或舔食铁器、垫草等异物。随后出现运动障碍，四肢强拘，运步不灵活，跛行。经常拱背站立，卧地不愿起立。随着病情的发展，出现躯体和四肢骨骼变形、肿胀，蹄壳干裂。尾椎骨移位、变软，肋骨肿胀呈串珠状、易折断。站立不能持久，强迫站立时出现全身性颤抖，奶牛发情延迟或呈持久性发情，受胎率低，流产和产后胎衣停滞。中兽医认为，腰者肾之府，转摇不能，肾将惫矣。元气败伤则精虚不能灌溉，血虚不能营养，以致筋骨疾废不用。

【病　因】　饲料中钙、磷含量不足或比例不当及机体钙、磷代谢障碍是导致本病发生的主要原因。此外，维生素 D 缺乏、运动不足、光照过短、妊娠、泌乳、慢性胃肠病及甲状旁腺功能亢进等都可促进本病的发生。成年反刍动物骨骼的总矿物质中钙占 36%，磷占 17%，其钙与磷的比例为 2∶1。根据骨骼组织中钙与磷的比例和饲料中钙与磷的比例基本上相适应的理论，饲料中钙与磷的比例以 1.5～2∶1 较为适宜。有资料认为，日粮中钙与磷比例为 1.82∶1 时，奶牛矿物质代谢呈正平衡；日粮中钙与磷比例为 2.24∶1 时其代谢呈负平衡。可见无论钙或磷，任何一种过多或不足都可能影响和破坏血浆钙、磷含量的稳定性，导致骨组织矿物质代谢障碍，进而发生骨软化和骨质疏松性骨营养不良。饲料中钙、磷的含量受生长地区土壤成分和天气变化等因素的影响，土壤中矿物质含量贫乏，作物或植物性草类从根部吸收到的钙、磷量也大为减少。牛群对钙、磷需求量在不同生理阶段有相应的变化，空怀奶牛和非泌乳奶牛比妊娠和泌乳奶牛对钙、磷需求量要低，其吸收率也相应降低，甚至随粪便排出体外的量也加大。随着泌乳量加大，对钙、磷的需求量也势必增加。患有前胃疾病时，皱胃液中稀盐酸和肠液中胆酸量减少或缺乏，使磷酸钙、碳酸钙的溶解度降低和吸收率下降。牛在生长期间日光（紫外线）照射不足时，也可能导致维生素 D 缺乏。

【辨　证】 本病属于中兽医学的翻胃吐草范畴,当以脾肾阳虚和肝肾阴虚之证论治。

1. **脾肾阳虚** 食欲减退,反刍减少,瘤胃蠕动音减弱,舔食墙土,啃咬砖石瓦块,或舔食铁器、垫草等异物。耳、鼻发凉,粪稀尿少,口淡,脉沉迟。

2. **肝肾阴虚** 症见磨牙,呻吟,头颈前伸,有时跪地,毛焦肷吊,骨瘦如柴,四肢关节严重变形,蹄壳干裂,肋骨肿胀呈串珠状,腰脊板硬,跛行加剧,卧地不起,粪球干少,尿浓色黄,口色淡红,脉细数。

【中药治疗】

1. **脾肾阳虚**

(1)治则　温补脾肾。

(2)方药　益智仁 45 克,五味子 45 克,当归 60 克,草果 30 克,肉桂 30 克,细辛 9 克,肉豆蔻 45 克,白术 45 克,川芎 30 克,砂仁 30 克,白芷 45 克,青皮 45 克,槟榔 18 克,厚朴 30 克,枳壳 30 克,甘草 30 克,生姜 25 克,大枣 30 克。共研细末,开水冲调,一次灌服。

2. **肝肾阴虚**

(1)治则　补肾养肝。

(2)方药　当归 60 克,白芍 60 克,巴戟天 60 克,葫芦巴 60 克,川楝子 45 克,小茴香 45 克,白术 45 克,藁本 30 克,牵牛子 30 克,红花 30 克,木通 30 克,补骨脂 30 克。共研细末,开水冲调,加黄酒 250 毫升灌服。

骨质疏松症

骨质疏松症是奶牛矿物质代谢紊乱导致的一种慢性全身性病

症。成年奶牛的骨质疏松症因钙、磷代谢障碍和骨组织进行性脱钙引起,多在产后发生。

病牛出现异嗜现象,常舔食墙壁、牛栏、泥土、沙土,逐渐消瘦,被毛粗乱,产奶量下降,发情及配种延迟等。病牛跛行,步态僵硬,不愿行走,严重者运动时可听到肢关节有破裂音(吱吱声),走路时拱腰、后肢抽搐、拖拽两后肢,严重者不能站立。有些病牛两后肢跗关节以下向外倾斜,呈"X"形。持续时间较久,病牛会表现骨骼变形,骨骼脱钙最早发生于肋骨、尾椎、蹄等部位。如病牛尾椎骨变软易弯曲,尾椎骨骺变粗、移位,最后第一、第二尾椎萎缩或吸收消失;肋骨肿胀、畸形,有些病牛最后一根肋骨被吸收仅剩半根。

病奶牛表现消瘦,精神沉郁,眼窝下陷,体温正常或偏低,食欲不振,反刍减弱或停止,产奶量下降,发情配种延迟。长期脱钙时骨骼变形,两尾椎逐渐消失。下颌骨肿大,针能刺入,触摸尾部柔软易弯曲,压无痛感。肋骨肿胀、扁平,叩诊有痛感。管状骨叩诊有清晰的空洞音。腕、跗、蹄关节及腱鞘均有炎症。肋软骨肿胀呈串珠样,易骨折。有些牛最后一根肋骨被吸收剩下半根,四肢强拘、跛行;有的牛两后肢跗关节以下向外倾斜,呈"X"形;蹄生长不良、变形,呈翻卷状;弓腰、拖胯,后肢摇摆,运步艰难。

【病　因】

1. 饲料中钙、磷缺乏　奶牛每产1千克牛奶需要消耗1.2克钙、0.8克磷,如果每天产奶量为20千克,每天因产奶而消耗的钙、磷分别为24克和16克。另外,奶牛每天维持身体的生理活动还需要钙20克、磷15克。牛对饲料中钙的吸收率一般为$22\%\sim55\%$(平均为45%),一般一头日产奶20千克的奶牛,每天采食的钙、磷量分别应该在120克和83克以上。如果饲料中所含的钙、磷量低于这个标准,奶牛就会分解贮存在骨骼中的钙、磷来维持泌乳和生理活动需要,从而导致骨质疏松症的发生。

2. 饲料中钙、磷比例不当　对于成年牛来说,骨骼灰分中钙占 38％,磷占 17％,钙、磷比例为 2∶1,在配制日粮时要求日粮中的钙、磷比例基本与骨骼中的比例相适应(钙∶磷＝1～2∶1)。牛肠道对钙、磷的吸收情况不仅决定于钙、磷的含量,也与饲料中的钙、磷比例有关。据报道,肠道对钙、磷的最佳吸收比例为1.4∶1。如果不注意饲料搭配,日粮中钙多磷少,或磷多钙少时,也会引起钙、磷不足,导致本病发生。

3. 维生素 D 缺乏 维生素 D 可以促进肠道对钙的吸收,还可减少钙通过尿液排出,维生素 D 与机体内钙、磷代谢密切相关。当饲料中维生素 D 不足时,可导致对饲料中钙、磷吸收能力的下降,从而引起奶牛骨质疏松症。

4. 氟含量过高 饲料中氟含量过高,或饮水中含有过高的氟,都会影响牛对钙的吸收及骨代谢。

5. 某些疾病继发 甲状腺功能亢进可使骨骼中大量的钙盐溶解,导致骨质疏松。脂肪肝、肝脓肿可影响维生素 D 的活化,从而使钙、磷吸收和成骨作用发生障碍,继发本病。肾功能障碍可促进钙从肾脏排出,从而继发本病。慢性消化道疾病直接影响钙、磷吸收,也可导致本病发生。

【辨　证】 根据病因、临床症状,可将本病分为脾肾阳虚型和肝肾阴虚型 2 种证型。

1. 脾肾阳虚型 精神沉郁,被毛粗乱,食欲减少,运步艰难,四肢强拘,舌质淡苔白滑,脉沉。

2. 肝肾阴虚型 腰膝酸软,背痛,筋脉拘急牵引,往往在运动时加剧,神倦无力,五心烦热,头晕目眩,盗汗,舌质红少苔,脉细数。

【中药治疗】

1. 脾肾阳虚型

(1)治则　温脾补肾,散寒止痛。

(2)方药　理中汤合金匮肾气汤加味。党参 60 克,干姜 40

克,白术 50 克,炙甘草 20 克,熟地黄 50 克,山茱萸 50 克,泽泻 50 克,茯苓 45 克,牡丹皮 45 克,桂枝 45 克,附子 45 克,木瓜 45 克。

2. 肝肾阴虚型

(1)治则　滋肾养肝,壮骨止痛。

(2)方药　六味地黄汤加味。熟地黄 15 克,茯苓 15 克,泽泻 6 克,牡丹皮 10 克,当归 10 克,山茱萸 20 克,山药 10 克,白芍 10 克,木瓜 10 克,杜仲 20 克,川续断 15 克,怀牛膝 10 克,石斛 10 克,伸筋草 20 克,青海风藤各 20 克,穿山龙 20 克,甘草 6 克。

产后血红蛋白尿症

产后血红蛋白尿症多发生于分娩后 2～4 周 3～6 胎次的 5～8 岁高产奶牛。临床上以低磷血症、血管内溶血性血红蛋白尿、贫血和黄疸等为主要特征。本病是世界性地方病之一,发病率低,多呈散发性发病。抢救不及时和治疗不当常导致死亡,死亡率高的达 50%。

红尿是本病最为特征的共有症状。在最初的 1～3 天内,尿液颜色由淡变深,即淡红色、红色、暗红色、紫红色和棕褐色,病情转好时则由深变浅。病牛排尿次数增加,但尿量减少。随着病情发展,另一特征性症状即贫血随之加重和明显。可视黏膜及乳房、乳头、股内侧皮肤明显变为淡红色甚至苍白或黄染,血液稀薄,凝固性降低,血液呈樱桃红色。一般病牛呼吸、体温、食欲等无明显变化。严重贫血时,瘤胃蠕动减弱,脉搏增数,心搏动亢进,心音增强,颈静脉怒张,步履蹒跚,泌乳量明显减少,乳房、四肢末端冰凉。病久则乳头、耳尖、尾梢及趾端等发生坏死。多数病牛体温低于常温下限,肝区叩诊界扩大并呈现疼痛反应。病牛因虚脱被迫卧地后,多在 3～5 天内死亡。

【病　因】　牛群在缺磷土壤草场上放牧或饲喂含磷量较少的

块根类、甜菜叶及其残渣等多汁饲料,尤其是采食十字花科植物(萝卜、甘蓝、油菜等)是导致本病发生的主要原因。泌乳过多导致机体磷大量丧失,补饲含磷量不足的精饲料也是发病的诱因。但水牛产后血红蛋白尿与是否采食十字花科植物无关,而且也不一定仅在产后发生。本病的发生还与严寒及长期干旱的气候有密切联系。一般认为上述因素都会导致磷元素缺乏,是致病的主要原因,但对导致患病动物急性血管内溶血的作用机制仍然难以解释。

【辨　证】　中兽医学认为,热邪积于心经,传移小肠,流注膀胱,热蕴下焦,则迫血妄行,故尿血不止。本病属心火亢盛、膀胱积热之证。

【中药治疗】

1. 治则　清心泻火,通络止血。

2. 方药

方剂一:知母、生地黄各 60 克,黄柏、栀子、蒲黄、茜草各 45 克,瞿麦、泽泻、木通、甘草梢各 30 克。共研为细末,开水冲调灌服。根据急则治其标、缓则治其本的原则,对耳、鼻、四肢末端冰凉,意识障碍,呼吸困难,心脏衰弱并站立不起的重症病牛,可急用当归 60 克、黄芪 300 克,水煎服。

方剂二:秦艽 30 克,蒲黄 25 克,瞿麦 25 克,当归 30 克,黄芩 25 克,栀子 25 克,车前子 30 克,天花粉 25 克,红花 15 克,大黄 15 克,赤芍 15 克,甘草 15 克。共研细末,用青竹叶煎汁同调,一次灌服。

硒缺乏症

硒缺乏症又称为犊牛硒反应性衰弱症,即白肌病。本病是由于采食或饲喂贫硒饲草、饲料引起的以营养性肌萎缩、母牛繁殖性能障碍等为主要特征的世界性地方病之一。1 岁以内尤其是 1~3

月龄犊牛更易发病。

硒和维生素 E 长期不能满足机体需要，骨骼肌、心肌、肝细胞、血管内皮组织受过氧化物损害而变性、坏死，从而导致一系列病理过程。临床常将其分为最急性型、急性型和慢性型 3 种类型。

最急性型：10～120 日龄犊牛突然发病，心搏动亢进，心跳加快（140 次/分），心音微弱，心律失常。共济失调，不能站立，在短时间内死于心力衰竭。

急性型：精神沉郁，运步缓慢，步态强拘，站立困难，多数病牛最终陷入全身麻痹。心搏动亢进，心音微弱。呼吸数增多达 70～80 次/分。咳嗽，有时黏液性鼻液中混有血液，肺泡音粗厉，呼吸困难。四肢肌肉震颤，颈、肩和臀部肌肉发硬、肿胀，全身出汗。病牛四肢侧伸，卧地不起，空嚼磨牙，一般在发病后 6～12 小时内死亡。

慢性型：发育停滞，消化不良性腹泻，消瘦，被毛粗乱无光，脊柱弯曲，全身乏力。成年母牛繁殖性能降低，分娩的犊牛虚弱或产出死胎，胎衣不下。

【病　因】　本病有原发性和继发性硒缺乏症两种类型。原发性硒缺乏是饲草、饲料中硒含量过少所致，饲草、饲料干物质中硒含量低于 0.1 毫克/千克以下即可发病。继发性硒缺乏症是由于土壤中硫化物或饲草、饲料中硫酸盐等硒的拮抗物含量过大，降低了牛对饲料、饲草中硒的吸收和有效利用，导致硒缺乏症发生。

【辨　证】　中兽医学中虽无硒缺乏这一病症，但其临床表现与中兽医学的心肺气虚不谋而合，颇为相似。传统医学认为，肺主气，心主血脉，气为血帅，血以载气，肺朝百脉。气、血两者生理关系极为密切，也决定了心、肺病理上的相互影响。肺气虚弱，宗气不足，则运血无力；心气不足，血行不畅，影响肺的输布与宣降之功能，所以发生呼吸异常和血运障碍。心、肺气虚，鼓动血行之力不足，心搏动亢进，心跳加快（140 次/分），心音微弱，心律失常甚至心力衰竭。血行不畅,胞宫无以养,所以受胎率降低,流产或产死胎等应运而生;肺气虚,肺失肃降,气逆于上,故咳嗽,呼吸困难,肺泡音粗厉;血行不畅,气血不荣,所以常有黏膜淡染、肌肉苍白诸症。综合分析,硒缺乏症应属于传统兽医学的心肺气虚之证。

【中药治疗】

1. 治则 补气养血,温补心阳。

2. 方药 黄芪 180 克,当归 30 克,党参 60 克,肉桂 45 克,甘草 45 克,生姜 45 克。加水适量煎煮 2 次,混合煎液,每天分 2 次灌服。

犊牛可用当归 10 克,淫羊藿 15 克,川续断 15 克,川牛膝 10 克,生姜 8 克,茯苓 10 克,甘草 10 克。煎汤灌服,每天 1 剂。

铜缺乏症

铜缺乏症是由于饲草和饮水中铜含量过少或钼含量过多引起的一种代谢病,以病牛被毛褪色、腹泻、贫血、运动障碍、骨质异常和繁殖性能降低等为特征。原发性铜缺乏症发病率可达 40% 以上。本病在世界各国的不同地区均有发生,且多呈区域性或地方性。病名因发生地域不同而异,美国称为舐盐病,澳大利亚称为猝倒病,新西兰称为泥炭病。春、夏季节在缺铜草场放牧的牛,尤其是犊牛多易发病。

铜具有各种营养和生理功能,因此缺乏时所表现的临床症状也多种多样,概括起来主要表现在以下几方面。

贫血:铜能影响铁的吸收和运输,缺铜时铁不能结合在血红素中,红细胞也就不能成熟,影响铁从网状内皮系统和肝细胞释放而进入血液。因此,日粮中缺铜会使红细胞数量减少,引起贫血。

被毛色素沉着障碍:原发性缺铜病牛食欲减退,异嗜,生长发育缓慢。毛发色素沉着障碍,尤其眼周围的被毛,由于褪色或脱毛,则呈无毛或白色似眼镜外观。被毛粗乱,缺乏光泽,红毛变为淡锈红色,以至黄色,黑毛变为淡灰色,犊牛尤为明显,以上临床表现是缺铜的早期典型症状。

骨骼异常:奶牛缺铜常引起骨骼变脆和骨质疏松,所产犊牛跛行,步态强拘,甚至两腿相碰,关节肿大,骨质脆弱,易发骨折,共济失调,后肢麻痹。严重的则倒地,持续躺卧,最后死于营养衰竭。主要发生于新生幼龄反刍动物,缺铜犊牛共济失调,表现为运步拘谨和摇摆。

繁殖障碍:母牛缺铜常引起卵巢功能低下,发情延迟或受阻,受胎率低,繁殖功能障碍。妊娠母牛缺铜时产犊提前或分娩困难,产后也多有胎衣不下,泌乳性能降低。公牛的精液质量也与铜有密切关系。此外,牛缺乏铜还可能出现异嗜和腹泻、牛体消瘦、生产性能下降等。继发性铜缺乏症基本上与原发性铜缺乏症相同,只是贫血程度较轻,持续性腹泻症状较为突出。

【病　因】　常分为原发性和继发性铜缺乏症两种类型。原发性铜缺乏症是因饲草、饲料中含铜量不足引起。长期采食铜含量低于3毫克/千克的草料,即可发生铜缺乏症;3~5毫克/千克为其临界水平,病牛可能处于亚临床铜缺乏状态。继发性铜缺乏症由饲料中存在过高的钼(大于10毫克/千克)所致,钼含量过高或含硫酸盐等微量元素时,即使饲料和饮水中铜含量充足,由于铜、钼相互拮抗,牛肠管吸收铜的功能降低,牛对铜的吸收和利用受阻,需要量增大,也可能产生铜缺乏症。饲料中镉、锌、铁和碳酸钙等含量过高,也会影响铜的吸收和利用,从而造成铜缺乏症。

【辨　证】　本病主要表现为贫血、被毛枯槁缺乏光泽,甚则被毛色泽发生异常,骨骼变形及繁殖障碍。中兽医学认为,肾主骨,生髓,其华在毛。肾主藏精,而精能生髓,骨赖髓养。所以,肾精充足,则骨髓生化有源,骨得到髓的充分滋养才坚固有力。牛缺铜所表现的骨骼脆弱,松软无力甚至发育不良等乃肾精虚少,骨髓化源不足,骨无以养所致。精血同源,互相滋生,精足则血旺,被毛的润养来源于血。可见本病被毛的色素沉着障碍,脱落,枯槁无光,消瘦贫血的特征性变化,也与精血不足有关。肾藏精,主发育与生殖,铜缺乏症所见一系列繁殖障碍症状,皆系肾精亏损的表现。纵观铜缺乏症的临床表现,当属肾阳虚和肾阴虚两证范畴。

1. 肾阳虚 症见被毛色素沉着障碍、脱落、枯槁无光;公牛垂缕不收,性欲减退;母牛宫寒不孕,消瘦贫血,形寒怕冷,耳、鼻、四肢不温,骨骼脆弱、松软无力甚至发育不良等。

2. 肾阴虚 症见被毛色素沉着障碍、脱落、枯槁无光;消瘦贫血,腰胯无力,公牛举阳滑精或精少不育,母牛不孕;粪便干燥,低热不退或午后偏热;骨骼脆弱、松软无力甚至发育不良。

【中药治疗】

1. 肾阳虚

(1)治则 温补肾阳。

(2)方药 熟地黄 60 克,山药 80 克,枸杞子 45 克,山茱萸 45 克,肉桂 45 克,杜仲 60 克,附子 30 克,炙甘草 30 克。共研为细末,开水冲服。

2. 肾阴虚

(1)治则 滋补肾阴。

(2)方药 熟地黄 60 克,山药 50 克,山茱萸 60 克,泽泻 45 克,茯苓 45 克,知母 45 克,黄柏 45 克。共研为细末,开水冲服。

锌缺乏症

锌缺乏症是指由于饲草、饲料中缺锌或其他原因导致锌吸收障碍,引起以生长发育缓慢或停滞、皮肤角化不全、骨骼异常和繁殖性能障碍等为主要特点的微量元素缺乏症。肌肉、被毛色泽及其功能与锌有关,色泽较深、活动较强的肌群,锌含量也高。

犊牛缺锌,则生长发育不良,增重率降低;口腔、鼻孔红肿发炎,流出大量唾液和鼻液;鼻镜、后肢和颈部等处皮肤发生角化不全,皲裂,被毛脱落。阴囊、四肢部位呈现类似皮炎的症状,皮肤瘙痒,脱毛,粗糙,蹄周及趾间皮肤皲裂。骨骼发育异常,后肢弯曲,关节肿大、僵硬,四肢无力,步态强拘。成年牛和犊牛一样也有典型的皮肤角化不全症状,此外,后腿球关节肿胀,蹄冠部皮肤肿胀、脱屑,被毛粗乱。母牛从发情到分娩整个过程受到严重影响,表现发情延迟或发情停止,屡配不孕,胎儿畸形、早产和产死胎等。公牛精液量减少,精子活力降低,性功能减退。

【病　因】　机体组织器官中锌含量相当于铁含量的50%,铜含量的10～5倍,锰含量的近100倍。肌肉色泽及功能与其锌的含量有关,色泽较深、活动较强的肌群,锌含量要高。眼球脉络膜中锌含量最多,被毛中锌含量也和色泽有关,大多数被毛中锌含量在115～135毫克/千克。锌缺乏与其他微量元素缺乏一样,主要是饲料供应不足和其他导致其吸收障碍的因素所致,如过多的钙或植酸钙、磷、镁、铁、锰及维生素C等可影响锌的吸收和利用,不饱和脂肪酸缺乏对锌的吸收和利用也有影响。牛患慢性胃肠炎时,可妨碍对锌的吸收而引起锌缺乏症。

【辨　证】　中兽医学中虽无锌缺乏症的论述,但其所表现的临床特点和典型症状与燥邪伤津颇为相似。所谓诸涩枯涸,干劲皲裂,皆属于燥,即为此意。肺主宣发,外合皮毛,燥邪犯体,最易伤肺。口腔、鼻孔红肿发炎,鼻镜、后肢和颈部等处皮肤发生角化不全、皲裂,被毛脱落。阴囊、四肢部位呈现类似皮炎的症状,皮肤瘙痒、脱毛、粗糙,蹄周、趾间皮肤皲裂等,皆为津伤液耗的突出表现,其证多由热盛伤津所致,当属津亏或血燥的范畴。

【中药治疗】
1. 治则　清肺润燥。
2. 方药　桑叶60克,生石膏120克,党参60克,甘草45克,胡麻仁 60 克,阿胶 60 克,麦冬 45 克,杏仁 30 克,枇杷叶 45 克,玄参 60 克,川贝母 60 克,陈皮 30 克。加水适量,煎煮 2 次,混合煎液,候温,每天分 2 次灌服。

碘缺乏症

碘缺乏症又叫甲状腺肿,是因饲喂缺碘饲草、饲料或长期在缺碘草场放牧所引起的以犊牛死亡、脱毛、生长发育缓慢及成年牛繁殖功能障碍、甲状腺肿大和增生等为主要特征的地方性疾病。单纯碘缺乏在成年牛群中发生较少,病情也不严重,多不被重视。但犊牛对碘缺乏敏感,容易发病,并引起大量死亡。目前,缺碘对繁殖功能的影响越来越受到人们的高度关注。

病牛持续性咳嗽,高热,流鼻液,食欲减退,精神沉郁。奶牛则有心动过速、眼球突出、甲状腺肿大等症状。犊牛死亡率高,被毛稀疏。成年牛不发情或发情不明显,性周期不规律,受胎率降低,胎衣滞留,产奶量下降。碘缺乏的妊娠母牛,胎儿生长发育不良,流产死胎,妊娠期延长,所产犊牛体质虚弱、不能站立。公牛性欲减退,精子品质低劣,精液量也减少。

【病 因】 临床常将碘缺乏症分为原发性和继发性两种类型。原发性碘缺乏症是指碘摄取量不足,其中以水草中的碘含量不足最为关键。继发性碘缺乏症是由某种因素使牛对碘的需要量增多或对碘的吸收障碍所致。犊牛在快速生长发育时期,母牛在妊娠期和泌乳盛期等,碘的需要量就会随之增多。白三叶草、油菜籽、亚麻仁及其副产品和大豆等含有致甲状腺肿素或致甲状腺肿物质,使机体对碘的吸收量减少。使用一些治疗药物或摄取过多的钙制剂,可妨碍碘的吸收。以上因素均可能成为碘缺乏症的发病原因。

【辨 证】 分析诸证,当属肾阳虚衰和肾精不足之证。肾主生殖,肾阳火衰,阳虚鼓动无力,生殖功能减退,故母牛乏情不孕,公牛精少。肾精不足,则犊牛生长发育迟缓,被毛稀疏。

1. 肾阳虚衰 症见母牛性周期不规律,受胎率降低,胎儿生长发育不良,流产死胎,妊娠期延长,泌乳减少;公牛性欲减退,精子品质低劣,精液量少,繁殖障碍。

2. 肾精不足 症见犊牛体质虚弱,甲状腺肿大,颌间隙黏液性水肿,咳嗽发热,流鼻液,食欲减退,精神沉郁,被毛稀疏。

【中药治疗】

1. 肾阳虚衰

(1)治则 温补肾阳。

(2)方药 熟地黄 60 克,山药 60 克,山茱萸 60,枸杞子 60克,炙甘草 45 克,杜仲 60 克,肉桂 45 克,附子 45 克,淫羊藿 60克。共研为细末,开水冲调,候温灌服。

2. 肾精不足

(1)治则 补益肾精。

(2)方药 紫河车 45 克,党参 60 克,熟地黄 60 克,杜仲 45克,天冬 45 克,麦冬 45 克,龟板 45 克,黄柏 45 克,茯苓 45 克,牛膝 45 克。共研为细末,开水冲调,候温灌服。

维生素 A 缺乏症

维生素 A 缺乏症是由于饲料中维生素 A 原或维生素 A 不足或缺乏,或胃肠吸收功能障碍,以致维生素 A 缺乏所引起的一种慢性营养性疾病。临床上以生长迟缓、角膜角化、夜盲、生殖功能低下等为特征。犊牛多见本病。

缺乏维生素 A 可导致许多疾病,临床症状也随之各异。干眼病和夜盲症是早期维生素 A 缺乏症的特征性症状之一,病牛角膜干燥、混浊,羞明,瞳孔散大,眼球突出,视力减弱,尤其对暗光的适应能力差,早、晚光线较暗时步态不稳,甚至不避障碍,严重者甚至双目失明。骨组织发育障碍时,犊牛成骨细胞明显减少,骨质疏松或变形,关节肿大,共济失调,生长发育停滞。严重者神经功能障碍,有强直性或阵发性痉挛。病牛还会有消化不良,腹泻,背和尾根部有干性糠疹,皮肤角化脱屑,弹性降低,被毛粗糙而干枯等症状。生殖器官黏膜角质化时,公牛精液减少,性欲减退;母牛受胎率降低,妊娠后期多发生流产或出现死胎,所产犊牛有瞎眼、咬合不全等先天性畸形。

【病　因】　长期饲喂维生素 A 含量不足的精饲料,或缺乏绿色植物饲草,是引起本病的主要原因。青贮饲料和谷物饲料长期保存,其维生素 A 含量减少,或受光、热作用而氧化,使维生素 A 受到破坏引起发病。哺乳期犊牛哺乳量不足或代乳料加热调制不当,可成群发生维生素 A 缺乏症。患慢性胃肠道疾病、寄生虫病和慢性肝脏疾病,也可继发维生素 A 缺乏症。但引起维生素 A 缺乏的主要原因是饲料内维生素 A 原或维生素 A 不足。

【辨　证】　维生素 A 缺乏症属中兽医的夜盲范畴,中兽医认为,肝肾同源,肝阴与肾阴相互滋生,同盛同衰。肝主血,开窍与目,目受血而能视,肝和则目能辨五色,肝血不足则夜盲或视物不明。因此,本病当按肝血亏虚、肾阴耗损论治。

【中药治疗】

1. 治则　滋补肝肾。

2. 方药　枸杞子 60 克,熟地黄 60 克,山药 45 克,山茱萸 45 克,牡丹皮 30 克,茯苓 30 克,泽泻 24 克,菊花 30 克,决明子 30 克,当归 60 克,白芍 20 克,夜明砂 30 克。共研为细末,开水冲调,候温灌服。

维生素 D 缺乏症

维生素 D 是一种固醇类衍生物,其中维生素 D_2(麦角骨化醇)和维生素 D_3(胆骨化醇)与动物营养学关系最为密切。维生素 D 在鱼肝和鱼油中含量最为丰富,蛋类、哺乳动物肝脏和豆科植物中也有较高含量,但植物性饲料中含量极少。牛群所需维生素 D 的主要来源是日光照射。由于某些原因使维生素 D 缺乏时,导致肠黏膜钙、磷吸收障碍,成为犊牛发生佝偻病、成年牛尤其是妊娠母牛和哺乳母牛发生骨软症的主要原因之一。

维生素 D 缺乏对犊牛、妊娠和泌乳母牛的影响较为突出,首先表现为生长发育缓慢和生产性能明显降低。临床表现食欲大减,生长发育不良,消瘦,被毛粗乱无光。同时,骨化过程受阻,导致掌骨、跖骨肿大、前肢向前方或侧方弯曲,以及膝关节增大和拱背等异常姿势。随着病情发展,病牛步态强拘甚至跛行、抽搐、强直性痉挛、卧地不起。由于胸廓严重变形,常引起呼吸促迫或困难,有时还伴发前胃弛缓和轻微瘤胃臌气。妊娠母牛早产或产出体质虚弱或畸形的犊牛。

【病　因】　本病与长期舍饲日光照射过少,冬季光照时间过短等有关。植物性麦角固醇只存在于枯死植物叶中或经日光晒干的干草中,由于受加工方法的影响,常常使维生素 D 含量大幅度降低。维生素 D 在机体内转化为活化型维生素 D_3 才能发挥其生理功能,维生素 D_3 与钙、磷的吸收和代谢有着密切关系,在血钙、血磷含量充足或钙与磷比例适当的条件下,维生素 D_3 作用于靶器官如小肠、肾脏和骨骼等,促使小肠、肾脏对钙、磷的吸收功能增强,以维持血液中钙、磷含量的稳定性,并使骨化功能(即骨的钙、磷沉积过程)处于良好状态。在小肠钙的输送过程中则需要钠的存在,钠、钾输送系统可将钙送到浆膜处,完成钙的输送作用。维生素 D 能促进肾小管对钙、磷的吸收过程,使血钙、血磷含量增多。

【辨　证】　中兽医学认为,犊牛先天禀赋不足,复感疾病,以致脾肾虚损、骨质柔弱或畸形。肾藏精,主骨,肾阳衰弱,不能充骨生髓、温养筋骨,使骨髓空虚,六淫之邪乘虚而入,耗伤精气,影响骨质的形成。气血痹阻,使骨质疏松变形。病久气血周流不畅,痹阻经脉,伤筋软骨,以致病情日益加重。

【中药治疗】

1. 治则　温补肾阳,填补肾精。

2. 方药　怀山药、牡蛎、生龟板、黑芝麻各 60 克,怀牛膝、熟地黄、茯苓各 45 克,制首乌 60 克,山茱萸、生白术、党参、全当归各 45 克,益智仁 30 克,大枣 20 枚。水煎服,或将药研成细末,每天早、晚用开水冲调灌服。

维生素 E 缺乏症

维生素 E 又称生育酚,广泛分布于各种青绿饲草中,接近成熟时期的草料中含量较多,叶含量比茎多 20～30 倍。露天晒制或霉败变质的干草中,90% 的维生素 E 活性丧失,人工调制的干草和青贮饲草中,维生素 E 活性丧失相对较少。牛维生素 E 缺乏时,会发生以肌肉营养不良、心肌、骨骼肌和肝组织坏死等为主要特征的一系列疾病。

本病主要发生于 4 月龄以内的犊牛。心脏型(急性)多见以心肌凝固性坏死为主要特征的病变,病犊牛在中等程度运动中可突发心搏动亢进、心律失常和心跳加快(达 110～120 次/分)等,常因心力衰竭而急性死亡。肌肉型(慢性)以骨骼肌深部肌束发生硬化、变性和严重性坏死为特征。在临床上呈现运动障碍,不爱运动,步样强拘,四肢站立困难。严重病牛多陷入全身性麻痹,不能

站立,只能取被迫横卧姿势。当病牛咽喉肌肉变性、坏死影响采食、呼吸时,则很快死亡

【病　因】　可分为原发性和继发性维生素 E 缺乏症两种类型。原发性多见于饲喂劣质干草、稻草、块根类、豆壳类及长期贮存的干草和陈旧青贮饲料等饲草(料)的成年牛,特别是妊娠、分娩和哺乳母牛发病率较高。继发性以犊牛发病较多,与饲喂富含不饱和脂肪酸的动物性和植物性饲料使维生素 E 过多消耗有关。各种应激如天气恶劣、长途运输或运动过强、腹泻、体温升高、营养不良及含硫氨基酸(胱氨酸和亮氨酸)不足等均可能成为本病的诱发因素。

【辨　证】　中兽医学认为,心主血脉,肺主气,气为血帅,血以载气。心气不足,肺气虚弱,宗气不足,则运血无力、血行不畅、气血不荣,导致心搏动亢进,心跳加快,心音微弱,心律失常甚至心力衰竭及受胎率降低,流产或产死胎,黏膜淡染,肌肉苍白甚至坏死等诸证丛生。综合分析,维生素 E 缺乏症应属于中兽医的心肺气虚范畴。

【中药治疗】

1. 治则　补气养血,温补心阳。

2. 方药　黄芪 180 克,当归 30 克,党参 60 克,肉桂 45 克,甘草 45 克,生姜 45 克。加水适量煎煮 2 次,混合煎液,每天分 2 次灌服。

营养衰竭症

营养性衰竭症又称瘦弱病或劳伤症,主要是由于家畜机体的营养供给与消耗之间呈现负平衡而引起的营养不良综合征。各种家畜都能发生,但以年老体弱的耕牛较为多发,以渐进性消瘦为特征。牛营养性衰竭症一般多发于冬而病于春,尤其在放牧时间少、

舍饲时间长的季节发病较多且范围较大。

渐进性消瘦是本病最为特征的临床表现。病牛全身骨骼显露,肌肉萎缩,被毛粗乱无光,皮肤枯干多屑,弹性降低,精神沉郁,运动无力,极易疲劳,有时体温偏低,末梢组织器官发冷,通常能保持一定的食欲。伴随病程发展,如遇初春长时间雨雪天气,难抗寒冷侵袭,卧栏不起,久之发生褥疮或皮肤破损,死前极度衰竭,食欲废绝,体温下降,胃肠弛缓,便秘或腹泻,甚至直肠脱出。

【病　因】　导致牛营养性衰竭症发生的根本原因是机体营养供给与消耗之间出现负平衡,导致体内储备的脂肪、蛋白质和糖原的加速分解及严重耗损,最终出现一系列营养不良直至衰竭的证候群。由于自然干旱,季节性牧草枯荣,饲草品质不良,秋膘较差,尤其是冬、春季节长期出现雨雪天气,放牧时间不充分,加之某些农户冬季饲养管理不善,补料不及时,营养水平下降,是导致牛营养不良和衰竭症发生的主要原因。慢性消耗性疾病如锥虫病、焦虫病、肝片吸虫病等,因失治或治疗不合理,都会诱使或加剧营养性衰竭的发生。在营养不良的条件下,春耕农忙时耕作过度,风吹雨淋,牛体能量消耗增加,也会导致营养性衰竭症的发生。

【辨　证】　中兽医认为,渐进性消瘦,拱背,被毛粗乱无光,皮肤枯干多屑、弹性降低,肌肉萎缩,运动无力,极易疲劳,体温偏低,末梢组织器官发冷等均为气血两虚所致之虚劳症。

【中药治疗】

1. 治则　补益气血,培补脾胃。

2. 方药　党参 20 克,白术 25 克,茯苓 20 克,熟地黄 45 克,赤芍 45 克,当归 30 克,川芎 25 克,益智仁 15 克,厚朴 20 克,五味子 15 克,陈皮 50 克,五加皮 20 克,神曲 50 克,山楂 50 克,枳壳 50 克,甘草 25 克。煎汁候温灌服,每天 1 剂,连用 5～7 天。

运输搐搦

反刍动物运输搐搦又称为轻瘫症,是妊娠后期母牛长途运输后发生的一种运输应激性疾病,临床上以肌肉僵硬,四肢强直,卧地不起,昏迷和高病死率为特征。妊娠后期母牛发病率相对较高,实际上在长途运输后经产母牛、小公牛甚至空怀母牛也可以发生。

在运输后期或运输结束后,病牛先出现烦躁不安,运步蹒跚,肌肉僵硬,后肢强直,牙关紧闭;随后精神昏聩,口吐泡沫,眼球震颤,阵发性痉挛;继之卧地不起,因胃肠道功能紊乱而食欲废绝。重症病牛 3~4 天死亡。常伴有低钙血症和巴氏杆菌的感染。

【病　因】　运输搐搦真正的致病原因目前尚不完全明确,运输前饲喂过多,运输期间断绝草料、饮水达 24 小时以上,运输结束后暴饮暴食,炎热季节运输,应激强烈等,都可能导致本病发生。

【辨　证】　牛运输搐搦可参考中兽医学的虚劳进行辨治。

1. 气血两虚　症见食欲废绝,瘤胃蠕动减弱,四肢无力,卧地不起,流产多难以避免。

2. 肝阴不足　症见精神昏聩,烦躁不安,牙关紧闭,口吐泡沫,运步蹒跚,肌肉僵硬,后肢强直,眼球震颤,阵发性痉挛,继之卧地不起。

【中药治疗】

1. 气血两虚

(1)治则　补益气血,升阳益胃,养阴安胎。

(2)方药　白术、党参、阿胶(烊化)各 60 克,当归、川芎、黄芩、熟地黄各 45 克,升麻、砂仁、陈皮、紫苏叶、白芍、生姜各 30 克,甘草 25 克。共研为细末,开水冲调,一次灌服。

2. 肝阴不足

(1)治则　养血滋阴,柔肝舒筋。

（2）方药　生地黄、当归、白芍各 60 克,酸枣仁、川芎、炙甘草各 45 克,木瓜 30 克。共研为细末,开水冲调,一次灌服。

生产瘫痪(产后瘫痪)

奶牛生产瘫痪也叫乳热症,中兽医又称为胎风,是指母牛产后突然发生的以体温下降、四肢瘫痪、卧地不起、知觉丧失以及咽、舌与肠道麻痹为特征的一种急性低钙血症。多发生于 4～5 胎次或 5 胎以上的高产奶牛,多见于产后 3 天内,尤其是以产后 24 小时最为多见,且病情危急,如得不到及时有效地治疗,将导致机体多种功能减弱,生命活动严重障碍,甚至死亡,对养牛业危害较大。

【病　因】　本病多因母牛妊娠期间或分娩前后,饲养不当,营养不全,以致脾胃虚弱,营血不足,精气亏耗,肝肾两虚。加之母牛产后气血暴亏,百脉空虚,腠里不固,风、寒、湿乘虚而入,流窜经络,致使气血凝滞、终络不通,而成筋骨萎软、腰腿疼痛、卧地难起之症。现代兽医学认为甲状腺功能紊乱,引起血钙调节功能失调,骨钙动员迟缓,肠道对钙的吸收减少,导致低钙血症。血钙含量降低,则血镁含量相应增高,神经肌肉的应激性增高,故时见抽搐症状。同时,受血钙浓度的影响,胰腺分泌受到干扰,血糖浓度也受到影响。

【辨　证】　本病的发生与肝、脾、肾三脏功能有关,肝、肾亏虚,脾胃虚弱,则营血不足、精气亏耗,此为发病的内因;母牛产后,气血暴亏,百脉空虚,风、寒、湿三邪乘虚而入,气血凝滞,经络不通,乃致病外因。内外因素互相依存、相互联系、互相制约,使机体内邪正斗争消长,升降失常,阴阳失调,此即构成了疾病发生、发展与变化的机制。牛产后风当属肝肾亏虚,脾胃虚弱;风湿寒痛,气虚血瘀等证。

1. 肝肾亏虚,脾胃虚弱　症见病牛头低耳耷,食欲不振,日渐消瘦,多卧少立,卧地不起,步态不稳,把前把后,胯軟腰拖,腰肢痿软。

2. 风湿寒痛,气虚血瘀 症见行步困难,低头拱腰,把前把后,卧多立少;继则病牛昏睡,头低耳聋,食欲、反刍废绝,四肢及腰胯麻痹,卧地不起,呈"S"状弯曲,瞳孔散大,对外界刺激不敏感或消失,体况日渐消瘦;日久发生褥疮,破溃流脓,口色如绵,脉象迟细。

【中药治疗】

1. 肝肾亏虚,脾胃虚弱

(1)治则 暖肾强骨,和血止痛。

(2)方药 当归、白术各45克,川芎、白芍、香附、补骨脂各30克,共研为末冲服。或用当归、熟地黄、川芎、白芍、巴戟天、白术各30克,葫芦巴、川楝子、补骨脂、茯苓各24克,共研为末冲服。

2. 风湿寒痛,气虚血瘀

(1)治则 暖肾祛寒,逐瘀止痛。

(2)方药 龙骨400克,当归、熟地黄各50克,红花15克,麦芽400克,煎汤分2次口服,每天1剂,连用3天。或用当归50克,益智仁45克,血蝎、没药、木通、巴戟天、小茴香、白术、秦艽、川续断、海风藤、熟地黄、枸杞子、桑寄生、天麻各30克,川楝子、补骨脂、木瓜各25克,水煎服。也可用延胡索、桃仁、赤芍、没药各45克,红花、牛膝、白术(炒)、牡丹皮、当归、川芎各21克,共研细末冲服。

第三章　外科疾病

淋巴外渗

淋巴外渗是在钝性外力作用下,淋巴管断裂,致使淋巴液积聚于组织内的一种非开放性损伤。临床表现肿胀形成缓慢,无热无痛,柔软波动,穿刺排出橙色透明的液体。

本病常见于皮下结缔组织,如颈部、肩胛部、腹侧壁、臂部、膝前等部位。肿胀出现缓慢,一般于伤后 3～4 天出现,有明显的界线和波动感及拍水音,穿刺放出橙黄色稍透明的液体,或其内混有少许血液,皮肤不紧张,炎症反应轻微。一般无全身症状,时间较久,析出纤维素块,囊壁有结缔组织增生、增厚,则有明显的坚实感,穿刺液为橙黄色稍透明的液体,或混有少量血液。

【病　因】　本病常因钝性外力在动物体上强烈滑擦,使皮肤或筋膜与其下部组织发生分离,淋巴管断裂,淋巴液流入组织内。常见于角斗、跌倒、挤压、摩擦时。

【辨　证】　本病是由于牛体受外界热能冲击力或冲撞压迫皮下软组织而受伤所致。《元亨疗马集・疮黄论》曰:"黄者,气之壮也,气壮使血离经络,血离经络溢于肤腠,肤腠郁结而血瘀,血瘀者,而化为黄水,故曰黄也"。

本病初起时患部肿硬,间有疼痛或局部发热,继则扩大而软,边缘明显,移行较快,有的出现波动,刺之流出黄水。黄证按病程分有急性、慢性之别;按病位分常见有胸黄、肘黄、肚底黄、外肾黄、膝黄等;按病性分又有阳黄、阴黄的不同。

1. 阳黄 多因湿热毒邪侵入机体,致使心肺壅热,迫血离经,溢于肌膜,而成黄肿。肿胀热痛明显,大小不一,按压时或硬或软,病势发展快,刺破后流出黄水,口色赤红,脉象洪数。

2. 阴黄 多因饲养失调,久卧湿地,致使寒湿之邪凝于肌膜,滞而不散,结为黄肿,或趁热急饮冷水太过,水盛火衰,脾失健运,致使水湿内停,渗于腹下成为黄肿。局部慢肿,边缘界限不明显,触诊不热不痛,手按留有指痕,病势发展慢,针刺流出黄白色液体,口色淡红,脉象沉细。

【中药治疗】

1. 阳　黄

(1)治则　清热解毒,消肿散瘀,治疗时外敷药物配合口服药物。

(2)方　药

①外　治

方剂一:加味雄黄散。黄柏、雄黄、白及、白蔹、龙骨、大黄各等份。共研为细末,醋调敷肿处,每天 1 次,连用数天。

方剂二:白及拔毒散。白及 30 克,芙蓉叶 30 克,赤小豆 15 克,黄柏 15 克,大黄 12 克,雄黄、白及、白矾、龙骨、木鳖子各 9 克,共为极细末,过 120 目筛,密闭遮光保存备用。以消毒药液清洗患部后取适量醋调敷于患部,每天 1 次,连续使用至病愈。

方剂三:鲜青蒿 1 千克,鲜杨树叶 1 千克,加水 5 升熬至 2 升,去渣,加元明粉 200 克、冰片 15 克,化开,候温擦洗患处,每天 2 次,连用 3～5 天。

②内　治

方剂一:加减消黄散。芒硝 60 克,栀子 40 克,知母、浙贝母、防风、蝉蜕、大黄各 30 克,连翘、黄连、黄芩、黄药子、白药子、郁金各 20 克,甘草 15 克。共研为细末,开水冲调,候温加鸡蛋清 4 枚、蜂蜜 120 克为引,同调灌服,每天 1 剂,连用 3～5 天。

方剂二:金银花散。金银花 50 克,连翘 50 克,板蓝根、大黄、川芎各 30 克,乳香 20 克,没药 20 克,百部 25 克,僵蚕 15 克,蜈蚣 10 条,甘草 10 克,灯芯草 10 克。水煎取汁,候温加鸡蛋清 4 枚、黄酒 150 毫升为引,同调灌服,每天 1 剂,连用 3～5 天。

2. 阴 黄

(1)治则 温阳补阴,散黄通经,治疗时外敷药物配合口服药物。

(2)方 药

①外 治

方剂一:雄黄拔毒散。雄黄 15 克,黄柏 60 克,榆白皮 60 克,白矾、硼砂、大黄、龙骨各 30 克,樟脑 15 克。共研为细末,醋调外涂,每天 1 次,连用数天。

方剂二:全蝎 10 条,蜈蚣 2 条,天南星 8 克,鱼石脂 30 克,凡士林适量。前 3 味药研为极细末,过 120 目筛,混入鱼石脂、凡士林配成膏剂,涂于肿胀部。

②内 治

方剂一:茴香散。八角茴香 15 克,肉桂 15 克,干姜 12 克,川楝子、甘草、川贝母、秦艽、青皮、栀子、酒知母各 15 克。共研为细末,开水冲调,候温灌服。

方剂二:实脾饮。白术、厚朴、茯苓、木瓜各 30 克,草果仁 25 克,大腹皮 40 克,木香 20 克,炮附子 30 克,炮姜 30 克,炙甘草 15 克,生姜 15 克,大枣 30 克。共研为细末,开水冲调,候温灌服,每天 1 剂,连用 3～5 天。

方剂三:大腹皮 30 克,茯苓皮 25 克,桑白皮 25 克,葶苈子 25 克,陈皮、白术、厚朴、槟榔、当归、滑石、甘草各 20 克。共研为细末,开水冲调,候温加黄酒 150 毫升为引,同调灌服,每天 1 剂,连用3～5 天。

直肠脱

直肠末端的黏膜层或后段全层肠壁脱出于肛门之外而不能自行复位时,称为直肠脱,以老幼体弱者多见。

病牛精神不振,体瘦毛焦,食欲减退或废绝,举尾弓背,频频努责,直肠及黏膜脱出于肛门之外,形如螺旋,呈圆柱状,初色红赤,日久则脱出部分黏膜风干厚裂,呈紫黑色,触之硬凉,而黏膜下则高度水肿,随着脱出肠管被肛门括约肌长时间的箍压,以及泥土、粪便、草屑的污染,黏膜可见充血、瘀血、出血、糜烂、坏死和继发损伤。如果处理不当,久病不治,可导致全身症状,继发感染,预后不良。

【病　因】　主要原因是直肠韧带、直肠黏膜下层组织和肛门括约肌松弛,紧张性下降,功能不全,加之腹压增高、过度努责所致。多是病牛年老、体弱、久病、产后,或饮喂失调,营养不良,或劳役过度,负载奔驰,用力过猛,或运动不足,致使气血亏虚,中气下陷,不能固摄而垂脱。此外,久泻、久痢、久咳、便秘、难产、胎衣不下、误治、失治,也是诱发本病的重要因素。

【辨　证】　根据病因、病理变化和临床症状分为气血亏损型、气虚下陷型、湿热下注型和胃肠积滞型4种证型。

1. 气血亏损型　症见病牛排便或卧地时肛门脱垂,用手上推或站立时能回缩。舌质淡红,苔薄白,脉沉细。

2. 气虚下陷型　症见病牛精神倦怠,四肢无力,多汗自汗,呼吸气短,动则气喘,食少泄泻,舌淡苔少,脉象虚弱。

3. 湿热下注型　症见病牛发热不食,时有腹痛,泻粪如粥或下痢脓血,气味腐臭,粪便内带有气泡或黏液,直肠脱垂,同时伴有肛门肿痛,排尿淋漓,舌红,苔黄腻,脉滑数。

4. 胃肠积滞型　症见病牛排便次数减少或粪便过于干燥,排便迟滞,粪球干小,表面附有黏液。病牛口腔干燥,口色正常或稍红,有薄层灰白色或灰黄色舌苔,口腔有甘臭或稍有腐败臭味。

【中药治疗】　以手术整复为主,同时辅以中药调理脏腑气血。

1. 手术整复　先进行温水灌肠,以排空直肠内积粪。然后用0.1％～0.25％温高锰酸钾溶液或1％～2％白矾溶液或防风散等煎汤待温清洗脱出的直肠部分,除去污物或坏死黏膜。之后用剪刀剪除或手指撕除干裂坏死的瘀膜烂肉,并用三棱针或小宽针乱刺水肿部位,再用消毒纱布兜住脱出的肠管,撒上适量白矾粉后用手捏挤,排尽毒水,用温生理盐水冲洗后,涂以1％～2％碘石蜡油润滑,然后轻轻将脱出的肠管内翻送入肛门内,并将手臂随之伸入肛门内,使直肠完全复位。以湿温布多层敷于肛门,或将新砖烤热,衬布包数层熨之。

在此基础上,可在距肛门孔 2～3 厘米处,直肠上方和左、右两侧直肠旁组织内分点注射 95％酒精 10～30 毫升,注射的针头沿直肠侧直前方刺入 3～10 厘米,为了使进针方向与直肠平行,避免针头远离直肠或刺破直肠,在进针时应将食指插入直肠内引导进针方向,操作时应边进针边用食指触知针尖位置并随时纠正方向。

在整复后仍有继续脱出可能的病例,则需要考虑将肛门周围予以荷包缝合,收紧缝线,保留 2～3 指,打活结,7～10 天不再努责时拆除缝合线。

2. 口服方药

(1)气血亏损型

①治则　调营养血,益气固阳。

②方药　参茸提肛散。人参 40 克,鹿茸 15 克,炒白术 30 克,当归 40 克,补骨脂 20 克,肉豆蔻 30 克,黄芪 50 克,乌梅 40 克,甘草 20 克。共研为细末,开水冲调,候温灌服。

(2)气虚下陷型

①治则　补中益气,升阳举陷。

②方药 补中益气汤加减。黄芪 50 克,炒白术 20 克,党参 40 克,陈皮 20 克,柴胡 40 克,升麻 60 克,甘草 20 克,当归 40 克,生姜 30 克,大枣 20 克,枳壳 20 克,枳实 20 克。共研为细末,开水冲调,候温灌服。

（3）湿热下注型

①治则 清热解毒,燥湿举陷。

②方药 升阳除湿汤。升麻 40 克,柴胡 40 克,防风 40 克,麦芽 40 克,泽泻 20 克,苍术 30 克,神曲 40 克,茯苓 30 克,甘草 20 克,木香 30 克。共研为细末,开水冲调,候温灌服。

（4）胃肠积滞型

①治则 润肠通便,养血理气。

②方药 通关散。郁李仁 50 克,升麻 30 克,桃仁 30 克,当归 30 克,羌活 30 克,大黄 20 克,皂角 15 克,防风 15 克。共研为细末,开水冲调,候温加入植物油 200 毫升灌服,每天 1 剂,连用 2～3 天。

【针灸治疗】 电针后海、百会,或两侧肛脱穴,通电 20～30 分钟,每天 1 次,连用 3～7 天。

火针以百会为主穴,后海为配穴。

关 节 炎

关节炎是关节滑膜层的渗出性炎症,其特征是滑膜充血、肿胀,有明显渗出,关节腔内蓄积多量浆液性或浆液纤维素性渗出物。按照病程长短可分为急性和慢性关节炎 2 种。牛以膝关节及跗、腕、系关节炎常见。

本病的共同症状为:急性关节炎表现关节肿大,局部增温、疼痛。站立时患肢屈曲,不能负重,呈悬垂状或蹄尖着地。运动时呈轻度或中度以支跛为主的混合跛行。慢性关节炎炎症症状不明显,无热、无痛,但可见关节积液或关节畸形,硬性肿胀,运动受到限制,步幅较小,跛行一般较轻。脓性关节炎表现关节肿大、温热和波动,关节穿刺时可见关节滑液混有脓液,同时有体温升高、脉搏增数、食欲减少、精神萎靡等全身症状。站立时患肢屈曲,不能负重,以蹄尖着地。运动时呈中度或高度混合跛行,或呈三脚跳。

膝关节炎表现疼痛剧烈,关节肿大,关节液增多,运步跛行,同时可听到摩擦音;慢性者则见关节液蓄积,关节变形,运步跛行,邻近肌肉组织萎缩。

跗关节炎表现关节肿大,关节液增多,有波动感,跛行较轻。

腕关节炎以桡腕关节较易患病,病肢在弛缓时波动感明显。

系关节炎表现渗出液增多,关节变大,有不同程度的跛行。

【病　因】　主要由饲养管理不当和病原微生物侵袭导致。如母牛在新陈代谢紊乱的情况下,机体血清中钙、磷、镁、胡萝卜素含量异常,尤其是年产奶量在 5 000 千克以上的母牛更易发病。此外,舍饲牛不遵循兽医卫生保健要求饲养也是促成本病发生的原因,如饲养密度过大、光照不足、缺乏运动、牛舍粪便清理不及时、更换垫草不及时、牛舍的单栏牛位过于短小等,在此情况下极易发生挫伤、扭伤、脱位等机械性损伤。布鲁氏菌病、牛副伤寒、传染性胸膜肺炎、乳房炎、产后产道感染时,病原微生物经血液循环侵犯关节组织,也是导致本病发生的原因。

【辨　证】　中兽医认为本病是由风、寒、湿引起的肢体疼痛、麻木或关节肿痛,属于中兽医学痹证范畴,轻者步行困难,重者四肢下部厥冷,损及肝肾卧地难起。病因病理由于体质条件,气候寒冷,栏地潮湿,牛棚进风,饲养管理失宜。水谷之不足,则损伤真气。脉中失营,脏腑少注,不能外营四肢,损伤卫气,不能抵抗外邪。风、寒、湿、邪乘虚而入,流注经络,使气血凝滞而成本病。本病可分为以下证型。

1. 风胜行痹型　关节酸痛,游走不定 ,屈伸不利,或有恶风寒发热,苔薄,脉浮。

2. 寒胜痛痹型 关节疼痛较剧,痛有定处,关节屈伸不利,痛处皮肤不红、不热,得热则舒,遇寒加剧,舌苔白,脉弦紧。

3. 湿胜着痹型 肌肤麻木,肢体疼痛沉重,痛处固定不移,活动不便,舌苔白腻,脉濡缓。

4. 风湿热痹型 关节红肿疼痛,得冷稍舒,痛不可触,或发热恶风,口渴,烦闷不安,苔黄,脉数。

【中药治疗】

1. 风胜行痹型

(1)治则 祛风通络,散寒除湿。

(2)方药 防风 30 克,当归 30 克,赤芍 40 克,秦艽 30 克,葛根 30 克,羌活 30 克,桂枝 30 克,甘草 18 克。开水冲调,候温灌服,每天 1 剂,连用 4~6 天。

2. 寒胜痛痹型

(1)治则 温经散寒,祛风除湿。

(2)方药 桂枝 30 克,当归 30 克,白芍 40 克,白术 30 克,羌活 30 克,独活 30 克,威灵仙 30 克,防己 30 克,甘草 15 克。开水冲调,候温灌服,每天 1 剂,连用 4~6 天。

3. 湿胜着痹型

(1)治则 利湿活络,祛风散寒。

(2)方药 薏苡仁 50 克,川芎 30 克,当归 25 克,麻黄 18 克,桂枝 25 克,苍术 30 克,生姜 20 克,甘草 18 克。开水冲调,候温灌服,每天 1 剂,连用 4~6 天。

4. 风湿热痹型

(1)治则 清热利湿,活血祛风。

(2)方药 生石膏 60 克(先煎),知母 30 克,甘草 9 克,粳米 40 克,桑枝 30 克,桂枝 20 克,忍冬藤 60 克,连翘 30 克,威灵仙 40 克,赤芍 30 克。开水冲调,候温灌服,每天 1 剂,连用 4~6 天。

【针灸治疗】 以关节患病所在部位的穴位为主穴,配合邻近相关穴位进行针灸。急性用血针,慢性选火针、灸熨。

1. 膝关节炎

(1)白针 掠草穴,或掠草穴、阳陵穴、阴市穴,留针 30 分钟。每天或隔天针刺 1 次,10 次为 1 个疗程,适用于变形性膝关节炎。

(2)血针 肾堂穴,放血 300～500 毫升。

(3)火针 掠草穴、尾根穴、百会穴,每隔 10 天施术 1 次。

(4)水针 关节腔内注射。膝关节屈伸 90°,常规剪毛消毒后,从内侧或外侧进针回抽无回血后,缓慢注入正清风痛宁注射液。每次 4～8 毫升,隔天注射后停止运动 10～30 分钟。

2. 跗关节炎

(1)血针 曲池穴,放血 300～500 毫升。

(2)烧烙术 烧烙曲池穴或患部。

3. 肘关节炎 白针或火针掩肘穴、乘蹬穴、肘俞穴。

关节滑膜炎

关节滑膜炎是由于关节部微循环不畅造成的以关节积液为主要症状的无菌性炎症。膝关节是全身关节中滑膜最多的关节,故滑膜炎以膝关节为多见,其与中兽医学的膝黄相近。

关节滑膜主要分布于关节周围,是包绕在关节周围的一层膜性组织,它不仅是一层保护关节的组织,而且还与关节腔相通,滑膜细胞所分泌的液体,为关节的活动提供了"润滑液",起到润滑和滋养关节的作用。关节液的产生和吸收是一个动态平衡,当出现关节液的重吸收障碍时,由于关节液产生和吸收之间的动态平衡被打破,关节液产生大于吸收,便会出现关节积液。

关节滑膜炎主要表现为关节充血肿胀、疼痛、渗出增多,关节积液和功能障碍等。急性期表现为关节周围肿胀,关节液增多,并有显著的疼痛，患肢负重或延伸时困难，呈现明显跛行。慢性期表现为关节增大、畸形，活动受到一定限制，长期跛行，呈"直腿行，膝上痛"之状。化脓菌感染时，除关节蓄脓外，并伴有全身症状。

【病　因】　当关节受到外部性（如关节直接受到机械性暴力打击、挫伤、骨伤、长期站立和负重的慢性劳损、间接膝关节扭伤、手术过程中的损伤、不正确的习惯动作、关节内损伤和周围软组织损伤等）和内在性（如骨质增生、关节炎、关节结核、风湿病、关节本身退行性病变、关节反张等）因素影响时，各种病因直接损伤或刺激滑膜，滑膜产生炎性反应，而滑膜对炎症刺激的反应就是滑膜充血、肿胀，滑膜细胞分泌增加，致使关节腔大量积液。正常关节滑液为碱性液体，由于损伤后渗出增多，关节内酸性产物堆积，滑液变为酸性，促使纤维素沉淀，如不及时清除积液，则关节滑膜由于长期炎症的刺激反应，促使滑膜逐渐增厚，且有纤维机化，引起粘连，影响关节正常活动。严格地说，只要关节内有渗出积液，就证明滑膜炎症存在。此外，患某些传染病，或圈床过硬造成部分表皮损伤，细菌侵入关节也可引起关节滑膜炎。

【辨　证】　中兽医学认为，关节滑膜炎属于痹证范畴，分为外伤及慢性劳损两方面。膝关节遭受骨折、脱位、韧带断裂、软骨损伤等创伤后，都可使关节滑膜同时受损。伤后积瘀积液，湿热相搏，使膝关节发热、胀痛、灼热、肌肉拘挛，关节屈伸障碍，形成急性滑膜炎；如受伤较轻，或长期慢性劳损，加之风寒、湿邪侵袭可使膝部逐渐出现肿胀和功能障碍，形成慢性滑膜炎。

1. 急性期　表现为关节周围肿胀，关节液增多，并有显著的疼痛，患肢在负重或延伸时困难，呈现明显跛行。

2. 慢性期　表现为关节增大、畸形，活动受到一定限制，长期跛行，呈"直腿行，膝上痛"之状。化脓菌感染时，除关节蓄脓外，并伴有全身症状。

【中药治疗】

1. 急 性 期

(1)治则 活血化瘀,祛腐生新,消肿止痛。

(2)方药 加味芍药甘草汤。白芍 35～50 克,炙甘草 15～30克,丹参 40～60 克,川芎 30～40 克,葛根 40～60 克,桂枝 30～40克,杜仲 40～50 克,牛膝 20～35 克,木瓜 25～40 克。水煎灌服,每天 1 剂,连用 3～5 天。药渣再加水和食醋适量,煎煮后熏洗患处。

2. 慢 性 期

(1)治则 祛风燥湿,利水消肿,强壮肌筋。

(2)方 药

方剂一:黄柏 50 克,大黄 50 克,川续断 50 克,木瓜 50 克,伸筋草 50 克,土茯苓 50 克,萆薢 50 克,独活 25 克,防风 25 克,薏苡仁 25 克。水煎服,每天 1 剂,连用 3～5 天。

方剂二:金银花 50 克,连翘 50 克,牛膝 50 克,大血藤 50 克,木瓜 50 克,苍术 50 克,防风 40 克,荆芥 40 克,桔梗 40 克,枳壳 40克,前胡 40 克,川芎 40 克,羌活 40 克,独活 40 克,茯苓 40 克。共研为细末,开水冲调,加入黄酒 200 毫升为引,候温一次灌服,每天1 剂,连用 3～5 天。

【针灸治疗】 软肿者(急性),膝眼穴中宽针穿刺,挤出黄水,针孔严格消毒,施加压迫绷带,露出针孔引流;或穿刺吊黄;或宽针穿刺后,复用锥形烙铁烫烙针孔。硬肿者(慢性),醋酒灸患部,施术 1～3 次,硬肿较重者,烧烙治疗(先由患部周围画烙,然后烙患部,直到皮肤发黄为度)。

血针以膝脉为主穴,配蹄头、缠腕、蹄门穴,只针患肢。口色赤气重者加刺鹘脉血。

于软肿处施以火针,放出黄水。

面神经麻痹

面神经麻痹又称歪嘴风、吊线风,是指面神经外感风邪或因外力损伤而引起的以面部肌肉功能障碍为主要特征的病证。一侧患病时,主要表现为患侧肌肉松弛,耳、口、鼻、眼睑歪向健侧,口角流涎,舌尖外露。两侧患病者,主要表现为头部浅表肌肉松弛,颊周围和鼻部皱襞消失,颜面变平,两耳、口唇下垂,两眼半闭,眼睑反射消失,对声音刺激反应减弱,采食、饮水、呼吸困难,有口涎自口角流出。

【病　因】　产生麻痹的病因很多,可由炎症或邻近组织病变引起,或因损伤、肿瘤、外感风邪,使面神经功能受损所致。

1. 感染　感染性病变多是由潜伏在面神经感觉神经节内处于休眠状态的带状疱疹病毒被激活所致。另外,脑膜炎、腮腺炎、流行性感冒、中耳炎、疟疾、多发性颅神经炎、局部感染等均可引起。

2. 创伤　头部骨折、面部外伤、头颈肿瘤、外科手术及面神经分布区神经毒性药物的注射是创伤性病因中最常见的。

3. 特发　因为疲劳及面部、耳后受凉、受风引起。

4. 其他　长期接触有毒物质的中毒;糖尿病、维生素缺乏的代谢障碍;血管功能不全、脑血管病;颅内非创伤性神经源性疾病及先天性面神经发育不全等均可引起本病。

【辨　证】　根据病因、临床症状将本病分为2种证型。

1. 外伤型　多因机械性损伤,如笼头或颈圈过紧压迫及侧卧时挣扎、保定、摔倒、硬物碰撞、鞭打等损伤引发,肿瘤、局部肿胀等压迫也可引起。病牛表现以患侧耳壳、眼睑、鼻孔、上下唇歪向健侧为特征。

2. 外感风邪型　多因饲养失调,体质虚弱,劳役过度,役后带汗拴系屋檐之下、过道之中,风邪乘虚侵入头面肌肤经络,致使气血凝滞而口眼歪斜,口色淡白,脉浮紧。

【中药治疗】

1. 外伤型

(1)治则 活血化瘀,舒筋通络。

(2)方药 加味牵正散。防风 40 克,川芎 40 克,当归 40 克,羌活 30 克,白附子 20 克,僵蚕 20 克,全蝎 20 克。共研为细末,开水冲调,加入黄酒 250 毫升,候温一次灌服,每天 1 剂,连用 3～5 天。

2. 外感风邪型

(1)治则 祛风解表,舒筋通络。

(2)方 药

方剂一:加减追风散。炙黄芪 60 克,当归 50 克,防风 35 克,荆芥 30 克,红花 30 克,川芎 30 克,乳香 30 克,蝉蜕 25 克,薄荷 25 克,乌蛇 25 克,蔓荆子 25 克,全蝎 20 克,僵蚕 20 克,羌活 20 克,独活 20 克,制川乌 20 克,细辛 10 克。共研为细末,开水冲调,加入黄酒 250 毫升,候温一次灌服,每天 1 剂,连用 3～5 天。

方剂二:天麻散。天麻 50 克,当归 40 克,茯神 40 克,柴胡 35 克,蝉蜕 30 克,僵蚕 30 克,防风 30 克,荆芥 30 克,远志 30 克,石菖蒲 30 克,制南星 30 克,独活 30 克,川芎 30 克,藿香 25 克,藁本 25 克,全蝎 20 克,制川乌 20 克。共研为细末,加入黄酒 200 毫升,温水调灌。

【针灸治疗】 电针为主,白针、水针、火针等均可应用。

1. 电针 开关为主穴,配抱腮穴;或锁口穴透开关穴,配抱腮、上关、下关、承浆、翳风、挺耳等穴,每次 2 个穴位,可均在患侧用针,也可患侧、健侧同时用针,通电 20～30 分钟,每天或隔天 1 次,6～10 次为 1 个疗程。

2. 白针 开关为主穴,配抱腮、锁口穴,三穴可相互透刺;翳风、天门、上关、下关等穴也可加用。

3. 水针　开关为主穴,配锁口、抱腮穴,每穴注入 10% 葡萄糖注射液 10～20 毫升;或维生素 B₁ 注射液 5 毫升;或 0.2% 硝酸士的宁注射液 10 毫升等。

4. 火针　开关、抱腮为主穴,配锁口、上关、下关等穴。

5. 温熨　患侧腮颊部用温醋涂湿,盖上用温醋浸湿的毛巾,再用烧红的方形烙铁,沿锁口、开关、抱腮穴反复熨烙,巾干加醋,烙铁勤换,直至耳根微汗为度。

6. 埋线　在面神经径路上选一点,剪毛消毒后,用羊肠线穿过神经干打结(不可过紧,以免过度压迫神经)。

7. 艾灸　取开关、抱腮、耳尖、耳根、风门等穴。

肩胛上神经麻痹

肩胛上神经麻痹是由于肩胛上神经受损而引起的肩胛部肌肉功能障碍性疾病。

【病　因】　由于肩胛上神经的位置、分布和起源围绕着肩胛颈部,而该部位极易受到损伤。多由于外界强烈刺激,如跌倒、猛进、打碰、滑走、跑步中骤然回转或停止撞击后颈区或肩区而受损伤,或被分隔栏损伤,或颈圈或颈枷不良摩擦等,使肩胛骨前缘下 1/3 处的神经受损伤而诱发。或在该部粗心注射刺激性物质或皮下注射继发的蜂窝织炎都可能引发本病。

【辨　证】　站立时肩关节偏向外方与胸壁离开,胸肩的中间出现约手掌大凹陷,肘关节明显向外方突出,如提举对侧健侧使患肢负重,则此症状更加明显。运动时患肢提举无明显异常,或出现环行步,步幅缩短,但负重时肩关节明显外偏。若延误治疗,病牛有肩部肌肉萎缩和肩胛过度松弛的症状。

【中药治疗】

1. 治 则 活血散瘀,舒筋通络。

2. 方 药

方剂一:威灵仙散。威灵仙 45 克,木瓜 40 克,当归 35 克,牛膝 35 克,红花 30 克,川芎 30 克,乳香 30 克,没药 30 克,防风 30 克,羌活 20 克。共研为细末,开水冲调,加入黄酒 250 毫升,候温一次灌服,每天 1 剂,连用 3~5 天。

方剂二:蒲黄散。蒲黄 30 克,当归 45 克,牛膝 35 克,杜仲 30 克,红花 30 克,川芎 30 克,苍术 30 克,乳香 20 克,没药 20 克,血竭 15 克,金银花 30 克,蒲公英 30 克,甘草 15 克。共研为细末,开水冲调,加入黄酒 250 毫升,候温一次灌服,每天 1 剂,连用 3~5 天。

【针灸治疗】

1. 白针、电针或水针 取抢风、冲天、膊尖、膊栏、肺门、肺攀、膊中、肩井等穴。

2. TDP 肩胛部照射,每天 20~30 分钟。

3. 水针疗法 可用 0.2% 硝酸士的宁注射液 10 毫升,维生素 B_1 注射液 10 毫升,混合后在患肢的膊中、中腕穴分点注射,每天 1 次,连用 7 天为 1 个疗程。

桡神经麻痹

桡神经麻痹是桡神经受到损伤而引起的前肢伸肌功能障碍性疾病。运动时患肢牵伸困难,着地时因肘关节、腕关节不能固定而呈过度屈曲状态。

【病 因】 本病主要由外伤所引起,如翻车、挫伤、跌倒、踢蹴、骨折及分隔栏损伤等。长时间横卧保定进行手术或修蹄时,由于地面坚硬,下位肢体局部受压也可引发患病。此外,年老体弱、气血不足、过劳、感冒等疾病存在时更易继发本病。

【辨 证】 根据临床症状可分为以下 2 种证型。

1. 全麻痹 站立时,肩关节过度伸展,肘关节下沉,腕关节、指关节屈曲,掌部伸向后方,以蹄尖壁着地,患肢变长。负重时,除肩关节外,其余关节均呈屈曲状态,患肢不能负重,呈向前方突出的弓状姿势。人为固定腕关节和球关节,患肢可负重,但撤去外力或患肢重心改变时,又恢复原状。运动时,患肢提举不充分,呈现以蹄尖壁拖地而行的严重跛行,可见大点头。触诊臂三头肌和腕、指的伸肌均弛缓无力,患部皮肤痛觉降低,久则肌肉萎缩。

2. 不全麻痹 站立时,无明显异常,患肢尚可负重,有时肘部肌肉出现颤抖现象。运动时,患肢关节伸展不充分,有些摇晃,运动缓慢。负重时,关节软弱无力呈屈曲状,尤其在不平道路和快步运动时更为明显。

【中药治疗】

1. 治则 活血散瘀,舒筋通络。

2. 方 药

(1)外用方药 伸筋草酒。伸筋草 60 克,透骨草 60 克,防风 50 克,荆芥 30 克,千年健 30 克,生蒲黄 30 克,地肤子 30 克,五加皮 30 克。共研为细末,用 75%酒精浸泡后取上清液涂擦患部,适当按摩,并以热酒糟患部温熨,每天 1 次,连用 5～7 天。

(2)口服方药

方剂一:补骨脂散。炒补骨脂 40 克,当归 35 克,川续断 35 克,川芎 30 克,乳香 20 克,没药 20 克,苍术 30 克,炒杜仲 30 克,牛膝 35 克,红花 30 克,血竭 12 克,生蒲黄 20 克,黄柏 30 克,连翘 20 克,炙骨碎补 30 克,生姜 20 克,甘草 15 克。共研为细末,开水冲调,加入黄酒 250 毫升,候温一次灌服,每天 1 剂,连用 3～5 天。

方剂二:活血散瘀汤加减。威灵仙 30 克,当归 25 克,川芎 25 克,桃仁 25 克,红花 20 克,乳香 20 克,没药 20 克,土鳖虫 20 克。

水煎去渣,加入黄酒 200 毫升,候温一次灌服。

方剂三:三痹汤。黄芪、川续断、独活、秦艽、防风、川芎、当归、白芍、牛膝、杜仲、潞党参、熟地黄各 50 克,甘草、细辛、肉桂各 15 克。水煎口服,每 2 天使用 1 剂,连用 4～6 剂。

【针灸治疗】

1. 白针或电针　取抢风、冲天、肘俞、天宗、肩井、承重、肩俞、肩外俞、前三里等穴。

2. 水针　取抢风、前三里穴,每穴注射 0.2% 硝酸士的宁注射液 5 毫升,或自家血 10 毫升,或维生素 B_1 注射液,或当归注射液。

3. 火针　取抢风、肘俞穴。

4. 火罐　宽针急刺抢风穴后,再行拔火罐。

坐骨神经麻痹

坐骨神经麻痹是由于坐骨神经受到损伤,致使其支配的肌肉群功能发生障碍的一种疾病。牛时有发生。

【病　因】　引起本病的原因有中枢性和外周性 2 种。外周性多见,常由机械性损伤所致,如突然滑倒、剧伸、碰撞、骨折(骨盆、髋骨、股骨)、保定不当、深部脓肿、肿瘤、血肿、异物对神经的压迫等,卧地过度潮湿、患生产瘫痪和布鲁氏菌病等也可引发本病,医源性臀部注射刺激性药物或针刺本身均可引起坐骨神经损伤,特别是犊牛更易发生。

【辨　证】　病牛站立时后躯各关节弛缓、下垂或降低,呈半屈曲状态,球关节突出,常以趾关节和球关节背侧着地站立,肢显过长,将患肢放于正常位置时,仍能支持体重。运动时后躯各关节伸展异常,球节以下屈曲,患肢前伸缓慢,向外划弧,趾部拖拉前进,落地负重时臀部下沉,呈现特异的支跛。触诊股四头肌、股部、胫部皮肤知觉减退或消失,病程过久则股四头肌弛缓,甚至萎缩。

【中药治疗】

1. 治则　活血散瘀,舒经通络。

2. 方药　牛膝大黄散。川牛膝 50 克,熟大黄 30 克,当归 30 克,红花 30 克,土鳖虫 30 克,炙骨碎补 30 克,地龙 30 克,乳香 20 克,没药 20 克,自然铜(煅)20 克,甘草 20 克,血竭 15 克。共研为细末,开水冲调,加入黄酒 250 毫升,候温一次灌服,每天 1 剂,连用 3~5 天。

【针灸治疗】

1. 水针　取大胯、小胯、巴山、仰瓦穴,任选 1~2 穴,每穴注射 0.2%硝酸士的宁注射液 5 毫升或自家血 10 毫升。

2. 白针、火针、电针　取百会、肾俞、肾棚、巴山、路股、大胯、小胯、邪气、汗沟、仰瓦、牵肾穴,每次选 2~4 穴,若电针每次通电 20 分钟,每天 1 次,连用 3~5 天。

蹄　裂

蹄裂又称风蹄、裂蹄,为蹄壁角质破裂性疾病。

轻症病牛蹄甲表面粗糙干枯,蹄型变大,蹄壁表面可看到较深的裂纹,行走支跛,站立歇蹄,腰曲头低,蹄甲生长快,经年常拐。重症随患蹄着地,裂口同时张大,有淡血水从裂纹内渗出,时间延长化脓后流出脓液,久不收口,出现高度支跛,严重影响牛的健康和使役。

【病　因】　多因护蹄不当、长蹄失修、削蹄不平、蹄壁负面过度磨灭,负重不均及长期劳役造成蹄角质干枯或脆弱等原因引起蹄甲断裂。当蹄陷于狭窄的缝隙中时可发生急性蹄裂。

【辨　证】　根据病因和主证可分为损伤型和血虚型 2 种证型。

1. 损伤型　多因管理不善,蹄部长期受粪、尿侵蚀,或受风寒吹冻,蹄角质过干,或干湿急变,使蹄角质失去其固有的弹性;或长期在不平、坚硬的道路上使役,蹄受地面的冲击和偏压;或因削蹄不平、蹄形不正、蹄匣过长等所致。蹄匣部角质出现深浅不等、长短不一、形状不同的裂缝。严重者,从裂缝中流出血液,趾动脉搏动强盛,蹄温升高。

2. 血虚型 多因劳伤、久病耗伤气血,或饲喂不当,脾胃虚弱,肾水不足,肝血不足,不能荣养蹄甲引起。蹄甲干枯、蹄角质脆弱,同时可能出现痉挛抽搐,眼目干涩、夜盲等,口色淡白,脉弦细。

【中药治疗】

1. 外治 猪油120毫升(熬油去渣),生姜60克,核桃仁(烧灰)45克,甘草末30克。混合,熬制成膏,涂在蹄甲裂缝上,用烙铁微烙,隔日1次。

或用熔碎的黄蜡趁热灌注裂缝,然后装松馏油绷带(即绷带上涂松馏油),隔5~8天换蜡1次。

裂纹处涂乌金膏(紫矿75克,沥青75克,血余炭25克,黄蜡250克,将药物置于锅内,熔化成膏),并用烙铁微烙。

2. 内治

(1)治则 养血补气,滋阴润燥。

(2)方药 八珍汤加减。熟地黄60克,当归50克,白芍30克,川芎30克,党参35克,土炒白术30克,茯苓30克,山药30克,牡丹皮30克,甘草15克。共研为细末,开水冲调,加蜂蜜120克、黄酒250毫升、童便1碗为引,一次灌服,每天1剂,连用3~5天。

腕前黏液囊炎

腕前黏液囊炎又称腕部水瘤或膝瘤,为牛的常见病,表现黏液囊呈椭圆形或圆形局限性肿胀,波动明显。

【病　因】　按牛的习惯,起卧时是先将腕关节前部跪于地面,然后由后肢起卧。所以,当地面坚硬而粗糙、牛床不平、垫草不足或不铺垫草时,腕关节前部表面经受长期反复钝性机械性外力的摩擦损伤而受到挫伤,使黏液囊血管充血渗出,而且牛体抬起后躯之前要将身体前后摆动,因此每次都有可能出现腕关节前部表面碰撞地面、饲槽的现象,这是引起本病的主要原因。另外,长期趴卧的病牛、患布鲁氏菌病的牛也易患本病。中兽医则认为是外伤腕部,血郁不散而成腕黄。在暑热炎天、劳役过重时,热毒积于腕部,也可郁结成黄。

【辨　证】　根据临床症状和病因可分为急性型和慢性型。

1. 急性型　局部出现局限性、波动性肿胀,肿胀呈圆形或卵圆形,患处增温、疼痛,随着渗出液的增多和变性,肿胀明显,波动感增强,皮肤能够移动,触诊肿胀处初呈捏粉状,后能听到捻发音,患肢功能障碍不明显。

2. 慢性型　腕关节背侧出现排球大小的隆起,囊壁紧张、肥厚,肿胀硬固,疼痛感下降,皮肤被毛卷曲或脱落,进而皮肤硬化或角化,穿刺液多透明,含有纤维蛋白性絮状物,患肢出现功能障碍。

【中药治疗】

1. 急性型

(1)治则　清热解毒,活血化瘀。

(2)方药　外用雄黄拔毒散治疗。雄黄25克,栀子30克,大黄30克,黄柏30克,五灵脂25克,没药25克。共研为末,用醋调,涂于纱布上包扎患部。

2. 慢性型

(1)治则　活血化瘀,消肿散结。

(2)方药　外用加味四生散治疗。生草乌20克,生川乌20克,生半夏20克,生天南星20克,川椒20克,硫黄20克。上药捣成泥状后加食醋、浓米汤熬成糊状,待温(45℃)后敷贴肿胀处,外加压迫绷带。敷 24 小时后拆除绷带,隔日再敷。

口服葛根汤加味。葛根 50 克,麻黄 40 克,甘草(炙)4 克,白芍 40 克,桂枝 40 克,生姜 50 克,大枣 20 枚,苍术 40 克,茯苓 40 克。水煎 2 次,过滤混合煎液,候温一次灌服,每天早、晚各 1 剂,连用 6～10 剂。

【针灸治疗】

1. 血针　腕脉穴。

2. 烧烙　先将患部消毒,用宽针刺开,随即用铁棒烧红烙其刺破口,放尽黄水。1～2 次可愈,适用于腕黄软者。

腐蹄病

腐蹄病又称蹄糜烂、蹄叉腐烂,为蹄叉角质及其深层发生腐烂坏死、流出灰黑色恶臭液体或充满灰褐色渣滓的疾病。属中兽医漏蹄的范畴,是牛常发的一种蹄病。

病牛病初患蹄尚能负重,运步时虚行下地,呈现支跛,特别是在硬地或石子路上行走时,跛行更为明显。后期患蹄不敢踏地,呈高度支跛,步行困难,多卧少立。触诊蹄部早期增温,指动脉亢进,用检蹄器敲打蹄底或钳夹患部两侧表现疼痛。

【病　因】　本病主要是因牛栏过度阴暗潮湿,粪、尿未及时清除,环境泥泞,牛蹄长期被污水、粪、尿浸渍,致使角质软化,蹄底过度磨损感染细菌,促成蹄底腐烂所致。久不修蹄,蹄形不正,蹄底负重不均,牛蹄被碎石块、异物茬尖等刺伤后被污物封围,形成缺氧状况,也是导致本病发生的因素。天气寒冷,缺乏运动,气滞血瘀,发而为肿,日久化而为脓,蹄溃肉腐,从而引发本病。

【辨　证】　根据病因和临床症状常分为 2 种类型。

1. 湿漏　多因气候湿热,圈舍不洁,蹄胎被粪、尿侵蚀,或久行泥泞道路,湿毒侵入蹄胎,或因蹄底外伤,蹄毒内侵,致使蹄部瘀血凝滞,久则腐烂成漏。症见蹄胎有大小不同的漏洞,充满或流出灰黑色液体或脓血,有难闻的腐臭味。

2. 干漏 多因牛伤力过度,或在水泥地面的圈舍饲养,蹄底磨损过度,或因蹄底嵌入异物,日久气血运行受阻,蹄胎失于润养所致。症见蹄心或白线处干枯,用蹄刀挖削蹄底,可见灰褐色铅末状渣滓。

【中药治疗】 本病主要采用外治法,配合口服中药、针灸调理。

1. 外治 无论湿漏、干漏均应先挖削蹄底,除净异物、腐肉、脓血和腐败渣滓后,用1‰高锰酸钾溶液或3‰过氧化氢溶液彻底清洗、消毒患部,酒精棉球擦干后再用以下方法处理:①雄黄、枯矾等量,加少许血余炭,共研为极细末,过筛,局部撒布,用黄蜡封闭创口,包扎蹄绷带。②香油100毫升,烧热后炸花椒10克,晾至约60℃倒入蹄心患处;再用烟叶末将蹄心填满,把黄蜡置于勺内熔化后倒入创内,包扎蹄绷带。③将磺胺粉、血竭粉以3:1的比例混合研末,即成磺胺血竭散,撒于患部,用黄蜡封闭,包扎蹄绷带。④乳香、没药、松香各100克,透骨草25克,香油200毫升。前4味药共研为极细末,加入香油,用微火煎熬成活血止痛膏。用药膏将患部空隙填平,再用脱脂棉及黄蜡封口,包扎蹄绷带。⑤枯矾、龙骨、雄黄各等份,共研为极细末,即成枯矾散,撒布创面,包扎蹄绷带。⑥血竭30克,桐油120毫升。将桐油煮沸,加入血竭熔化,搅匀制成血竭桐油膏,趁热涂于创面或灌满空洞,绷带包扎。

2. 内治

(1)治则 解毒提脓,防腐生肌。

(2)方药 加味消疮饮。金银花60克,连翘50克,浙贝母40克,天花粉30克,白药子30克,赤芍30克,防风30克,白芷30克,陈皮30克,当归30克,乳香20克,没药20克,甘草15克。共研为细末,开水冲调,候温一次灌服,每天1剂,连用3~5天。

【针灸治疗】

1. 血针　蹄头为主穴,涌泉、滴水、缠腕为配穴。

2. 激光　烧烙患部。

3. 烧烙　烧烙涌泉穴或患部,烙前矫正修蹄,并除去患部坏死、腐烂物质,烙后以油涂擦。

蹄 叶 炎

蹄叶炎又称蹄真皮炎,是发生在蹄壁真皮小叶层的一种浆液性、弥漫性、无菌性炎症。其临床特征是蹄角质软弱、疼痛和不同程度的跛行。属于中兽医学五攒痛的范畴,五攒痛是指病牛因四蹄疼痛,不堪负重,站立时前肢后伸,后肢前伸,四肢攒于腹下,弓腰低头,五处攒集而言。临床上牛多发于两前肢,也有四肢同时发病者。

本病多取急性经过,以突然发病、疼痛剧烈、功能障碍显著为特征。症见病牛精神沉郁,头低背弓,眼闭站立,四肢收于腹下,频频交替负重,站立不稳;运步时四蹄拘急,高度跛行,呈"五攒痛"状,特别是在硬地上。病牛因剧烈疼痛而出现颤抖和出汗,两前肢跪地或卧地不起。患肢指(趾)动脉搏动亢进,触诊蹄温增高,以蹄钳敲打或钳压蹄壁时,疼痛反应明显。体温升高,呼吸促迫,脉搏增数。

【病　因】

1. 原发性　主要是因大量喂给酸性饲料、含蛋白质过多的饲料以及谷物、精饲料饲喂过多而粗饲料饲喂太少而引起,氨基酸代谢紊乱也会导致发病。过量采食谷物等高碳水化合物饲料可引起急性蹄叶炎,长期饲喂高能量饲料能诱发慢性蹄叶炎。

2. 继发性　在胃肠炎症中,黏膜受到破坏,屏障作用减弱,胃肠内容物的代谢产物和毒素被吸收到血管内,引起血管的变化;持续而不合理的过度负重；某些药物如抗蠕虫药和含雌激素高的牧草引发的变态反应；严重的子宫炎、乳房炎、酮病、瘤胃酸中毒、妊娠毒血症、胎衣不下等；运动少、卫生条件差等都是诱发蹄叶炎的原因。

【辨 证】 根据病因、病理变化和临床症状可分为以下 3 种证型。

1. 料伤型 多因过食精饲料，缺乏运动，饮水不足，胃肠阻滞，使病牛运化功能障碍，谷料毒气（料毒）凝于胃肠，吸入血液，随血脉运行于四肢末梢，凝滞于蹄部而发生瘀血疼痛。此外，急肠黄、结证、时疫感冒、结核病、传染性胸膜炎等常可继发本病。病牛除共有症状外，尚有食欲大减，或只吃草而不吃料，舌红而苔黄，粪便干燥，被覆黏液，或粪稀带水，有酸臭味。

2. 走伤型 多因长途运输，负载过重，奔走过急，卒至卒拴，失于牵遛，致使气血凝于胸膈和四肢；或因车船长途运输，站立不稳，四肢强力负重，使四肢血脉旺盛，流注于蹄，凝滞不散；或一侧肢疼痛，健肢长期负重，蹄壁真皮受机械刺激而发病。此外，护蹄不良，削蹄不当，装蹄失宜，亦可诱发本病。病牛除共有症状外，尚有束步难行、运步快、步幅短的表现。

3. 败血凝蹄型 主要因蹄叶炎失治或误治，日久瘀血下注蹄胎，患肢蹄甲出现焦枯、裂纹，蹄壁坚硬。此时，体温升高、疼痛与跛行症状减轻，蹄形变为芜蹄（蹄前壁和蹄冠凹陷，蹄尖翘起，蹄轮密集，蹄踵变直），或蹄壳脱落。使役能力降低或完全废役。

【中药治疗】

1. 料伤型

（1）治则 消积宽肠，行瘀止痛。

（2）方药 红花散加减。红花 30 克，当归 30 克，没药 20 克，桔梗 30 克，黄药子 30 克，白药子 30 克，神曲 50 克，麦芽 60 克，焦山楂 45 克，枳壳 30 克，厚朴 30 克，陈皮 30 克，甘草 15 克。共研为末,开水冲调,候温加入蜂蜜 120 克、鸡蛋清 5 枚,一次灌服,每天 1 剂,连用 3~5 天。

2. 走 伤 型

(1)治则　活血顺气,破滞开郁。

(2)方药　茵陈散。茵陈 35 克,当归 40 克,红花 30 克,没药 25 克,桔梗 30 克,紫菀 30 克,杏仁 25 克,柴胡 30 克,青皮 30 克,陈皮 30 克,甘草 15 克。共研为末,开水冲调,候温加入黄酒 120 毫升,一次灌服,每天 1 剂,连用 3~5 天。

3. 败血凝蹄型

(1)治则　养血润蹄,活血散瘀。

(2)方药　活血散瘀散。当归 60 克,制乳香 30 克,制没药 30 克,川芎 30 克,牡丹皮 30 克,牛膝 30 克,红花 30 克,桃仁 30 克,桂枝 25 克,甘草 15 克。共研为末,开水冲调,候温加入黄酒 120 毫升,一次灌服,每天 1 剂,连用 3~5 天。

外治本病则可用以下方法:①血余炭膏。血余炭 10 克,松香 30 克,黄蜡 45 克,将血余炭、松香研末,加入熔化的黄蜡调成膏。修蹄后,将膏药涂于蹄心、蹄壁,用烙铁烧烙,数日后换药 1 次。②如圣膏。猪脂 200 克(熬油去渣),生姜 100 克,核桃仁 75 克(烧炭),炉甘石 50 克(为末),将上药置于锅内,用文武火熬成膏,先用温水洗净患蹄,待干后涂膏于蹄上。也可用乌金膏。

【针灸治疗】　先削蹄矫正蹄形。以血针为主,四蹄头穴为主穴,每蹄大量放血(50~100 毫升)。前蹄痛,加放胸堂血 500 毫升,刺前缠腕穴;后蹄痛,加放肾堂血 500 毫升,刺后缠腕穴。蹄头穴泻血量少者,加刺蹄门穴。急性期病牛还可放鹘脉血 1 000~2 000毫升。

风 湿 病

　　风湿病是常有反复发作的急性或慢性全身性结缔组织的炎症,临床上以胶原结缔组织发生纤维蛋白变性和骨骼肌、心肌及关节囊中的结缔组织出现非化脓性局限性炎症为特征。多因畜体阳气不足,外卫不固,再逢气候突变,夜露风霜,阴雨苦淋,久卧湿地,穿堂贼风,劳役过重,趁热渡河,带汗揭鞍时,风寒湿邪乘虚侵袭皮肤、流窜经络,侵害肌肉、关节、筋骨,遂成本病。其共同症状为肌肉、关节肿痛,皮紧肉硬,屈伸不利,四肢跛行,跛行随运动而逐渐减轻。重则关节肿大、变形、肌肉萎缩、麻木,甚至卧地不起。

　　牛遇风寒后常突然发病,不愿活动,食欲减退或废绝,病初体温升高至 40℃～41.5℃,脉搏加快,四肢和腰部肌肉肿胀,全身关节热痛,跛行,运动后或天气好转后病状减轻或消失。风湿因发生部位不同而表现不一。颈部风湿,可见病牛颈部发硬疼痛。若一侧发病,则歪向疼痛一侧,俗称歪脖子;如发生在两侧,则头颈伸长、僵直,低头困难。腰部风湿,可见病牛腰部僵硬,疼痛无力,步幅小,步态强拘,转弯困难。发生在四肢,则病牛腿瘸,常交替发生,腿伸屈起立困难,患肢僵硬发肿,跛行,常随运动或晴天而好转,而遇冷天又犯。

　　【病　　因】　风湿病的病因迄今尚未完全阐明,一般认为风湿病是一种变态反应性疾病,并与溶血性链球菌感染有关。而中兽医认为是由于机体受到风、寒、湿三类致病因素的侵袭,致使经络阻塞、气血凝滞,引起肌肉关节病变的一类证候,属痹证范畴。本病多发生于冬、春季。

　　【辨　　证】

　　1. 根据病邪特性分类　可分为以下 3 种类型。

　　(1)风痹(行痹)　风邪偏盛所致,症见关节或肌肉疼痛,疼痛游走不定,行无定处,四肢轮流跛行,腰背僵硬,运步困难,兼有恶寒发热、口色淡红,脉浮而缓。

(2)寒痹(痛痹) 寒邪偏盛所致,症见痛有定处,疼痛显著,得热痛减,遇冷加重。病多在腰胯及四肢,口色青白,脉弦而紧。

(3)湿痹(着痹) 湿邪偏盛所致,症见关节肿胀,四肢沉重,难于移动,呈黏着步样。疼痛较轻,痛处固定,或肿胀麻木,多发于四肢关节。口色白滑,脉沉而缓。

2. 根据病理过程分类 可分为以下2种类型。

(1)急性风湿 多因素体阳气偏盛,内有蕴热,又感风、寒、湿邪,里热为外邪所郁,湿热壅滞,气血不宣所致;或风、寒、湿三邪久留,郁而化热,壅阻经络关节,也可导致本病发生。症见发病急剧,肌肉或关节肿痛,有灼热感,运动时患肢强拘,提举困难,步幅缩短。伴有发热、出汗、颤抖、尿短赤、口色赤红、脉象滑数。

(2)慢性风湿 痹证日久,肝肾亏虚,气血不足,筋骨失养,可引起关节肿大、变形,但热痛不显,肌肉萎缩、筋脉拘急、运动失灵、易于疲劳,最后导致不能运动,卧地不起。

【中药治疗】

1. 风 痹

(1)治则 祛风养血,通络蠲痹。

(2)方药 防风散。防风50克,独活30克,羌活30克,当归40克,葛根50克,山药45克,连翘30克,升麻20克,柴胡20克,制附子20克,乌药25克,甘草15克。共研为细末,开水冲调,候温加入蜂蜜120克,一次灌服,每天1剂,连用3~5天。

2. 寒 痹

(1)治则 散寒温经,通络蠲痹。

(2)方药 通经活络散。当归40克,白芍30克,木瓜30克,牛膝35克,巴戟天30克,藁本30克,补骨脂30克,木通20克,泽泻30克,薄荷25克,桂枝25克,威灵仙30克,炙黄芪50克。共研为细末,开水冲调,候温入黄酒 250 毫升,一次灌服,每天 1 剂,连用 3～5 天。

3. 湿 痹

(1)治则 除湿利水,通络蠲痹。

(2)方药 薏苡仁汤加减。薏苡仁 80 克,独活 30 克,苍术 30 克,豨莶草 30 克,当归 30 克,川芎 25 克,威灵仙 25 克,桂枝 25 克,羌活 25 克,川乌 20 克。水煎取汁,加入黄酒 200 毫升,候温一次灌服,每天 1 剂,连用 3～5 天。

4. 急性风湿

(1)治则 清热祛风,除湿蠲痹。

(2)方药 桂枝石膏汤。石膏 150 克,桂枝 30 克,桑枝 30 克,知母 30 克,黄柏 30 克,赤芍 30 克,薏苡仁 60 克,苍术 30 克,防己 25 克,忍冬藤 30 克,甘草 20 克。水煎取汁,加入蜂蜜 120 克、鸡蛋清 5 枚,候温一次灌服,每天 1 剂,连用 3～5 天。

5. 慢性风湿

(1)治则 滋肝补肾,祛风散寒,除湿蠲痹。

(2)方药 独活寄生汤。独活 25 克,桑寄生 45 克,秦艽 25 克,防风 25 克,细辛 10 克,当归 25 克,白芍 15 克,川芎 15 克,熟地黄 45 克,杜仲 30 克,牛膝 30 克,党参 30 克,茯苓 30 克,肉桂 20 克,甘草 15 克。水煎取汁,加入蜂蜜 120 克、黄酒 120 毫升、鸡蛋清 5 枚,候温一次灌服,每天 1 剂,连用 3～5 天。

【针灸治疗】

1. 白针、电针或火针 全身风湿,针百会、抢风、气门;颈部风湿,针九委穴;前肢风湿,针抢风、冲天、天宗、肩井、肩俞、肩外俞、肘俞、乘重等穴;后肢风湿,针百会、巴山、气门、大胯、小胯、阳陵泉、邪气、汗沟、曲池等穴;背腰风湿,针丹田、安肾、命门、腰中、百会、肾棚、肾俞、肾角、八髎等穴。

2. 血针 缠腕为主穴,配涌泉、滴水穴,病重者取胸堂、肾堂或尾本穴。

3. 水针 按患部选取百会、肾俞、抢风、大胯、小胯等穴,每穴注射 10%葡萄糖注射液 2 份与 5%碳酸氢钠注射液 1 份的混合液 20 毫升。

4. 灸熨 可用醋酒灸或醋麸灸、软烧法、艾灸、隔姜灸等。

5. TDP 病区照射 40～60 分钟。

6. 激光疗法 一般常用 6～8 毫瓦的氦氖激光做局部或穴位照射,每次 20～30 分钟,每天 1 次,连用 10～14 次为 1 个疗程。

荨 麻 疹

荨麻疹又称遍身黄、肺风黄或风疹,是一种变态反应性皮肤疾病,系由机体对致敏性因素或不良刺激的感受性增高所致,其特征是病牛皮肤瘙痒。

本病多无任何先兆,病牛突然于皮肤上出现扁平而形态各异、大小不等的红色或黄白色疹块,疹块周围多有红晕,呈堤形肿胀,被毛逆立,疹块往往相互融合,形成较大的疹块。病初期疹块多出现在头颈两侧、肩背、胸壁和臀部,而后波及股内侧及乳房、生殖器。疹块发展快,消失也快。病牛因皮肤瘙痒而擦桩蹭墙、啃咬患部,四肢不断踩动,常有擦破和脱毛现象。病牛兴奋不安,体温升高,呼吸急迫,流涎,腹泻,有的病牛头部肿胀严重,耳、鼻、唇肿如河马,不能采食咀嚼,两眼泡翻肿难睁。

【病　因】

1. 外源性因素 包括某些吸血昆虫,如蚊、虻、厩蝇等的刺蜇;有毒植物,如荨麻等的刺激;生物制品,如注射血清、免疫接种等的应激;接触(外搽、口服或注射)某些刺激性药物和抗生素,如碘酊、石炭酸、松节油、白霉素、青霉素等,使机体过敏而发病。也可因劳役过度,腠理疏泄而汗出,寒冷外侵或贼风乘虚而入,正邪相搏,卫气被郁,营卫不和而致病;有的偶尔因搔抓或摩擦皮肤而发病。

2. 内源性因素 采食异常、变质或发霉饲料,吸收其中某些异常成分、毒素而致敏;或因家畜对某种饲料(蛋白质含量增高类)有特异敏感性;或胃肠消化功能紊乱使肠道菌群失调,某种消化不全产物或菌体成分被吸收而致敏;或胃肠道内有寄生虫,其虫体成分及其代谢产物被吸收而致敏。因这些有毒物质既不能外泄,又不能内解,最终外郁皮毛腠理之间而发生本病。

【辨　证】 根据病邪特性,可分为风热型和风寒型2种证型。

1. 风热型 丘疹遇热加重,遇冷则退,尿短赤,大便干燥,口干舌红,脉象洪大。

2. 风寒型 丘疹遇冷加重,遇热则退,尿清长,大便稀薄,口湿舌淡,脉象迟紧。

【中药治疗】

1. 风热型

(1)治则　疏风清热,解毒消肿。

(2)方　药

方剂一:消黄散(《元亨疗马集》)加减。知母、大黄各25克,黄药子、白药子、栀子、黄芩、浙贝母各20克,连翘、荆芥、薄荷各30克,黄连、郁金、甘草各15克,苦参45克,芒硝60克(后下)。共研为细末,开水冲调,候温加入蜂蜜120克、鸡蛋清4枚,一次灌服,每天1剂,连用2~3天。

方剂二:消风散。黄芪60克,金银花20克,黄芩30克,熟大黄25克,连翘20克,黄连15克,郁金15克,黄柏15克,栀子15克,防风30克,蝉蜕10克,生甘草10克,知母15克,浙贝母15克,黄药子15克,白药子15克,牛蒡子20克,薄荷15克,地肤子30克,生地黄30克,玄参30克,露蜂房20克,绿豆100克。共研为细末,开水冲调,候温调入蜂蜜 120 克、鸡蛋清 4 枚,一次灌服,每天 1 剂,连用 2～3 天。

2. 风 寒 型

(1)治则 疏风散寒,发汗解表。

(2)方 药

方剂一:荆防败毒散加减。荆芥 30 克,防风 30 克,羌活 25 克,独活 25 克,前胡 25 克,柴胡 25 克,桔梗 30 克,枳壳 25 克,茯苓 45 克,川芎 20 克,甘草 15 克。共研为细末,开水冲调,候温一次灌服,每天 1 剂,连用 2～3 天。

方剂二:防风通圣散。防风、白术、薄荷、当归、川芎、连翘、白芍、栀子、麻黄、荆芥、芒硝各 30 克,桔梗、黄芩、石膏各 25 克,滑石、生姜各 40 克,大黄(酒炒)30 克,甘草 20 克。共研为细末,加水适量,候温灌服。

【针灸治疗】 血针鹘脉穴,放血 500～1000 毫升。

结 膜 炎

结膜炎俗称红眼病,是眼结膜和球结膜在各种外界刺激、感染和机体自身因素的作用下,发生表层或深层的急性炎症。多见于感染性疾患或某些热性病的病程中,中兽医称本病为风火眼、肝经风热。

本病临床以怕光不敢睁眼,流泪、疼痛、肿胀,结膜充血,眼内有分泌物等为主要症状。根据分泌物的性质,可分为浆液性、黏液性和化脓性结膜炎。一般并不严重,但是当炎症波及角膜或引起并发症时,可导致视力的损害。

根据病程可分为急性和慢性两种。

急性结膜炎:病初结膜充血、发红,流泪,分泌物呈浆性,随后结膜显著充血,肿胀明显,羞明,流泪,分泌物呈黏性、量多,常蓄积于结膜囊内或附于眼内角。结膜下组织受侵害时,疼痛和肿胀剧烈,肿胀结膜呈肉块样外翻,露出于上下眼睑之间,遮蔽整个眼球,呈紫红色、黑褐色坏死。炎症蔓延至角膜,其周围有新生血管,发生弥漫性角膜混浊。

慢性结膜炎:结膜轻度充血,呈暗红色,肥厚,泪液及炎性分泌物流出,在眼睛下方皮肤上可见到泪痕,形成湿疹样皮炎,被毛脱落,出现痒感。牛外翻的结膜沾上污物,发痒,常因擦伤、出血、结缔组织增生而导致结膜变硬、呈紫红色、溃烂和坏死。若炎症波及角膜,可引起角膜翳。

【病　因】

1. 物理性异物的刺激、压迫、摩擦、损伤等　如风沙、灰尘、芒刺、谷壳、草棒、天花粉、高温、火焰、鞭伤等。

2. 化学性物质的刺激　如药品、烟雾、毒气、石灰、肥皂水、高浓度消毒液对结膜的作用,以及圈舍通风不良等。

3. 继发于某些疾病过程　如恶性卡他热、牛嗜血杆菌病、巴氏杆菌病、吸吮线虫病、流感及变态反应性疾病等。

【辨　证】　中兽医认为本病多因外感风热及内伤热毒所致,根据病因、临床症状可分为3种类型。

1. 风热传眼型　多因暑月炎天,暑气熏蒸,劳役过重,车船运输,圈舍闷热,风热侵袭,外内合邪,致使内热不得外泄,风热相搏,交攻于眼;或风热化火,热毒内盛,致使热毒积于心肺,流注于肝,肝火上炎,外传于眼,发生本病。症见结膜和眼睑潮红、充血、肿胀、疼痛,羞明、流泪,眵多难睁。有时角膜发生混浊,或生白色或蓝色云翳。日久,则云翳遮盖瞳孔,视力减退,甚至失明。口色鲜红,脉象弦数。

2. 虚火上炎型　因久病体虚,肾水亏乏,不能滋养肝木,虚火上炎,上冲于眼而发。症见结膜和眼睑潮红、肿胀、疼痛,羞明、流泪,眵多难睁,蹄甲干燥,口色淡红无苔,脉象细数。

3. 火毒炽盛型　多因饮食无节,过食浓厚饲料或霉败饲料,内伤料毒积于心肝、外传于眼而发病。症见发病较急,低头闭眼,眼睑肿胀,有大量黄稠的分泌物,粘住睫毛而不能睁眼,羞明流泪,重则眼睑翻肿,胬肉增生,遮蔽瞳孔。日久则黑睛混浊、生翳。粪便干燥,口色红,脉象弦数。

【中药治疗】

1. 风热传眼型

(1)治则　祛风清热,清肝明目,消肿退翳。

(2)方　药

方剂一:决明散。石决明 100 克,决明子 45 克,栀子 35 克,大黄 30 克,白药子 30 克,黄药子 30 克,黄芩 20 克,没药 20 克,黄连 20 克,郁金 20 克。共研为细末,开水冲调,候温加入蜂蜜 120 克、鸡蛋清 4 枚,一次灌服,每天 1 剂,连用 2～3 天。

方剂二:防风散。防风、荆芥、黄芩、石决明、决明子各 20 克,黄连、没药、甘草、蝉蜕、青葙子、龙胆草各 15 克。共研为细末,开水冲调,候温加入蜂蜜 125 克,一次灌服,每天 1 剂,连用 2～3 天。

2. 虚火上炎型

(1)治则　滋阴养血,清肝明目。

(2)方药　加味杞菊地黄汤。枸杞子 35 克,菊花 35 克,补骨脂 30 克,熟地黄 35 克,防风 30 克,荆芥 30 克,甘草 15 克,青葙子 30 克,夜明砂 50 克,制僵蚕 25 克,淡竹叶 25 克,茵陈 50 克,薄荷 25 克,知母 30 克,黄柏 30 克。共研为细末,开水冲调,候温加入蜂蜜 120 克、鸡蛋清 4 枚,一次灌服,每天 1 剂,连用 2～3 天。

3. 火毒炽盛型

(1)治则　泻火解毒,清肝明目。

(2)方　药

方剂一:龙胆泻肝汤加减。龙胆草 45 克,黄芩 30 克,栀子 30 克,当归 30 克,柴胡 20 克,生地黄 50 克,甘草 15 克,金银花 30

克,连翘 30 克,决明子 30 克,青葙子 30 克。共研为细末,开水冲调,候温加入蜂蜜 120 克、鸡蛋清 4 枚,一次灌服,每天 1 剂,连用2～3 天。

方剂二:银翘蒲菊汤。金银花 30 克,连翘 30 克,蒲公英 30克,菊花 25 克,生地黄 25 克,栀子 25 克,黄连 15 克。水煎服,每天 1 剂,连用 2～3 天。

外治本病可用以下方法:①拨云散。炉甘石 30 克,硼砂 30克,青盐 30 克,黄连 30 克,铜绿 30 克,硇砂 10 克,冰片 10 克。共研为极细末,过 160 目筛,密闭遮光保存,用时以温生理盐水冲洗患眼后点眼,每天 3 次,连用 7～10 天。②新鲜青蒿 250～300 克,加水适量,武火煎 10 分钟左右,用 3～4 层纱布滤去药渣,澄清,放置在外面,露天过夜,使药液接触到露水即可。用药液洗敷患眼,每天使用 2～3 次,轻者 1～2 天即可痊愈,重者 2～3 天,一般不超过 5 天即可痊愈。同时,灌服菊花散,每天 1 剂,连用 2 天。

【针灸治疗】

1. 血针 太阳、眼脉、三江、鹘脉为主穴,配睛明、睛俞点刺出血,每天或隔天 1 次。

2. 白针 取睛明、睛俞、垂睛穴,每天 1 次。

3. 水针 取睛明、睛俞、垂睛穴,用 10％～25％葡萄糖注射液2～8 毫升,进行穴位注射,每次选 1～2 个穴位;或取垂睛穴注射链霉素注射液 1～2 克,每天或隔天注射 1 次;或取链霉素 200 万单位,用 10 毫升生理盐水稀释,交替注入太阳穴或垂睛穴皮下,每次每眼用 1 穴;或取太阳穴,注射醋酸氢化泼尼松 125 毫克,每 5天注射 1 次,连用 2～3 次。

4. 自家血疗法 取 10 毫升自家血注入睛明、睛俞穴(患眼眼睑皮下),隔日 1 次。

另外,亦可用顺气穴插枝;瞬膜脱出者,用骨眼钩钩住瞬膜,用三棱针点刺至出血。

角 膜 炎

各种不良刺激作用,致使角膜组织的炎症过程,称为角膜炎。按照角膜损伤程度的不同可分为浅表性和深在性 2 种。深部角膜受损愈合后,由于新生血管的形成而遗留下小而致密的白色瘢痕、不透明,此称为角膜翳。而外伤和溃疡常导致角膜混浊,混浊位于瞳孔区时则影响视力,甚至造成失明。

病初患眼羞明流泪,眼结膜肿胀、疼痛,而后角膜凸起,角膜周围血管充血,角膜表面粗糙,角膜上出现点状、棒状或云雾状灰白色或淡蓝色混浊,严重者角膜增厚遮住眼睛,有的发生溃疡,形成斑痕或角膜翳,往往引起失明。有的伴有体温升高、精神沉郁、食欲减退等全身症状。

【病　因】

1. 机械性损伤　常见于鞭伤、树枝擦伤等异物伤害。

2. 化学性损伤　农药杀虫剂、强酸、强碱、洗必泰、乳头药浴液、肥皂水、氨水等化学药品刺激。

3. 生物性损伤　见于牛传染性角膜炎、恶性卡他热等疾病过程及眼寄生虫病。

另外,结膜损伤后,炎症波及角膜也可引发本病。

【辨　证】　根据病因、病理变化和临床症状可分为 4 种类型。

1. 肝经热毒型　多因暑热炎天,喂养无节,精饲逸居,内伤料毒,湿热郁结于内,外传于眼,形成白翳,凝于角膜表面所致。症见羞明、流泪,双目紧闭,烦躁不安,球结膜睫状体有明显充血或混合性充血,角膜表面有乳白色点状及枝状,角膜深层有灰白色浸润。有的因角膜溃疡、组织缺损而凹陷。严重者眼前房积脓或并发虹膜睫状体炎,全身发热,食欲减退,粪干尿黄,舌质红,苔黄厚。

2. 肝经风热型 多因负重或乘骑奔走过急,劳役过重,饮水不足,体内蕴热,致使肝火上升,外传于眼所致。症见怕光,流泪,痒痛明显,球结膜睫状体轻度充血或无明显充血,角膜表面有细小灰白色点状浸润。多见于外感或急性结膜炎后发生。

3. 肝胆湿热型 多因病毒引起,长期用西药治疗不愈,病程较长,反复发作。症见全身发热,低头呆立,口渴不欲饮,粪干或稀,尿黄,舌质红,苔黄厚腻。

4. 阴虚型 多见于久病不愈,长期服用苦寒药或病后、产后体虚病畜等。症见眼部干涩,畏光,流泪,视力下降,眼结膜睫状体充血或混合性充血,角膜表面灰白色浸润或溃疡,并轻度凹陷,头低耳聋,舌质红,苔少微黄。

【中药治疗】

1. 肝经热毒型

(1)治则 清肝泄热,解毒明目。

(2)方 药

方剂一:决明夏枯草散。石决明 100 克,夏枯草 60 克,决明子 40 克,黄芩 30 克,蒲公英 50 克,生地黄 40 克,栀子 30 克,紫草 30 克,当归 30 克,车前子 30 克,大黄 30 克。共研为细末,开水冲调,候温加入蜂蜜 120 克、鸡蛋清 4 枚,一次灌服,每天 1 剂,连用 2～3 天。

方剂二:菊花散。菊花 15 克,枸杞子 30 克,青葙子 30 克,密蒙花 30 克,龙胆草 25 克,石决明 20 克,决明子 20 克,谷精草 20 克,木贼 20 克,柴胡 20 克,红花 20 克,黄芩 20 克,蝉蜕 15 克,黄连 15 克。共研为细末,开水冲调,候温灌服,每天 1 剂,连用 2～3 天。

2. 肝经风热型

(1)治则 疏风泄热,清肝明目。

（2）方　药

方剂一：夏菊散。夏枯草 50 克,菊花 40 克,荆芥 40 克,防风 30 克,羌活 20 克,薄荷 30 克,黄芩 30 克,连翘 30 克。共研为细末,开水冲调,候温加入蜂蜜 120 克、鸡蛋清 4 枚,一次灌服,每天 1 剂,连用 2~3 天。

方剂二：疏风泻肝散。龙胆草 35 克,连翘 40 克,菊花 35 克,栀子 30 克,大黄 40 克,黄连 35 克,荆芥 35 克,防风 35 克,羌活 30 克,柴胡 30 克,川芎 30 克,青葙子 30 克。共研为细末,开水冲调,候温灌服,每天 1 剂,连用 2~3 天。

3. 肝胆湿热型

（1）治则　清热利湿,疏肝明目。

（2）方　药

方剂一：银夏散。金银花 50 克,夏枯草 60 克,黄芩 30 克,栀子 30 克,牡丹皮 30 克,茯苓 40 克,厚朴 30 克,当归 30 克,薏苡仁 50 克,车前子 40 克,大黄 30 克。共研为细末,开水冲调,候温加入蜂蜜 120 克、鸡蛋清 4 枚,一次灌服,每天 1 剂,连用 2~3 天。

方剂二：龙胆泻肝散。大黄 50 克,石决明 50 克,青葙子 40 克,菊花 35 克,龙胆草 25 克,柴胡 25 克,黄芩 25 克,生地黄 25 克,防风 25 克,荆芥 25 克,蝉蜕 15 克,甘草 15 克。共研为细末,开水冲调,候温灌服,每天 1 剂,连用 2~3 天。

4. 阴 虚 型

（1）治则　滋阴清热,平肝明目。

（2）方　药

方剂一：知柏青葙散。知母 40 克,黄柏 40 克,青葙子 30 克,石斛 30 克,沙参 30 克,黄芩 30 克,生地黄 50 克,石决明 100 克,当归 30 克,菟丝子 30 克。共研为细末,开水冲调,候温加入蜂蜜 120 克、鸡蛋清 4 枚,一次灌服,每天 1 剂,连用 2~3 天。

方剂二：加味杞菊地黄汤。枸杞子 25 克,菊花 25 克,补骨脂

25 克,生地黄 50 克,荆芥 25 克,防风 25 克,青葙子 50 克,夜明砂 50 克,淡竹叶 25 克,僵蚕 25 克,薄荷 25 克,甘草 25 克。水煎,候温灌服,每天 1 剂,连用 3～5 天。

外治本病可用以下方法:①炉甘石 30 克,硼砂 30 克,青盐 30 克,黄连 30 克,铜绿 30 克,硇砂 10 克,冰片 10 克。共研为极细末,过 160 目筛,装瓶密闭遮光保存。用时以温生理盐水冲洗患眼后点眼,每天 3 次,连用 7～10 天。②硼砂 30 克,冰片 30 克,炉甘石 150 克,朱砂 15 克,硇砂 6 克。共研为极细末,过 160 目筛,装瓶密闭遮光保存。每天点眼数次,每次用量约 0.3 克。③鲜猪胆汁,以生理盐水适当稀释后点眼,每天 3 次,连用 7～10 天。

【针灸治疗】

1. 血针 太阳穴为主穴,三江、眼脉、鹘脉、睛明、睛俞(睑结膜点刺)、耳尖、尾尖、丹田、分水等穴为配穴,出血量 300～500 毫升,针后用食盐水洗眼。

2. 白针 取睛明、睛俞、垂睛穴,每天 1 次。

3. 水针 睛明、睛俞穴,每穴注射青霉素 20 万单位,用 1‰普鲁卡因注射液 4 毫升稀释;或取太阳穴,注射硫酸链霉素 200 万单位或醋酸氢化泼尼松 125 毫克,每 5 天使用 1 次,连用 2～3 次;或垂睛穴注射链霉素注射液 1～2 克,每天或隔天注射 1 次;或取链霉素 200 万单位,用 10 毫升生理盐水稀释,交替注入太阳穴或垂睛穴皮下,每次每眼用 1 穴。

4. 自家血疗法 颈静脉采血 5～10 毫升,注入睛明、睛俞穴 2～4 毫升,隔 2～3 天再注射 1 次。对一般性角膜炎 2～3 次症状可明显减轻,3～5 次即可痊愈,对较重的及化脓性角膜炎,5～7 次即可痊愈。

或用顺气穴插枝;瞬膜脱出者,用骨眼钩钩住瞬膜,以三棱针点刺至出血。

第四章 产科疾病

阴道炎

阴道炎是指母牛阴道及阴门的正常防卫功能受到破坏,细菌侵入阴道组织,引起阴道组织发生炎症。临床上以阴门流出黏液性或脓性分泌物为特征。

阴道炎有急性、慢性之分,慢性阴道炎又有卡他性、脓性和蜂窝织炎性等数种。

急性阴道炎症状明显,阴道黏膜发红、水肿并有炎性渗出,阴道内有炎性渗出物;阴唇红肿,阴门时有炎性分泌物流出。

慢性卡他性阴道炎症状不明显,黏膜颜色稍苍白,有时红白不匀,黏膜表面常有皱纹或大的皱襞。黏膜表面常附有渗出物。

慢性化脓性阴道炎阴道中有脓性渗出物,卧下时向外流出,尾部有薄的脓痂,阴道检查有痛感,黏膜肿胀,有不同程度的溃疡或糜烂。有时有组织增生,造成阴道狭窄,狭窄部之前的阴道腔常有脓性分泌物。全身症状表现为食欲减退、精神稍差、泌乳量下降。

蜂窝织炎性阴道炎,黏膜肿胀充血。黏膜下结缔组织内有弥散性的脓性浸润,有时形成脓肿。阴道中有脓性渗出物,并混有坏死的组织块。有时有溃疡,日久形成瘢痕。

【病　因】　由于配种过早,母牛体格发育过小,胎儿相对过大造成难产,或由于分娩时受伤或细菌感染,或因授精引起损伤造成,也可继发于子宫内膜炎、子宫和阴道脱、胎衣不下等疾病。或由于病毒感染及传染力较强的阴道炎所致,如牛传染性脓疱性阴道炎和滴虫性阴道炎等。或由于母牛体质虚弱,气血双亏或血瘀胞宫造成产程过长或胎衣滞留不下,又失于护理所致。

【辨　证】　根据病因和临床症状,本病可分为湿热型、气虚血瘀型和脾虚型。

1. 湿热型　阴道流出红白相杂的黏稠污浊物,气味腥臭,体温偏高,食欲减退,反刍减少,病牛有时拱腰努责,外阴部发痒,经常摇尾或以臀部摩墙蹭桩,小便短赤,舌红苔黄,脉象滑数。

2. 气虚血瘀型　病牛不断从阴门排出红色恶臭的污秽脓性分泌物,病牛常有弓背、翘尾、尿频、体温升高、精神沉郁、食欲下降、产奶量减少等症状。阴道检查可见黏膜充血肿胀、糜烂、坏死和出血,阴道内有脓性分泌物。

3. 脾虚型　病牛精神倦怠,大便溏泻或小便清长,四肢无力,日渐消瘦。阴道分泌物色白或淡黄,量多而稀薄,连绵不断。口色淡白,脉象沉迟。

【中药治疗】

1. 湿热型

(1)治则　清热燥湿。

(2)方　药

方剂一:龙胆泻肝汤加减。龙胆草、柴胡、栀子、黄柏、黄芩、泽泻、车前子(布包)各 30 克,当归、香附各 40 克,补骨脂、杜仲各 35 克,木通 25 克,生地黄、甘草各 20 克。水煎灌服。如带下赤红者,加小蓟、墨旱莲、侧柏叶,以凉血、止血;食欲不振者,加苍术、山楂,以燥湿健脾;有发热者,加蒲公英、金银花;如阴部发痒,摩墙蹭桩,用白矾 20 克、苦参 100 克、蛇床子 120 克煎水,用纱布过滤,冲洗阴道。

方剂二:加味二妙散。炒苍术 100 克,炒黄柏 100 克,金银花 100 克,赤芍 40 克,土茯苓 50 克,蛇床子 25 克,当归尾 50 克,白芷 25 克。共研为末,开水冲调,候温灌服。

外用方:蛇床子50克,花椒25克,白矾25克,苦参50克。水煎去渣,候温冲洗,每天2次,1剂用3天。

2.气虚血瘀型

(1)治则　理气活血。

(2)方　药

方剂一:丹参30克,赤芍15克,木香10克,桃仁15克,金银花30克,蒲公英30克,茯苓10克,牡丹皮10克,生地黄10克。气血双亏、体质瘦弱者加党参50克、黄芪50克和白术10克;气滞血瘀者加山楂肉30克、延胡索10克。

方剂二:四物汤加减。当归30克,川芎25克,白芍25克,生地黄30克,黄芩30克,阿胶30克,牛膝25克,黄柏30克,甘草15克。共研细末,开水冲调,候温灌服,每天1剂,连用3天。

外用方:①针对滴虫性阴道炎可用灭滴合剂。苦参30克,生百部30克,蛇床子25克,地肤子25克,白鲜皮30克,石榴皮、川黄柏、紫槿皮、枯矾各20克。水煎取汁,待温灌注于阴道,每天1次,连用3天。②蛇床子50克,花椒25克,白矾25克,苦参50克。水煎去渣,候温冲洗,每天2次,每剂用3天。冲洗后涂上消毒软膏。③桐油20毫升、冰硼散(冰片2克、硼砂15克、朱砂3克、玄明粉25克)3克,混匀备用。在用药前,先把外阴部如尾根、阴唇等处用常水洗净后,用10%硫酸镁溶液冲洗阴道患部异物,再用生理盐水冲洗,待脓液排净后,将桐油冰硼乳剂灌注入阴道内即可。每天1次,连用5～7天。

3.脾虚型

(1)治则　化湿健脾胃,温肾壮阳。

(2)方药　完带汤。党参50克,苍术40克,白术50克,山药50克,白芍30克,陈皮25克,柴胡25克,车前子25克,薏苡仁50克,茯苓50克。共研为末,开水冲调,候温灌服。

子宫内膜炎

子宫内膜炎是子宫黏膜的炎症,是一种常见的母牛生殖器官疾病,也是导致母牛不孕的重要原因之一。

根据病因、临床症状,本病可分为 3 种类型。

急性子宫内膜炎:病牛表现食欲不振,泌乳量降低,弓背努责,常做排尿姿势,从阴道排出黏液性、黏液脓性或污红色恶臭的渗出物,卧地时流出量更多。严重时体温升高,精神沉郁,食欲减退,反刍减少。直肠检查一侧或两侧子宫角变大,收缩反应减弱,有时有波动。阴道检查可见子宫外口充血肿胀。

慢性子宫内膜炎:①慢性黏液性子宫内膜炎。发情周期不正常,或虽正常但屡配不孕,或发生隐性流产。病牛卧下或发情时,从阴道排出浑浊带有絮状物的黏液,有时虽排出透明黏液,但仍含有小的絮状物。阴道及子宫颈外口黏膜充血、肿胀,颈口略微开张,阴道底部及阴毛上常积聚上述分泌物。子宫角变粗,壁厚而粗糙,收缩反应微弱。②慢性黏液性脓性子宫内膜炎。从阴道中排出灰白色或黄褐色较稀薄的脓液。母牛发情时排出较多,发情周期不正常。阴道检查可发现阴道黏膜和子宫颈内壁充血,往往有脓性分泌物,子宫颈稍开张。直肠检查可发现子宫角增大,子宫壁肥厚,收缩反应微弱,有分泌物积聚时,触摸感觉有轻微波动。冲洗回流液浑浊,其中夹有脓性絮状物。

隐性子宫内膜炎:母牛生殖器官无异常,发情周期正常,但屡配不孕,只有在发情时流出的黏液略带浑浊。发情时阴道流出的黏液中含有小气泡或发情后流出紫色血液。

【病　因】　大多数母牛因流产、分娩、配种或产后细菌等微生物侵入而引起。母牛在难产时进行剖宫产手术及器械助产,施行截胎术,患阴道炎、子宫颈炎、子宫脱、子宫弛缓、恶露滞留、阴道外翻,剥离胎衣时损伤子宫阜与子宫内膜,以及患布鲁氏菌病、滴虫病等,均可引发本病。不合理地冲洗子宫和药物刺激亦可引起子宫内膜炎。

【辨　证】　本病根据病因、临床症状可分为湿热型、脾虚型、肾虚型、血瘀型和气血两伤型。

1. 湿热型　病牛全身症状严重,发热,口渴喜饮,食欲减退,反刍减少;带下量多,色黄或黄白,如米泔水样,多为脓性或夹杂血液、豆腐渣样黏稠物,味腥臭,卧地后流出量更多;弓腰努责,阴门瘙痒;直检时可摸到子宫角变大,有渗出液,压之有波动感和轻微疼痛;尿短赤;发情周期紊乱,配种不受胎;苔厚黄,脉滑数或弦数。

2. 脾虚型　病牛精神倦怠,粪便稀,带下色白或淡黄,量多质稀如涕,无臭味,连绵不断,发情前后流出量较多。直肠检查时可见子宫壁增厚,子宫收缩微弱,多数不发情或屡配不孕。

3. 肾虚型　病牛精神沉郁,耳、鼻偏凉,粪便稀,尿频而清长,带下色白量多,质稀如水样,淋漓不断,最显著的特点是发情不旺,配种不易受胎,直肠检查时卵泡萎缩。

4. 血瘀型　阴道内部有少量浑浊黏液,屡配不孕。直肠检查可见子宫角粗大、肥厚、坚硬,收缩反应微弱,卵巢上有持久黄体。

5. 气血两伤型　病牛体瘦、气短、乏力,舌质淡,脉沉无力。

【中药治疗】

1. 湿热型

(1)治则　清热解毒,利湿化瘀。

(2)方　药

方剂一:龙胆泻肝汤。龙胆草50克,栀子30克,黄芩30克,泽泻30克,车前子30克,生地黄50克,柴胡30克,大黄30克,白芷30克,乳香20克,没药20克,甘草30克。共研为细末,开水冲调,候温一次灌服,每天1剂。

方剂二:易黄汤。山药、椿根皮、巴戟天、白芍、生地黄各30

克,黄柏、黄芩、龙胆草、车前子、金银花、当归、赤芍各 40 克。共研为细末,开水冲调,候温一次灌服,每天 1 剂。

2. 脾 虚 型

(1)治则　健脾益气,燥湿止带。

(2)方药　加减完带汤。炒白术、山药各 60 克,党参、炒白芍、当归各 40 克,陈皮、柴胡、甘草各 25 克,车前子、薏苡仁、苍术、巴戟天各 30 克。共研为细末,开水冲调,候温一次灌服,每天 1 剂。气虚甚者加黄芪;痰湿重者去白芍、柴胡,加茯苓、半夏、厚朴;带多不止者加煅龙骨、煅牡蛎;纳少且粪便溏稀者加白扁豆、莱菔子。

3. 肾 虚 型

(1)治则　温补肾阳,燥湿止带。

(2)方药　加减内补散和复方仙阳汤。菟丝子、黄芪、当归、熟地黄、桑螵蛸、山药、枸杞子各 40 克,淫羊藿、益母草各 50 克,白蒺藜、肉桂各 25 克。共研为细末,开水冲调,候温灌服。

4. 血 瘀 型

(1)治则　活血化瘀,祛滞消肿。

(2)方药　膈下逐瘀汤。三棱 50 克,莪术 50 克,五灵脂 30 克,当归 30 克,枳壳 30 克,牡丹皮 30 克,丹参 30 克。大便干者加大黄、芒硝各 30 克。水煎服,每天 1 剂。

5. 虚 寒 型

(1)治则　温经散寒,化瘀利湿。

(2)方药　温经汤。吴茱萸 20 克,当归 30 克,白芍 30 克,川芎 20 克,黄芪 60 克,肉桂 30 克,阿胶 20 克,牡丹皮 30 克,甘草 20 克,生姜 30 克,白薇 30 克。水煎服,每天 1 剂。

6. 气 血 两 伤 型

(1)治则　益气补血,补正培元。

(2)方药　十全大补汤。党参 30 克,茯苓 30 克,白术 30 克,甘草 20 克,当归 30 克,川芎 30 克,白芍 30 克,熟地黄 50 克,肉桂

30 克,黄芪 60 克,酸枣仁 20 克,远志 20 克,生姜 30 克,大枣 50 克。水煎服,每天 1 剂。

【外治法】 ①针对慢性子宫内膜炎可用冰硼散。冰片 50 克,朱砂 60 克,硼砂 500 克,元明粉 500 克。共研成极细末,混匀装入棕色瓶备用。先用 1% 温食盐水 5 000～10 000 毫升反复冲洗病牛子宫,直至排出液呈透明状,通过直肠辅助排净冲洗液;将冰硼散极细末 300～500 克与适量盐水混拌成悬液向子宫内灌注,用手提捏病牛后腰部以防药液流出,每天 1～2 次,5～7 天为 1 个疗程。②苦黄液。苦参 120 克,川黄连 50 克,黄芩 80 克,黄柏 80 克,捣碎加水煎 30 分钟后滤出药液,药渣加水再煎 20 分钟,合并两次煎液浓缩至 5 000 毫升备用,子宫灌注。为防变质每天需煮沸 1 次。③党参 45 克,黄芪 60 克,白术 30 克,醋香附 60 克,蒲黄 60 克,益母草 60 克,紫花地丁 30 克,金银花 40 克,连翘 60 克,红花 30 克,丹参 30 克,鱼腥草 60 克,桃仁 30 克,黄芩 30 克,生地黄 30 克,当归 60 克,川芎 30 克,茯苓 30 克,秦艽 30 克,车前子 30 克,鸡冠花 30 克,甘草 20 克。上述诸药洗净、烘干后,水煎 2 次,过滤,两次药液混合,浓缩成每毫升含生药 0.57 克的溶液。子宫灌注,每次 30～40 毫升,隔天 1 次,3 次为 1 个疗程。④山黄散。山药 90 克,黄柏 50 克,当归 30 克,金银花 30 克,生龙骨 50 克,海螵蛸 30 克,车前子 30 克,益母草 250 克,甘草 15 克。以上诸药加水 2 000 毫升,用文火将其煎熬成 1 000 毫升,先用细纱布过滤 4 次,再用滤纸过滤 2 次后备用。子宫灌注,每天 1 次,3 天为 1 个疗程。

胎衣不下

　　胎衣不下也称胎衣滞留,奶牛胎衣在产后 12 小时内应排出体外,未排出者称之为胎衣不下。奶牛胎衣不下已成为影响奶牛繁殖的主要疾病之一。奶牛胎衣不下的发生与奶牛产后子宫收缩无力、胎盘组织结构发生异常、围产期营养代谢紊乱、生殖内分泌激素紊乱、机体免疫状态失调等关系密切。

胎衣不下分为胎衣完全不下与部分胎衣不下2种。

胎衣完全不下：可见少量胎膜悬垂于阴门外；或仅有少量停留在阴道内，只有进行阴道检查时才被发现。病初多无全身症状，仅见病牛稍有弓腰、举尾、轻微努责等现象。如日久胎衣腐败，则流出恶臭、褐红色的分泌物，其中混有白色碎块样腐败胎衣。

胎衣部分不下：胎衣大部悬垂于阴门之外，只有小部分或仅剩孕角顶端的极小部分依然粘连在子宫母体胎盘上。外露胎衣初为浅灰红色，后腐败变为松软、不洁的浅灰色，很快波及子宫内的胎衣，阴道内不断流出恶臭的褐色分泌物。或胎衣大部脱落，仅有极小部分残留在子宫角内的母体胎盘上，不进行胎衣完整性检查很难发现；或经过3～4天后，排出带有灰红色胎衣块的恶露时才被发现。

【病　因】　母牛在妊娠期间，由于营养不良，气血亏损，或劳役过度，正气耗伤，致使胞宫收缩力减弱，无力排出胎衣；或产程过长，母体倦乏，胞宫弛缓无力；或因产时感受风寒，以致气血凝滞，运行不畅，宫颈过早收缩关闭；或胎儿过大，胎水过多，长期压迫子宫壁；此外，由于胞宫内壁和胎盘病理性粘连，以及早产、流产、子宫病症等，皆可引起本病。

【辨　证】　本病根据病因、临床症状可分为以下几型。

1. 气血虚弱型　病牛努责无力，产后胎衣不能正常排出，阴道出血量大，色淡。毛焦体瘦，精疲力乏，头奋耳低，形寒惧冷，倦怠喜卧。口色淡白，舌苔薄白，脉象虚弱。

2. 寒凝血瘀型　病牛努责不安，回头顾腹。恶露较少，色暗红，间有血块。舌暗紫，苔薄白，脉象沉紧。

3. 久病化热型　病牛精神委顿，食欲减退，体表发热，口腔燥热，口色红紫，苔黄腻，脉弦细数。

【中药治疗】

1. 气血虚弱型

（1）治则　益气补血,活血行瘀。

（2）方　药

方剂一:十全大补汤加味。人参 20 克,白术 20 克,茯苓 20 克,当归 25 克,川芎 21 克,白芍 25 克,熟地黄 30 克,甘草 20 克,桃仁 25 克,红花 20 克,益母草 25 克,陈皮 20 克,升麻 20 克,附子 20 克,肉桂 20 克,大枣 7 枚。共研为细末,开水冲服。

方剂二:炙黄芪 90 克,党参 60 克,白术 60 克,当归 60 克,陈皮 60 克,炙甘草 45 克,升麻 30 克,柴胡 30 克,川芎 30 克,桃仁 35 克,益母草 30 克。共研为细末,开水冲服。

方剂三:参芪益母生化散加减。党参 50 克,黄芪 100 克,益母草 100 克,当归 60 克,川芎 60 克,赤芍 50 克,川续断 40 克,木香 50 克,红花 20 克,桃仁 20 克,柴胡 30 克,甘草 20 克,炮姜 40 克。水煎,分 3 次灌服。

2. 寒凝血瘀型

（1）治则　活血化瘀、温经散寒。

（2）方　药

方剂一:当归 60 克,川芎 60 克,桃仁 40 克,益母草 40 克,红花 30 克,党参 40 克,黄芪 40 克,海金沙 30 克,炮姜 40 克,甘草 15 克。加常水 3 000～4 000 毫升,煮沸 15～20 分钟,去渣,候温加入白酒 250 毫升,一次灌服。

方剂二:龟板 40 克,党参 60 克,当归 30 克,益母草 30 克,红花 30 克,滑石 60 克,海金沙 40 克,蒲公英 60 克,紫花地丁 30 克,甘草 50 克。研末,以红糖 500 克为引,开水冲服。或用当归 60 克,川芎 40 克,桃仁 30 克,三棱 30 克,莪术 30 克,黄连 25 克,白术 45 克,党参 60 克,山药 60 克,枳壳 30 克,甘草 20 克。共研为末,开水冲服。

方剂三：当归 50 克，川芎 30 克，蒲黄 30 克，桃仁 30 克，五灵脂 30 克，益母草 30 克，炮姜 30 克，炙甘草 25 克。

3. 久病化热型

（1）治则　清热化瘀，祛腐生新。

（2）方　药

方剂一：当归 60 克，川芎、桃仁、炮姜各 25 克，炙甘草 16 克，党参、黄芪、连翘、蒲公英、黄柏各 30 克，金银花、紫花地丁各 45 克。共研为细末，开水冲调，候温灌服（引自《新编中兽医学》）。

方剂二：银翘红酱解毒汤。金银花 60 克，连翘 60 克，红藤 60 克，败酱草 30 克，薏苡仁 30 克，牡丹皮 25 克，栀子 25 克，赤芍 25 克，桃仁 25 克，延胡索 20 克，川楝子 20 克，乳香 15 克，没药 15 克。共研细末，开水冲调，候温灌服。

（3）手术剥离治疗　将病牛站立保定，用消毒药液将外阴周围洗净，然后术者将指甲剪短磨光，洗净涂油。左手握住垂露于阴门外的胎衣，右手顺阴道伸进子宫后方的胎衣与子宫黏膜之间找到胎盘，用拇指、食指、中指三指配合把胎儿胎盘由后向前逐个从母体胎盘上剥离下来。剥至前面不便操作时，左手可将外露的胎衣稍加牵动，使子宫角的胎盘后移，直至把全部胎盘剥离，胎衣即可完整地取出。

子宫脱垂

牛子宫脱垂属中兽医垂脱证之范畴，是指牛的子宫全部或部分脱垂于阴道外，多见于分娩之后。

当子宫不完全脱出时，母牛弓背站立，垂尾，用力努责，常排尿、排粪，一般无全身症状。完全脱出时可见脱出的子宫悬垂于阴门外，呈小麻袋样不规则的长圆形肿胀物。初呈红色，表面横列许多暗红褐色子叶。脱出时间较长时，子宫壁瘀血，黏膜干燥，有小点出血、坏死、发炎,结成污褐色痂皮,并出现全身症状。

【病　因】　多发于产后,常因体质虚弱、饲养失宜或劳役过度等致使中气不足、肾气亏损、冲任不固,无力维系胞宫,使子宫韧带松弛,胞宫失去悬吊与支持作用而翻转脱出;或老弱经产母牛,体质素虚,产前过度劳役或产后过早使役且饲养管理不善,导致脾肾两亏,气血不足,中气下陷所致;或长期缺乏运动(多指奶牛和母猪),久逸而使筋脉失养、弛缓无力或因便秘难下,母牛努责过甚,或因其他因素而使腹压突增等,均可造成子宫翻转脱出。

【辨　证】　根据病因、病理变化和症状,可将本病分为气滞血瘀型、气血双亏型和湿热下注型3种证型。

1. 气滞血瘀型　病牛子宫脱出于阴门外不能缩回,其色暗紫,病牛站立不安,不时努责,精神倦怠,食欲减退,反刍减少,口色青紫或赤紫,脉象沉涩。

2. 气血双亏型　病牛神疲体倦,卧地厌起,食欲、反刍均减,大便溏泄,四肢微肿,子宫脱出无力回缩,后躯发冷,口色淡白,脉象细而无力。

3. 湿热下注型　病牛子宫脱出于阴门外,先脱部位已严重感染溃烂,破流黄水,喜卧,排尿频数,有疼痛感,尿色黄赤,口渴但饮水不多。

【治　疗】　子宫脱出后以手术整复为主,辅以中药治疗。

1. 手术整复　将病牛前低后高站立保定,用1%～3%温食盐水或白矾溶液清洗脱出的阴道、子宫及阴门周围,去除黏附其上的污物及坏死组织。再用白矾或冰片适量,研为细末,涂抹其上,以使阴道、子宫尽量收缩。若已发生水肿,应用小三棱针乱刺外脱的肿胀黏膜,放出血水。整复时,术者用拳抵住子宫角末端,在病牛努责间隙把外脱的子宫推进产道,还纳入骨盆腔,并把子宫所有皱襞舒展,使其完全复位。另取新砖烧热,垫醋布数层于阴门外,进行热熨,以利恢复,防止再脱。或进行阴唇的纽扣状缝合,即在阴唇两外侧各垫上 2～3 粒纽扣,纽扣的下面向外,线通过纽扣孔进行缝合,然后打结固定。

2. 对症治疗 子宫脱出经手术复位后,可进行对症治疗。

(1)气滞血瘀型

①治则 行气活血,消肿止痛。

②方药 活血化瘀汤加减。当归 40 克,川芎 30 克,郁金 35克,赤芍 40 克,乳香 30 克,没药 30 克,乌药 35 克,杜仲 35 克,川续断 30 克,甘草 15 克,水酒适量为引,水煎服。若兼湿热下注、热毒炽盛者,方中宜加黄连、黄柏、金银花、连翘等清热利湿、泻火解毒之药物;若兼见气虚或中气下陷者,方中随加黄芪、党参、柴胡、升麻等健脾补气、升提阳气之药物。

(2)气血双亏型

①治则 补脾益肾,养血敛阴。

②方药 十全大补汤。党参 50 克,白术 45 克,茯苓 40 克,当归 45 克,川芎 30 克,白芍 40 克,熟地黄 40 克,附子 30 克,肉桂 30克,甘草 20 克(引自《抱犊集》)。

(3)湿热下注型

①治则 清热利湿,泻火解毒。

②方药 八正散加减。大黄 35 克,栀子 25 克,木通 25 克,滑石 20 克,茵陈 25 克,车前草 20 克,灯芯草 25 克,泽泻 25 克,土茯苓 30 克。水煎服,每日 1 剂。

【针灸治疗】 针灸百会、命门、尾根、阴俞等穴,每天 1 次,连用 3 天。

电针后海、肛脱二穴(位于肛门两侧约 2 厘米处,左右各一穴),每天 1～2 次,每次 30 分钟以上。或者在后海穴和肛脱穴(位于阴唇中点旁约 2 厘米处,左右各一穴)用 18～20 号针头进针4.5 厘米左右,分别注入 0.25%盐酸普鲁卡因注射液 5 毫升。

为控制子宫再次脱出,可取两侧阴脱穴(阴唇两侧,阴唇上下联合中点旁 2 厘米处,左右各一穴),各注射 95％酒精 25 毫升,每天 1 次,连用 2 天。

阴道脱出

阴道脱出是指阴道底壁、侧壁和上壁部分组织肌肉松弛扩张,连带子宫和子宫颈后移,使松弛的阴道壁形成皱襞嵌堵于阴门之内(又称阴道内翻)或突出于阴门之外(又称阴道外翻),可以是部分阴道脱出,也可以是全部阴道脱出。

病初当病牛卧下时,前庭及阴道下壁形成拳头大、粉红色瘤样物,夹在阴门之间,或露出于阴门之外,母牛起立后,脱出部分能自行缩回。随着病程的发展,脱出物增多,不能自行回缩,可由阴道壁部分脱出发展成全部脱出。脱出物可达排球大,粉红色,光滑湿润。若脱出的部分长期不能回缩,则黏膜瘀血,变为紫红色,黏膜发生水肿,严重时可与肌层分离,表面干裂、出血,脱出的阴道黏膜破裂、发炎、糜烂或者坏死。严重时可继发全身感染,甚至导致死亡。病牛精神沉郁,脉搏快而弱,食欲减少。

【病　因】　多因母牛在妊娠期间饲养失调,营养不良,劳役过重,以致气血亏损,中气下陷,不能固摄胞体所致;或由于腹痛起卧,吃得过饱,卧地过久,分娩时过于努责等,使腹内压力增加,以及产后营养失调,中气不足,收摄无力,阴道松弛,致使阴道脱出。

【辨　证】　阴道部分脱出多发于产前,阴道脱出于阴门外,呈大小不等的半圆形,多于母牛卧下时发生,起立后常可慢慢缩回。如为全部脱出,则脱出物呈圆形或椭圆形,大如排球,可看见关闭的子宫颈,站立时不能缩回。继而阴道黏膜水肿,色泽由鲜红色变为污暗状,病久黏膜破溃糜烂。

1. 气虚下陷型　症见阴道部分脱出,甚至全部脱出阴道外,动则坠出越甚,病牛气喘,精神不振,尿频数,或带下量多、质稀色白。舌质淡,苔薄白,脉细无力。

2. 肾阳虚脱型 症见母牛子宫部分或全部脱出。小便频数,夜间尤甚。喜卧,舌淡红,脉沉细。

【治 疗】 以手术整复为主,配合口服补中益气的药物。

1. 手术整复 先用 1‰～3‰温食盐水或 2%～3%白矾溶液,冲洗脱出的阴道黏膜,清除污垢,再用小宽针点刺水肿部分,挤出血水,然后将脱出部分送回。为了防止再脱出,可在阴唇外侧用消毒缝合线进行圆枕减张缝合,压迫固定数日,治愈后拆除缝合线。

2. 中药治疗 整复后可采用下列方剂防止复发。

(1)气虚下陷型 治宜补中益气、升清降浊。方用加味补中益气汤,药用党参 30 克,黄芪 50 克,白术 30 克,甘草 30 克,当归 30 克,升麻 30 克,柴胡 30 克,陈皮 30 克,生姜 20 克,熟地黄 50 克。共研为末,开水冲调,候温灌服。每天 1 剂,连用 3 天。体温升高者,去生姜、熟地黄,加金银花 40 克、黄芩 40 克、连翘 30 克;瘤胃臌气者,去党参,加莱菔子 60 克、槟榔 20 克。

(2)肾阳虚脱型 治宜补肾益气、升阳举陷。方用大补元煎加味,药用党参 50 克,山药 45 克,熟地黄 45 克,杜仲 45 克,山茱萸 45 克,枸杞子 45 克,炙甘草 25 克,升麻 60 克,桑螵蛸 40 克。

【针灸治疗】 在后海穴和脱肛穴进针 4.5 厘米左右,三点各注入 0.25%盐酸普鲁卡因注射液 5 毫升。

子宫弛缓

子宫弛缓是指母牛产后子宫恢复至未孕时状态的时间延长,又称为子宫复旧不全,是奶牛常见的产科病之一。

病牛阴道苍白无光,子宫颈吊在阴道中,子宫颈口开张,输精管插入时没有环状肌的阻力感,很易插入。直肠检查时子宫体及子宫角柔软松弛,收缩如抹布状,子宫颈稍直,且薄而软。产后恶露排出时间大为延长,阴道检查可见子宫颈口弛缓开张,有的病牛在产后 7 天仍能将手伸入,产后 14 天还能通过 2 指。

【病　因】 奶牛在妊娠后期由于饲料、饲草单一或日粮比例不合理,钙、磷比例失调或不足,缺乏与奶牛繁殖有关的矿物质、微量元素、维生素,奶牛过肥或过瘦,运动量不足导致肌肉紧张性降低均可引起子宫弛缓。奶牛难产、产双胎、胎儿过大、羊水过多、产程过长、产道损伤等可使子宫扩张疲劳、弛缓、收缩无力。胎盘发生充血、水肿,不易脱落,机械性损伤或其他因素引起早产、流产、产死胎、胎衣不下等可使子宫内分泌突然失调,从而造成子宫弛缓。

【辨　证】　中兽医学认为,本病主要是病牛脾肾气虚,气血虚弱,分娩时伤气耗血,气血运行失调,冲任失于固摄,而致胞宫收缩无力造成。

【中药治疗】

1. 治则　补气,活血祛瘀,缩宫。

2. 方　药

方剂一:加味归芎汤。党参 40 克,黄芪 90 克,当归 60 克,升麻 30 克,川芎 30 克,炙甘草 20 克,五味子 30 克,半夏 30 克,白术 30 克。共研为末,灌服,隔天 1 剂,连用 3 剂。

方剂二:黄芪 60 克,白术 30 克,陈皮 25 克,升麻 40 克,柴胡 40 克,党参 40 克,当归 40 克,香附 40 克,甘草 15 克,生姜 15 克。研末,开水冲服,连服 3~4 剂。

方剂三:缩宫汤加减。当归 60 克,川芎 40 克,益母草 60 克,三棱 20 克,莪术 20 克,蒲黄 40 克,五灵脂 40 克,桃仁 50 克,红花 40 克,香附 40 克。兼血热者加牡丹皮 30 克、赤芍 30 克;气虚者加党参 50 克、黄芪 50 克。水煎服,每天 1 剂,连用 3~4 天。

【针灸治疗】　用 0.25%盐酸普鲁卡因注射液 50 毫升,配以青霉素 160 万~240 万单位,使用长封闭针头,从后海穴位沿尾椎以平行方向插入,进针 10~15 厘米时推入药液,之后慢慢抽出针头。

输卵管炎

输卵管炎是输卵管黏膜的炎症。输卵管炎可致管腔渗出、粘连、阻塞或管外粘连、僵硬，妨碍输卵管送卵功能，而造成母牛不孕。

输卵管炎症一般为单侧性，双侧炎症特别少见。病牛一般都有正常的性周期，在临床上没有其他全身症状，只是屡配不孕。在输卵管炎症的发病初期，临床上很难做出诊断。随着炎症的进一步发展，直肠检查时子宫大小、卵巢大小及软硬度均无显著变化。但用手触摸输卵管病变部位时，可见发炎的输卵管像一根筷子般粗细，具有弹性，稍有敏感，可摸到输卵管肥厚、硬结，用手指挤压病变处，病牛表现明显不安。

【病　因】　患子宫内膜炎、卵巢炎、流产、胎衣不下等，人工授精时输精枪插入子宫角操作不当造成子宫内膜损伤，器械消毒不严格，带菌作业或难产时助产不当造成子宫、卵巢及其附近组织损伤感染，炎症蔓延，或卫生条件差，牛舍潮湿，一些寄生虫侵入子宫、输卵管等，均可引起本病。

【辨　证】　中兽医学认为，输卵管炎是由于产后热毒或湿浊之邪侵及胞宫、胞脉，影响胞宫、胞脉的气血运行，致使胞脉闭阻；或因助产不当，损伤血脉，使血溢脉外，形成瘀血；或因产后护理不当，寒邪乘虚而入客留胞中，血为寒凝，血脉运行不畅，瘀血留滞于胞宫、胞脉；或因肝气郁结，致使气机郁滞不畅，血行受阻，瘀血内停于胞脉，最终导致胞脉闭阻不通，两精不能相搏，难于成胎。

【中药治疗】

1. 治则　清热解毒，补气，化瘀通络。

2. 方　药

方剂一：化瘀汤。败酱草 45 克，丹参 60 克，延胡索 30 克，茯苓 30 克，山药 30 克，黄芪 60 克，川牛膝 30 克，当归 45 克，白芍 30

克,桂枝 30 克,桃仁 30 克。共研细末,开水冲调,候温灌服,每天 1 剂,连用 3～4 天。

方剂二:血竭 10 克,当归 30 克,红花 40 克,炮穿山甲 40 克,郁金 40 克,路路通 40 克,香附 40 克,牡丹皮 40 克,红藤 60 克,败酱草 60 克,茺蔚子 30 克,甘草 15 克。共研细末,开水冲调,候温灌服,每天 1 剂,连用 3～4 天。

方剂三:穿败汤。穿山甲 45 克(碾末),败酱草 45 克,当归 45 克,川芎 30 克,桃仁 35 克,赤芍 40 克,红花 30 克,路路通 45 克,地龙 30 克(碾末),土茯苓 30 克,苏木 30 克,益母草 45 克,仙茅 30 克,淫羊藿 30 克,乳香 30 克,没药 30 克,甘草 30 克。炮穿山甲和地龙先煎 30 分钟后,加其他药共煎 30 分钟,水煎 2 次,合并药液,待温后一次投服。每天 1 剂,连用 4～6 天。

方剂四:柴胡 25 克,枳实 25 克,当归 40 克,川芎 35 克,丹参 60 克,红花 25 克,桃仁 25 克,茯苓 40 克,皂角刺 40 克,酒大黄 40 克,黄芪 35 克,穿山甲 35 克,穿破石 40 克,鳖甲 25 克,牛膝 25 克,路路通 25 克。水、酒各半煎,每天 1 剂,分 2 次口服,连用 6～8 天。

卵巢静止

卵巢静止是由卵巢功能受到扰乱所致。直肠检查可见无卵泡发育,也无黄体存在,卵巢处于静止状态。母牛表现为长期不发情,若长时间得不到治疗则可发展成卵巢萎缩。卵巢萎缩通常是卵巢体积缩小,有时为一侧,有时为两侧。卵巢质地硬化,无活性,性功能减退。

发病母牛发情周期延长或长期不发情,发情的外表征象不明显,或仅出现发情征候但不排卵。直肠检查可见卵巢表面光滑,无卵泡,无黄体。有些静止的卵巢呈蚕豆样大小,较软;有些卵巢质较硬、略小,并有黄体残留的痕迹。隔 7～10 天或一个性周期后再做直肠检查,卵巢仍无变化。子宫收缩无力,甚至子宫体积缩小。有的母牛身体消瘦,毛质粗糙无光泽。

【病　因】　本病易发生于营养失调、瘦弱及老龄母牛。其病因主要是饲料单一,蛋白质及能量不足,缺少维生素和钙,或因长期患慢性疾病,造成气血亏虚,肾阳不足,以至冲任脉不固,血不化精,精气不至,长期不发情。

【辨　证】　可分为以下 2 个证型。

1. 肾阳虚型　病牛发情周期延长或发情不明显,甚至无发情表现;口色淡白,四肢无力,耳、鼻欠温,肠鸣,即使发情正常也屡配不孕。

2. 气血亏虚型　病牛体瘦,被毛粗乱无光,精神不振,不发情或发情不明显,屡配不孕。

【中药治疗】

1. 肾阳虚型

(1)治则　温肾补阳,益血养精。

(2)方　药

方剂一:强阳保肾散。淫羊藿、阳起石、肉苁蓉、沙苑子、蛇床子、茯苓、远志各 30 克,葫芦巴、补骨脂、覆盆子各 35 克,五味子、韭菜子各 32 克,芡实 36 克,小茴香 24 克,肉桂 20 克。共研为细末,开水冲调,候温灌服。

方剂二:羊红膻全草 250 克,研末用开水冲调,一次灌服。连用 5 剂,停药 10 天。无效者再连用 5 剂。

方剂三:温肾散。山茱萸、紫石英、熟地黄各 100 克,煅龙骨、煅牡蛎、补骨脂各 60 克,茯苓、当归、炒山药、菟丝子、蛇床子、益智仁、附子、肉桂各 20 克。共研细末,用猪肾 6 个(切碎),水煎取汁冲药末灌服,每天 2 次。本方主治肾虚不孕。

2. 气血亏虚型

(1)治则　益气养血,滋补肝肾。

（2）方　药

方剂一：黄芪 30 克，党参 24 克，白术 12 克，当归 24 克，熟地黄 24 克，香附 24 克，黄精 21 克，肉苁蓉 12 克，砂仁 15 克，枸杞子 21 克，五味子 15 克，淫羊藿 15 克，丹参 30 克，川续断 45 克，补骨脂 21 克，川芎 12 克，白芍 24 克，炙甘草 9 克，黄酒适量，猪卵巢或公鸡睾丸 1 对为引。研末，开水冲服，隔天 1 剂，连用 3～5 剂。

方剂二：党参 125 克，熟地黄 85 克，鸡血藤 510 克，山药 85 克，当归 95 克，杜仲 46 克，益母草 98 克，红花 37 克，白术 67 克，阳起石 88 克。以红糖 350 克为引，煎汤一次灌服，每天 1 剂，连用 4 天。

方剂三：八珍汤加减。当归 32 克，炒白术 32 克，白芍 27 克，熟地黄 27 克，党参 32 克，黄芪 32 克，茯苓 32 克，川芎 23 克，山药 27 克，陈皮 23 克，盐黄柏 23 克，益母草 60 克，炙甘草 23 克。研末，开水冲调，候温灌服，连用 3～5 剂。

卵巢功能减退

卵巢功能减退是卵巢发育或卵巢功能发生暂时性或长久性衰退的一种疾病。

病牛主要表现性周期紊乱，发情及性欲不明显，发情持续时间较短，即使发情也不排卵。直肠检查时，两侧卵巢大小基本一致，形状及质地正常，卵巢上无卵泡和黄体，有时一侧卵巢上有黄体的残迹。卵巢缩小，组织萎缩，质地硬，子宫也伴随缩小。

【病　因】　主要是由于饲养管理不当引起。饲料不足，品种单一，品质低劣，营养不良。日粮营养不平衡，营养物质比例不当、缺乏或不足；精饲料喂量过多，母牛过度肥胖；运动不足；过度催奶，机体营养随乳汁排出，生殖系统营养不良等；外界不良环境条件的应激，如热、冷、饲料、泌乳应激等；机体本身状况，如老龄、患全身性严重疾病或患子宫疾病、遗传性等,均可引起卵巢功能减退。

【辨　证】　根据病因、症状,可将本病分为以下 2 个证型。

1. 肾阳虚型　病牛发情周期延长或发情不明显,甚至无发情表现;口色淡白,四肢无力,耳、鼻欠温,肠鸣,即使发情正常也屡配不孕。

2. 气血虚弱型　牛体瘦弱,被毛粗乱无光,精神不振,不发情或发情不明显,屡配不孕。

【中药治疗】

1. 肾阳虚型

(1)治则　温补肾阳,催情助孕。

(2)方　药

方剂一:参芪归地散。党参、黄芪、当归各 45 克,熟地黄 30 克,阳起石 60 克,益母草 150 克,肉苁蓉、巴戟天各 30 克,甘草 15 克。水煎服或研末灌服,隔天 1 剂,连用 3 剂。

方剂二:复方仙阳汤。淫羊藿、补骨脂各 120 克,当归、阳起石、枸杞子各 100 克,菟丝子、赤芍各 80 克,熟地黄 60 克,益母草 150 克。水煎服或研末用开水冲调灌服,隔天 1 剂。

方剂三:淫羊藿 25 克,王不留行 25 克,益母草 30 克,菟丝子 28 克,肉苁蓉 20 克,熟地黄 20 克,当归 14 克,玄参 21 克,何首乌 20 克,川芎 14 克,党参 15 克,枳壳 14 克,韭菜子 15 克。共研细末,分成 4 份,每天灌服 1 份,连用 4 天。

2. 气血虚弱型

(1)治则　益气补血,催情助孕。

(2)方　药

方剂一:党参 125 克,熟地黄 85 克,鸡血藤 510 克,山药 85 克,当归 95 克,杜仲 46 克,益母草 98 克,红花 37 克,白术 67 克,阳起石 88 克。以红糖 350 克为引煎汤,一次灌服,每天 1 剂,连用

4 天。

方剂二：鸡血藤 300～550 克,阳起石 70～95 克(或淫羊藿 300～600 克),以红糖 350 克为引,共煎汁一次灌服。

【针灸治疗】　可电针命门、百会、腰胯、肾俞、百会、阳关、雁翅等穴。

卵巢囊肿

卵巢囊肿分为卵泡囊肿和黄体囊肿 2 种。卵泡囊肿是由于卵泡上皮变性,卵泡壁结缔组织增生变厚,卵泡液未被吸收或增多而形成。黄体囊肿是由未排卵的卵泡壁上皮黄体而形成。

卵巢囊肿的主要症状是发情周期紊乱,母牛无正常的发情周期,由于囊肿性质不同,故症状不同。卵泡囊肿是卵巢中未排卵的卵泡所形成,因为分泌多量的促卵泡素使母牛持续发情和发情亢进,性周期缩短为 4～10 天。直肠检查可见子宫颈口肥大,子宫增大,壁厚柔软;一侧或两侧卵巢上有数量不等的较大囊泡,最大的直径可达 5 厘米,并有波动感;或卵巢表面有许多小的富有弹性的壁薄的卵泡。由于发情时间延长,常造成坐骨韧带弛缓,尾根与坐骨结节间形成明显凹陷,阴唇松弛肥大,追赶爬跨其他牛只,频频哞叫,食欲减少,身体消瘦,呈慕雄狂症状。发生黄体囊肿时,外阴部无变化,母牛长期不发情。直肠检查时,可见卵巢较坚实并明显增大,有轻微的疼痛和波动,且持久存在而不易消失。

【病　因】　卵巢囊肿的发病原因尚未完全清楚,一般认为与营养不全有关,或不正确地应用激素,使垂体或其他激素功能失调而引起。寒冷也可能是致病因素之一。长期子宫蓄脓、积液,急性子宫内膜炎、慢性子宫内膜炎、输卵管炎、卵巢炎等治疗不及时,长期的炎性刺激使卵巢不能正常排卵,也可引起卵泡囊肿。

造成黄体囊肿的主要原因是内分泌功能紊乱,前列腺素分泌不足,黄体不能消失;子宫蓄脓、积液,子宫内长期积留死胎,卵巢囊肿久未治愈,形成黄化。输卵管炎、卵巢炎等可继发黄体囊肿。

【辨　证】　根据病因、症状,可将本病分为以下 2 个证型。

1. 气滞型　病牛精神沉郁,阴道分泌物较多,舌质淡红,舌苔薄白,脉象沉弦。

2. 血瘀型　病牛精神倦怠,食欲较差。发情延后,有时长达 3～5 个月不发情,胞宫肥厚,久配不孕。舌暗红、苔薄、脉沉涩。

【中药治疗】

1. 气滞型

(1)治则　理气活血,破瘀消肿。

(2)方药　桃仁 25 克,红花 20 克,三棱 30 克,莪术 30 克,香附 40 克,青皮 30 克,益母草 50 克,陈皮 30 克,肉桂 15 克,甘草 15 克。水煎取汁,候温灌服;或共研为细末,开水冲调,候温灌服。

2. 血瘀型

(1)治则　活血化瘀,散结消肿。

(2)方　药

方剂一:三棱 60 克,莪术 60 克,桃仁 30 克,红花 30 克,丹参 60 克,穿山甲 15 克,当归 60 克,川芎 40 克,赤芍 60 克,益母草 60 克,木通 40 克,黄芪 100 克,白术 50 克,炙甘草 40 克,大枣 60 克。每剂药水煎 3 次,去渣,将 3 次药液混合后分 3 次喂服,每次加白酒 200 毫升与药液同喂。隔天服 1 剂,连用 4～5 剂。

方剂二:炙乳香 40 克,炙没药 40 克,香附 80 克,三棱 45 克,莪术 45 克,黄柏 45 克,知母 60 克,当归 60 克,川芎 30 克,鸡血藤 45 克,益母草 90 克,研末,开水冲服,连用 3～6 剂。

【针灸治疗】　6 毫瓦氦氖激光连续照射母牛地户穴、阴蒂穴,距离 35～40 厘米,每穴每次照射 10 分钟,每天 1 次,12 次为 1 个疗程。

卵　巢　炎

卵巢炎是母牛的卵巢发生炎症的病理过程，按病程可分为急性和慢性2种。

急性卵巢炎病牛不发情，如非两侧卵巢同时发炎，则发情周期正常。直肠检查时感觉患病侧卵巢呈圆形，肿大，柔软而表面光滑，卵巢可增大2～4倍，触之有疼痛感，卵巢上无黄体和卵泡。病牛通常表现精神沉郁，食欲减退或废绝，产奶量下降，发情周期无规律，体温升高。

慢性卵巢炎患病侧卵巢的体积增大，质地变硬，而且表面高低不平，有时变硬，但仅限于卵巢的某一部分。触诊时有轻微疼痛或没有疼痛，卵巢实质萎缩，白膜增厚，卵巢体积缩小，触之无痛，无卵泡，也无黄体。病牛无全身症状，但性欲缺乏或呈慕雄狂。脓性卵巢炎通常在卵巢上发生豌豆大至鸡蛋大的脓肿，触之似卵泡，有波动感，疼痛明显。

【病　因】　急性卵巢炎主要是子宫炎、输卵管炎、腹膜炎及其他器官炎症的伴发病；或因持久黄体及卵巢囊肿挫破或穿刺囊肿等手术后的损伤所致；或因病原微生物经血液和淋巴液进入卵巢而发生感染。

慢性卵巢炎是由于结核病和布鲁氏菌病病原菌所引起的；或从急性卵巢炎转变而来；由于操作不慎，用力触摸卵巢，挤压黄体或穿刺卵巢而造成损伤，也能继发本病。

【辨　证】　根据病因、病理变化和临床症状可将本病分为热毒炽盛型和湿热瘀结型2种证型。

1. 热毒炽盛型　病牛精神沉郁，食欲减退或废绝，产奶量下降、寒战高热，弓腰缩背，食欲下降。阴道分泌物量多，色黄如脓，气味臭秽。口色红，苔黄厚，脉弦数有力。

2. 湿热瘀结型 病牛精神沉郁,反复低热起伏,弓腰缩背。阴道分泌物量多,色黄有异味,口色暗红或有瘀点。

【中药治疗】

1. 热毒炽盛型

(1)治则 清热解毒,利湿,活血化瘀。

(2)方 药

方剂一:银翘红酱解毒汤。金银花50克,连翘50克,红藤40克,败酱草40克,薏苡仁45克,赤芍45克,桃仁50克,乳香30克,没药30克,延胡索30克,川楝子30克。

方剂二:五味消毒饮加味。金银花60克,蒲公英50克,紫花地丁50克,野菊花50克,天葵子45克,红藤60克,败酱草55克,牡丹皮45克,赤芍45克,青木香30克,川楝子30克,延胡索30克。

2. 湿热瘀结型

(1)治则 清利湿热,解毒消瘀。

(2)方 药

方剂一:止带方合失笑散加减。黄柏50克,茵陈45克,车前子50克,猪苓40克,泽泻40克,牡丹皮40克,赤芍40克,栀子40克,牛膝15克,蒲黄40克,五灵脂30克,败酱草40克。

方剂二:清热调血汤加减。牡丹皮45克,黄连40克,生地黄50克,红花40克,桃仁40克,香附15克,延胡索35克,败酱草45克,红藤60克,薏苡仁50克。阴道分泌物腥臭者,加鱼腥草60克、马鞭草45克;食欲不振者,可加陈皮45克、茯苓60克。

方剂三:红藤15克,虎杖20克,败酱草15克,丹参20克,三棱15克,莪术15克,黄芪20克。水煎至药液浓缩为100毫升,子宫灌注,每天1次。

排卵延迟及卵泡交替发育

排卵延迟亦称排卵迟缓,是指母牛发情后排卵时间向后延迟,超过了正常时间。卵泡交替发育是指母牛发情时,一侧卵巢上发育的卵泡中途停止发育,而另一侧卵巢上又有新的卵泡发育。母牛发生排卵延迟或卵泡交替发育时,卵泡的发育和外部发情表现都与正常发情一样,但发情的持续时间明显延长,可达3～5天或更长。最后有的可能排卵,并形成黄体,有的则不排卵,卵泡发生萎缩或闭锁。

【病　因】　体内激素作用平衡失调,特别是垂体分泌促黄体素不足是造成排卵延迟或卵泡交替发育的主要原因。气温突变,温度过低或过高,饲料单一,营养不良,犊牛哺乳期过长等均可引起排卵延迟或卵泡交替发育的发生。

【辨　证】　中兽医学认为本病属于肾虚、血虚气弱之证。

【中药治疗】

1. 治则　补肾健脾,益气补血。

2. 方　药

方剂一:山药30克,山茱萸15克,茯苓24克,生地黄30克,白术15克,酒糟30克,当归45克,茯苓30克,白芍18克,秦艽24克,菟丝子30克,何首乌21克,紫石英15克,甘草15克。研末,姜为引,开水冲调,待温灌服。

方剂二:当归24克,川芎21克,白芍18克,熟地黄30克,茯苓15克,陈皮15克,制香附30克,吴茱萸24克,延胡索15克,牡丹皮12克,黄芩15克。研末,开水冲调,待温灌服,连服3剂。

【针灸治疗】

1. 激光疗法　氦氖激光照射母牛阴蒂穴、后海穴,距离50～80厘米,输出功率30毫瓦,每次照射10～15分钟。每天1次,7

天为 1 个疗程。

2. 电针 取雁翅穴和尾根穴,隔天 1 次,频率 80～100 次/分,每次 25～30 分钟,2～3 次为 1 个疗程。或者电针气门穴、百会穴、后海穴,每次 20～30 分钟,输出频率由弱至强,以病牛产生明显反应而又能耐受为度,1～2 次为 1 个疗程。

持久黄体

持久黄体也称永久黄体滞留,是指母牛在分娩后或性周期排卵后,妊娠黄体或发情性周期黄体及其功能长期存在而不消失。

病牛性周期停止,个别母牛出现暗发情,但不排卵,不爬跨,不易被发觉。外阴户收缩呈三角形、有皱纹,阴蒂、阴道壁、阴唇内膜苍白、干涩,母牛安静。直肠检查,一侧或两侧卵巢增大,卵巢表面上有突出的黄体,黄体体积较大,质地较卵巢实质为硬,有的呈蘑菇状,中央凹陷。有时在一侧卵巢上可摸到 1～2 个或多个较小的黄体。子宫多数位于骨盆腔和腹腔交界处,子宫角不对称,子宫松软下垂,触诊无收缩反应,有时伴有子宫内膜炎等疾病。

【病　因】 饲养管理不当,如饲料中缺乏微量元素、维生素 E 不足、运动不足、冬季圈舍寒冷且饲料不足以及矿物质代谢障碍等都会引起卵巢等功能减退;高产奶牛由于消耗过大,以致卵巢营养不足;子宫疾病,如胎衣在子宫内腐败、化脓性子宫炎、子宫积液、子宫蓄脓等一般都可形成持久黄体。

【辨　证】 牛发情周期停止,长时间不发情,直肠检查时可触到一侧卵巢增大,比卵巢实质稍硬。如果超过了应当发情的时间而不发情,间隔 5～7 天再做直肠检查,如果奶牛黄体位置、大小、形状及硬度均无变化,即可确诊为持久黄体。但为了与妊娠黄体加以区别,必须仔细检查奶牛子宫。究其病因、病机,乃为肾阳不足、气虚血瘀所致。

【中药治疗】

1. 治则　补气养血,补肾壮阳,活血调经。

2. 方药

方剂一:阳起石 20 克,淫羊藿 20 克,益母草 50 克,当归 30 克,赤芍 30 克,菟丝子 30 克,补骨脂 30 克,枸杞子 40 克,熟地黄 30 克。水煎后一次灌服,隔天 1 次,3 次为 1 个疗程。

方剂二:当归 30 克,川芎 20 克,茯苓 30 克,白术 40 克,党参 40 克,白芍 30 克,丹参 30 克,益母草 60 克,甘草 20 克。水煎后一次灌服,隔天 1 次,3 次为 1 个疗程。

【针灸治疗】　用 8~10 毫瓦氦氖激光照射病牛后海穴,距离 40~50 厘米,每天照射 1 次,每次照射 15~20 分钟。30~40 毫瓦功率的激光器每次照射 8~10 分钟,一般连续照射 3~7 天可见效。

用 8 毫瓦氦氖激光照射阴蒂部,或阴蒂部加地户穴,照射距离为 40 厘米,每天照射 1 次,每次照射 10 分钟,10 天为 1 个疗程。

用 6~8 毫瓦氦氖激光照射阴蒂或后海穴或阴唇黏膜部分,光斑直径 0.25 厘米,距离 40~60 厘米,每天照射 1 次,每次 15~20 分钟,14 天为 1 个疗程。

产后瘫痪

产后瘫痪又称生产瘫痪,也称为乳热症,中兽医称本病为胎风,是牛较为多见的一种产科疾病,以突然发生舌、咽、肠道麻痹,知觉丧失及四肢瘫痪为特征。

病牛初期表现精神委顿,食欲减退,反刍、嗳气均减少。喜卧,不愿行走,行走时后肢摇摆,体温一般正常,心跳快而弱,呼吸变粗,表现不安。最后卧地,头部至鬐甲部呈轻度的 S 状弯曲,各种反射减弱,但不完全消失。后期病牛伏卧不起,四肢屈于躯干之下,头向后弯至胸部一侧,昏睡,知觉丧失,四肢末梢厥冷,脉搏微弱,呼吸深长而缓慢,并伴有呼噜声,不时磨牙。

【病　因】　现代医学认为本病的发生多与代谢有关,与钙和维生素缺乏关系较大。

【辨　证】　中兽医学认为,本病发生多因产前劳役过度,营养不足,身体瘦弱;或产后气血耗损,腠理不固,风寒湿邪乘虚侵袭,由表及里,传入经络,郁滞不通;或产后肝肾亏虚,营血不足,津液损耗,内不养神,外不养筋,故发本病。

【中药治疗】

1. 初　期

(1)治则　祛风舒筋,活血补肾。

(2)方药　补阳疗瘫汤加减。当归30克,川芎20克,黄芪30克,益智仁45克,川续断30克,补骨脂45克,枸杞子30克,桑寄生30克,熟地黄30克,小茴香30克,麦芽45克,青皮25克,威灵仙20克,甘草20克。共研为末,开水冲调,候温灌服。每天1剂,连用3~5天,一般即可痊愈。

2. 后　期

(1)治则　气血双补,重补肝肾,活血化瘀,祛风除湿。

(2)方　药

方剂一:独活寄生汤加减。独活30克,桑寄生45克,秦艽30克,防风25克,细辛6克,当归30克,白芍25克,川芎15克,熟地黄45克,杜仲30克,牛膝30克,党参30克,茯苓30克,桂心15克,甘草20克。共研为末,开水冲调,候温灌服。每天1剂,连用4~5天可愈。如果疼痛表现明显者,可酌加制川乌、制草乌、白花蛇等以助搜风通络,活血止痛;寒邪偏盛者,酌加附子、干姜以温阳散寒;湿邪偏盛者,去熟地黄,酌加防己、薏苡仁、苍术以祛湿消肿。

方剂二:十全大补汤加减。党参、白术、益母草、黄芪、当归各50克,白芍、陈皮、大枣各40克,熟地黄、川芎、甘草各30克,升麻、柴胡各 25 克。共研细末,开水冲调,候温加白酒 100 毫升一次灌服,每天 1 剂,连用 3 天。

【针灸治疗】 针刺百会、大胯、小胯、抢风穴,对刺激无反应的危重病牛,配合穴位注射药物,取百会穴、大胯穴、抢风穴各注射 0.2% 硝酸士的宁注射液 5 毫升,每天 1 次。

乳 房 炎

乳房炎是指乳房受到机械性、物理性、化学性和生物性因素作用而引起的炎症过程。临床上以乳房肿胀、敏感,乳汁变质,产奶量减少或停止为特征。多发生于产后哺乳期。此外,在妊娠后期临产之前亦偶见发生。

临床上按照症状和乳汁的变化,可分为急性型、亚急性型和慢性型。

急性乳房炎:突然发病,乳房发红、肿胀、变硬、疼痛,乳汁显著异常和减少,出现全身症状。病牛体温升高,食欲减退,反刍减少,脉搏增速,脱水,全身衰弱,沉郁。当病情发展很快且症状严重时为最急性乳房炎,此时可危及病牛生命。

亚急性乳房炎:病牛一般没有全身症状,最明显的异常是乳汁中有絮片、凝块,并呈水样。乳房有轻微发热、肿胀和疼痛。

慢性乳房炎:多由长时间持续感染引起,或由于急性乳房炎未及时进行有效治疗而转来。长期保持亚临床型乳房炎,或亚临床型和临床型交替出现,临床症状长期存在。最终可导致乳腺组织纤维化,乳房萎缩,出现硬结,停止产奶。

亚临床型乳房炎:病牛的乳房和乳汁肉眼观察无异常,但乳汁理化性质发生变化,乳汁体细胞数增加。隐性乳房炎病牛是病原携带者,可以感染其他健康牛。

【病 因】 饲养管理不当,如挤奶技术不熟练,造成乳头管黏膜损伤,挤奶前未清洗乳房或挤奶人员手不干净以及其他污物污染乳头等;病原微生物的感染如大肠杆菌、葡萄球菌、链球菌、结核杆菌等通过乳头管侵入乳房而引起感染;机械性损伤如乳房受到打击、冲撞、挤压或犊牛咬伤乳头等而引起的损伤均可成为本病发生的诱因。另外,本病常继发于子宫内膜炎及生殖器官的炎症性疾病。

【辨　证】　乳房炎属于中兽医学中的奶肿、奶痛、奶黄、乳痈等范围,是瘀血毒气凝结于乳房而成痈肿的一种疾病。根据病因,分为热毒壅盛型和气血瘀滞型。

1. 热毒壅盛型　病初乳房部分发生肿胀、发热、疼痛,母牛拒绝犊牛吮乳,不愿卧地,亦不愿走动,两后肢张开站立。乳汁减少和变性,呈淡棕色或黄褐色,甚至乳汁中出现白色絮状物,并带血丝。如已成脓,触之有波动感,日久则破溃流脓。此时病牛精神委顿,起卧不安,运动缓慢,食欲减退,反刍减少,口舌赤红,舌有黄苔,脉象洪数。

2. 气血瘀滞型　乳房内有大小不等的硬块,皮肤不变,触之不热或微热,乳汁排出不畅,若延误不治,肿块往往溃烂,病牛躁动不安,口色黄,苔薄,脉弦数。

【中药治疗】

1. 热毒壅盛型

(1)治则　初期消肿解毒,通乳止痛;成脓期清热解毒,托里透脓;溃后期排脓解毒,防腐生肌。

(2)方　药

①初期　口服消乳散,外敷金黄散。

消乳散:牛蒡子、连翘、天花粉、紫花地丁各30克,黄芩、陈皮、生栀子、皂角刺、柴胡各25克,生甘草、青皮各15克。共研为末,开水冲服。若在哺乳期间乳汁壅滞者,宜通乳后加漏芦、王不留行、木通、路路通,不哺乳或断奶后乳房肿胀者,宜加焦麦芽回乳。

　　金黄散：天南星、陈皮、苍术、厚朴各 25 克,甘草 15 克,黄柏、郁金、白芷、大黄、天花粉各 30 克。共研为末,醋调或水调涂于患部。

　　②成脓期　若肿胀未消,内虽成脓但未溃者,宜用针刺破数孔,排出脓液,再用艾叶、葱、防风、荆芥、白矾,水煎去渣,清洗患处。气血双亏者调补可用补中益气汤(炙黄芪 90 克,党参 60 克,当归 60 克,陈皮 60 克,炙甘草 45 克,升麻 30 克,柴胡 30 克),水煎服。

　　③溃后期　久不收口者,可服内托生肌散。生黄芪 120 克,天花粉 100 克,杭白芍、甘草各 60 克,乳香、没药各 45 克,丹参 30 克。共研为末,开水冲服。

2. 气血瘀滞型

　　(1)治则　舒肝解郁,清热散结,通乳止痛,托里透脓,防腐生肌。

　　(2)方　药

　　①初期　加味瓜蒌散。瓜蒌 50 克,当归 30 克,甘草 30 克,乳香 30 克,没药 30 克,浙贝母 15 克,生黄芪 30 克,蒲公英 45 克,忍冬藤 30 克,穿山甲 15 克。水煎 2 次灌服,连用 3 剂。同时,用手轻揉乳房,慢慢挤出乳汁,再用雄黄散(雄黄 15 克,白及 30 克,白蔹 30 克,龙骨 30 克,大黄 30 克,共研细末),调敷肿处。

　　②中期　若肿未消,内已成脓而未溃,则用探针抽出脓液,再服托里消毒散。当归 30 克,黄芪 50 克,穿山甲 15 克,皂角刺 30 克,香附 30 克,乳香 30 克,延胡索 30 克,连翘 50 克。水煎 2 次,一次灌服,连用 3 剂。

　　③后期　若溃破日久,脓出清稀,不能收口,可用内补黄芪汤。黄芪 40 克,党参 30 克,茯苓 30 克,川芎 30 克,当归 30 克,白芍 30 克,熟地黄 40 克,肉桂 30 克,皂角刺 30 克,远志 15 克,甘草 30 克,生姜 15 克。以大枣 20 个为引,水煎 2 次灌服,连用 3 剂。

【针灸治疗】 急性型以血针、水针为主。

1. 血针 取两侧滴明穴,放血 400～500 毫升;或配鹊脉穴、滴水穴、阳明穴。

2. 水针 取阳明、百会穴,注射青霉素 80 万～160 万单位。或用 0.5%盐酸普鲁卡因注射液 100～150 毫升,加青霉素 40 万单位,一次乳基穴注射。

3. 氦氖激光照射 取滴明穴、通乳穴、阳明穴,照射距离 10～20 厘米,照射 10～15 分钟,每天照射 1～2 次。

4. 灸熨 灸熨患处,每次 30～60 分钟。

5. 特定电磁波治疗仪 患部照射,每次 60 分钟,每天 1～2 次。

乳房水肿

乳房水肿又称乳房浆液性水肿,是由乳房、后躯静脉循环障碍及乳房淋巴循环障碍所致的乳房明显肿胀。

病牛最初乳房皮肤充血,乳房极度扩张膨胀,内充满乳汁,按压可留下指痕。乳房皮肤增厚,触压坚实,有的可见数条裂纹,从中渗出清凉的淡黄色液体。轻度水肿发生于乳房基底前缘和下腹部。严重水肿可波及胸下、会阴及四肢,乳房下垂,迫使病牛后肢张开、运动困难,由于运动时摩擦,常见股内侧乳房基部溃烂。典型的乳房水肿是 4 个乳区全部被侵害,也有侵害半侧或者 1 个乳区的。乳头出现水肿,皮肤发凉,无痛感,触诊似掐面粉袋样,泌乳量少或无,肉眼可见异常。精神、食欲正常,全身反应轻微。

【病 因】 主要是干奶期饲养不当造成,主要表现为干奶期精饲料喂量过多,日粮中食盐用量过大。或者分娩前母牛乳房血流量增加,乳静脉压增高而淋巴液积聚,雌激素分泌增强以及妊娠期过长、胎儿过大等,皆可引起本病。此外,运动场狭小,牛群饲养密度过大,导致产前母牛运动不足也可诱发本病。

【辨　证】　中兽医认为本病主要是病牛脾肺气虚,气虚影响三焦,三焦运化失司,水液运行失常,瘀滞停留,化为水饮,聚于乳房,造成水肿。

【中药治疗】

1. 治则　补中益气,健脾利湿,利水消肿,化瘀散结。

2. 方药

方剂一:利湿健脾散。黄芪50克,白术、党参、赤茯苓、泽泻、木通、猪苓各30克,防风、荆芥、羌活、前胡、柴胡、桔梗各25克,桂枝、川芎各20克,甘草15克。诸药共研为末,开水冲调,候温灌服,隔天1剂。

方剂二:消肿散。瓜蒌60克,牛蒡子、天花粉、连翘、金银花各30克,黄芩、陈皮、栀子、皂角刺、柴胡、青皮各15克,当归、川芎、益母草各30克,木通、路路通各15克。共研细末,开水冲服,每天1剂,连用3～5天。

【针灸治疗】　针刺耳尖、尾尖、山根穴出血,穿刺阳明穴,以见有水、血、奶混合液体外滴为度。

缺乳症

缺乳症是母牛产后较为多见的疾病,严重影响犊牛的生长发育,亦称乳汁不行。以初产牛或老龄牛及营养不良牛发病较多。

【病　因】　多因妊娠期间或长期饲料短缺、单纯,以致营养不良,或劳役过度,耗伤气血,均可造成气血两虚而发生本病。乳汁乃气血化生而成,气血不足,则乳汁化生无源,严重者甚至无乳。或因母牛妊娠期间饲喂失调,劳役不当,饱后使役或久役,饥渴而失饮喂,以致脾胃受损而虚。胃虚不能受纳腐熟,脾虚失于运化,导致精血不足而缺乳。

【辨　证】　根据病因、临床症状可将本病分为气血两虚型、脾虚胃弱型和血瘀气滞型 3 种证型。

1. 气血两虚型　病牛精神较差,吃草减少,乳房缩小,触之柔软、不热、不痛,可挤出少量乳汁,结膜、口色淡白,尾脉细弱。

2. 脾虚胃弱型　病牛长期消化不良,慢草,泻泄,逐日消瘦,神疲乏力,口色青黄,舌有白苔;乳房松软空虚,初时能挤出少量乳汁,若不及时调治,则乳汁渐减,甚至全无。

3. 血瘀气滞型　母牛体况良好,乳房充盈,但挤不出乳汁,触摸乳房无硬块、不发热,口色、结膜淡红,脉弦紧。

【中药治疗】

1. 气血两虚型

(1)治则　补血益气,通络下乳。

(2)方　药

方剂一:加味八珍散。党参 50 克,白术 30 克,茯苓 20 克,当归 50 克,川芎 25 克,熟地黄 50 克,白芍 20 克,炙甘草 20 克,阿胶(烊化)20 克,砂仁 15 克,陈皮 30 克,厚朴 30 克,枳壳 35 克。共研为末,开水冲调,候温灌服。

方剂二:通乳散。黄芪 30 克,党参 30 克,当归 60 克,通草 30 克,川芎 30 克,白术 30 克,川续断 30 克,阿胶(烊化)30 克,木通 25 克,杜仲 25 克,王不留行 60 克,穿山甲 80 克,炙甘草 25 克。共研为细末,开水冲调,候温灌服。

2. 脾虚胃弱型

(1)治则　补中健脾,通络下乳。

(2)方药　养胃助脾散。党参 50 克,白术 40 克,山药 50 克,茯苓 30 克,陈皮 30 克,厚朴 40 克,沙参 30 克,麦冬 30 克,五味子 30 克,石菖蒲 20 克,当归 30 克,甘草 20 克,生姜 20 克,大枣 10 枚。研为末,开水冲调,候温灌服。

3. 血瘀气滞型

(1)治则　理气解郁,活血祛瘀,活络通乳。

(2)方　药

方剂一:下乳通泉汤。当归 24 克,白芍 24 克,生地黄 45 克,川芎 15 克,木通 24 克,穿山甲 24 克,王不留行 36 克,漏芦 15 克,天花粉 24 克,甘草 15 克,青皮 15 克,牛膝 30 克,柴胡 12 克。共研为细末,开水冲调,候温灌服。

方剂二:当归 50 克,赤芍、川芎、王不留行、益母草各 40 克,柴胡、青皮、漏芦、桔梗、木通各 30 克,通草、红花各 20 克。共研为细末,开水冲调灌服。

胎动不安

胎动不安主要是母牛在妊娠期间,由于气血衰弱,冲任虚损,或因意外损伤,引起流产前兆的一种疾病。如不及时治疗,可能会引起流产而造成损失。

【病　因】　多因饲养管理不善,饲料营养不全、品质低劣引起;或长期饥饱不均、缺乏运动致使母牛营养不良、体质瘦弱,冲任经脉空虚,血虚不能养胎而引起胎动不安。或因母牛素体阴虚,阴虚则阳亢,阴血虚,无力滋养胎元;阳邪亢,则热扰胞胎。或外感热邪入里化火,灼及冲任经脉,热邪扰动胎元而发生胎动。或因母牛妊娠后期躯体笨重,行动不便,偶遭跌扑闪挫损伤所致。或因圈舍狭窄,牛群拥挤,相互爬跨碰撞,引起损伤胎动。此外,误食霉败、变质饲料或有毒物质、妊娠禁忌药物,空肠过饮冷水等均可引发本病。

【辨　证】　根据病因、临床症状可将本病分为血虚型、血热型、外伤型 3 种证型。

1. 血虚型　患病母牛体质瘦弱,被毛粗乱,营养不良,弓腰努责,腹痛不安,频频做排尿姿势,阴道流出浊液,多间歇性发作。口色淡白,脉象细弱。

2. 血热型　病牛突然发病,体温升高达 40.5℃～41.8℃,呼吸促迫,心跳加快,弓腰努责,起卧不安,回头望腰,后肢踢腹,急起急卧。尿频、尿急,尿中带血。口、鼻干燥,口色赤红,脉象洪数。

3. 外伤型　病牛在损伤病史后出现弓腰努责,起卧不安,频频做排尿姿势,有时尿中带血,尾巴乱拧,回头望腹,肚腹胀满,行走不便,有时急起急卧,甚至卧地不起。

【中药治疗】

1. 血 虚 型

（1）治则　补气养血,固本安胎。

（2）方药　白术安胎散。焦白术 90 克,全当归 60 克,熟地黄 100 克,党参 100 克,陈皮 45 克,阿胶（烊化）60 克,砂仁 45 克,白芍 60 克,黄芩 30 克,紫苏 30 克,川芎 25 克,炙甘草 60 克,生姜 60 克,大枣 100 克（引）。每天 1 剂,连用 3 天为 1 个疗程。

2. 血 热 型

（1）治则　清热凉血,安胎。

（2）方药　清热安胎散。生地黄 100 克,熟地黄 60 克,山药 60 克,白芍 60 克,黄连 45 克,黄芩 60 克,黄柏 60 克,炒栀子 60 克,川续断 60 克,桑寄生 60 克,制香附 45 克,甘草 45 克,荷叶 60 克（引）。每天 1 剂,连用 3 天。

3. 外 伤 型

（1）治则　行气止痛,活血安胎。

（2）方药　活血安胎散。全当归 60 克,赤芍 60 克,川芎 30 克,熟地黄 60 克,白术 60 克,木香 45 克,陈皮 45 克,川续断 60 克,黑杜仲 60 克,制香附 60 克,煅牡蛎 100 克,黄芩 30 克,黑棕炭（棕榈炭）60 克,黄酒艾叶（引）。每天 1 剂,连用 3 天为 1 个疗程。

胎漏下血

胎漏下血是指母牛在妊娠期间,从阴道中流出暗红色或褐色血液的一种病症。以阴道内流出少量暗红色或褐色血液、无腹痛或轻度腹痛为特征。本病多见于妊娠后期,若下血不止,常可导致胎动不安、胎死母腹、堕胎、早产等。

【病　因】　由于先天禀赋不足,后天饮喂失调、营养不足;或劳役过度,精气耗损;或妊娠期间患病,致气血双亏,冲任空虚,不能固摄胞络而致漏血。或由于肾阴素亏,久病体弱,伤及肾阴;或邪热伤阴,水火(阴阳)不能保持相对平衡,阴虚阳亢,水火不济,以致血热迫血妄行而致胎漏。或因拥挤、滑倒、蹴踢、跳越沟坎、撞击、使役时用力过猛等,使胎元受损,冲任不固而致胎漏。

【辨　证】　按病因、病理变化和临床症状,可将本病分为气血双亏型、阴虚血热型和外伤型3种证型。

1. 气血双亏型　精神不振,食欲减退,体质消瘦,头低耳聋,被毛无光,行走无力。口色淡白,脉象沉细无力,阴道内有黑豆汁样液体流出。

2. 阴虚血热型　精神短少,食欲不振,形体消瘦或虚胖,站立不稳。口色偏红,结膜充血,舌软无苔,脉象浮而细数,有黑色血块从阴道流出。

3. 外伤型　病牛轻度腹痛,食欲减退,阴道流血较多,频频排尿。如不及时治疗,往往引起流产。

【中药治疗】

1. 气血双亏型

(1)治则　补益气血,止血安胎。

(2)方　药

方剂一:黄芪100克,党参、酒白芍、熟地黄、升麻、白术、杜仲炭、艾叶炭、血余炭、黄芩炭、侧柏炭各 50 克,桑寄生 75 克。共研为细末,开水冲调候温灌服。

方剂二:举元煎合胶艾汤加减。黄芪 60 克,党参、杜仲、艾叶、苎麻根各 50 克,白芍、熟地黄、升麻、桑寄生、白术、当归、阿胶(烊化冲服)各 40 克,血余炭、棕榈炭各 30 克,甘草 20 克。水煎候温灌服。

2. 阴虚血热型

(1)治则 滋阴凉血,止血安胎。

(2)方 药

方剂一:生地黄 75 克,黄芩炭、荷叶炭各 100 克,薄荷、杜仲、白芍、黄柏、桑寄生、血余炭、甘草各 50 克。共研为细末,开水冲调,候温灌服。

方剂二:保阴煎加减。生地黄、黄芩、黄柏、白芍、川续断、杜仲各 50 克,墨旱莲、地榆、桑寄生各 40 克,荷叶 2 张,血余炭 30 克,甘草 20 克,阿胶 40 克(烊化冲服)。水煎候温灌服,每天 1 剂,连用 3～4 天。

3. 外伤型

(1)治则 养血止血,镇痛安胎。

(2)方 药

方剂一:党参 150 克,黄芪、桑寄生、川续断、阿胶(烊化)、苎麻根、黄芩炭、血余炭各 50 克,杜仲炭、菟丝子各 100 克。共研为末,开水冲调,候温灌服。

方剂二:人参(或太子参)90 克,黄芪、桑寄生、阿胶、黄芩炭、苎麻根各 30 克,杜仲炭 45 克,菟丝子 60 克,川续断 24 克,血余炭 21 克。共研为细末,开水冲调,候温灌服(引自《全国中兽医经验选编》)。

难 产

难产是指母牛妊娠期满,已出现临产征候,但胎儿不能顺利产出的病症。以初产母牛较多见,如不及时治疗,往往导致胎儿和母牛死亡。

病牛精神不安,卧地不起,频频弓腰努责,回头顾腹,呼吸促迫。乳房胀大,或流出少量乳汁。有时浑身出汗。外阴肿胀,并从阴道流出黄色浆液,或露出部分胎衣,或可见胎儿肢蹄或头,但胎儿迟迟不下。若分娩时间太长,则病牛神疲力乏,躺卧于地,努责减弱或消失,不时痛苦呻吟。

【病　因】　多因母牛妊娠期间饲喂失调,营养不良,劳役过重,体质虚弱,气血亏损所致。临产时胞宫收缩无力,交骨不开;或胎膜先破,羊水流尽,产道干涩;或产犊时受寒冷侵袭,血被寒凝;或临产受惊,气滞血瘀;或过于肥胖、缺乏运动等,均可引起难产。此外,胎位不正、产道狭窄、胎儿过大或畸形,也可导致本病发生。

【辨　证】　按病因、病理变化和临床症状,可将本病分为气血不足型和气滞血瘀型 2 种证型。

1. **气血不足型**　体瘦毛焦,阵缩无力,口色淡白,脉多沉细无力。

2. **气滞血瘀型**　舌质暗红,脉多沉紧。

【治　疗】　本病的治疗以手术助产为主,辅以药物治疗。

1. **手术助产**　病牛采取前低后高站立或侧卧保定。先将胎儿露出部分及母牛的会阴、尾根等处洗净,再用药液冲洗消毒。术者手臂也用药液消毒,并涂上润滑剂,如液状石蜡。然后将手伸入产道,检查胎位、产道是否正常及胎儿的生死情况。如是胎儿姿势、位置、方向不正引起的难产,应将胎儿露出部分送回子宫内,再矫正胎儿姿势。如产道干涩,可注入一定量的消毒液状石蜡,以滑润产道。然后配合母牛努责,将胎儿拉出。若矫正胎位确有困难,或产道狭窄、胎儿过大,必须及时进行剖宫产手术。如胎儿已死,也可用隐刃刀或线锯将胎儿切成几块,从产道分别取出。在助产过程中,要注意严格消毒,细心操作,以防感染和损伤产道。

2. 药物治疗

(1)气血不足型

①治则　补气养血。

②方药　当归 19 克,川芎 15 克,白芍 18 克,熟地黄 15 克,党参 24 克,白术 24 克,茯苓 15 克,炙甘草 12 克,炙黄芪 24 克,肉桂 12 克。共研为末,开水冲调,候温灌服。

(2)气滞血瘀型

①治则　理气行血,祛寒散瘀。

②方药　当归 60 克,红花 15 克,牛膝 15 克,肉桂 15 克,枳壳 24 克,桃仁 15 克。共研为细末,用黄酒 120 毫升为引,开水冲调,候温灌服。

产后厌食

为母牛产后少食或不食的病症。临床上以食欲下降,体质渐瘦,反刍次数减少,瘤胃、瓣胃音减弱,粪便干硬为特征。高产奶牛和头胎奶牛发病率较高。

本病主要发生于产后数天至 1 个月左右,病牛表现精神委顿,前胃弛缓,食欲减退,顽固性消化不良,异嗜,不时空嚼(磨牙)。随着病程的延长而出现进行性消瘦及营养不良如贫血等症状。前胃蠕动次数减少,力量减弱。肠道蠕动音不明显。心音弱,心率减慢或心率加快,心音区扩大。

【病　因】　多因牛产前饲养失调、饲料单一,加之产时耗血气亏,或胎儿过大产程过长,正气耗伤,阴血过失,造成气血双亏所致。或因分娩后气血骤虚,卫外之阳不固,腠理疏松,以致外邪乘虚而入所致。或因母牛妊娠期间饲喂失调,劳役不当,饱后使役或久役,饥渴而失饮喂,以致脾胃受损而虚所致。或因饲喂精饲料过多,分娩时亏耗气血,伤及脾胃,从而所食草料难以腐熟、化导,停滞于胃,不能运转而致病。或因产后母牛元气亏耗,子宫复旧不良,导致气虚不能摄血,血溢脉外而致病。或产后感寒,寒凝血滞,胎衣滞留,导致瘀血,恶血不去,好血难安,形成产后恶露不绝之症。

【辨　证】　根据病因、症状,本病可分为气血双亏型、外感型、伤食型、恶露不尽型和脾胃虚寒型 5 种证型。

1. 气血双亏型　病牛精神委顿,体瘦毛焦,行动迟缓,卧多立少。反刍无力,甚至停止。口色淡白,舌质绵软,口温偏低。粪干稀不定,胃壁松软无力。阴道内常流污红色液体,个别兼有轻微腹痛,低热不定,脉象细弱。

2. 外感型　多发生于产后不久,病牛发热恶寒,精神不振,皮温不均,毛竖无光,拱背卷腹,鼻流清涕,咳嗽,口色上唇微黄,苔薄白。病初食欲、反刍稍减,以后逐渐停止,瘤胃蠕动无力,手触胃壁松软,脉浮弦。

3. 伤食型　病初食欲不振,反刍减少,以后逐渐不食,反刍停止,嗳气酸臭,有时空口咀嚼。鼻镜无汗,有时出现腹痛不安,弓背低头,回头顾腹或后肢踢腹。粪便干燥,色黑量少。口色燥红,脉色沉涩。左肷胀大,按压瘤胃有坚实感,重压留有压痕,瘤胃蠕动音减弱或停止。

4. 恶露不尽型　病牛阴道经常流出污红色恶臭液体,重者产后 2 个月仍流出不止。食欲、反刍逐渐减退或停止,有的可见瘤胃不安和努责。如血瘀化热,则恶露少、黏稠,周身发热,体温升高,口色淡白或赤红,脉象细弱或数。

5. 脾胃虚寒型　病牛精神委顿,食欲减少,耳聋头低,被毛松乱,耳、鼻、角及四肢发凉,口流清涎,翻胃吐草,口色淡,粪稀,尿清,脉象沉迟。

【中药治疗】

1. 气血双亏型

(1)治则　补气补血,和中健脾。

（2）方药　加味十全大补汤。党参 40 克,白术 40 克,茯苓 30 克,甘草 20 克,熟地黄 40 克,当归 50 克,川芎 30 克,白芍 40 克,黄芪 40 克,肉桂 30 克,丁香 20 克,枳壳 60 克,山药 60 克,香附 100 克,生姜 10 克。研末,开水冲调,候温灌服。

2. 外感型

（1）治则　祛风解毒,温中理气。

（2）方药　天麻散。天麻 30 克,荆芥 30 克,防风 30 克,柴胡 50 克,薄荷 40 克,当归 50 克,白芷 30 克,陈皮 40 克,青皮 40 克,苍术 30 克,厚朴 50 克,川芎 30 克,槟榔 40 克,泽兰 40 克,生姜 40 克。共研为末,开水冲调,候温灌服。

3. 伤食型

（1）治则　健脾消导,破滞通便

（2）方药　四君三仙丁蔻散。党参 40 克,白术 40 克,茯苓 30 克,甘草 30 克,焦三仙各 50 克,滑石 100 克,槟榔 40 克,丁香 30 克,肉豆蔻 30 克,枳壳 60 克,当归 80 克,厚朴 50 克。研末,温水冲调,灌服。

4. 恶露不尽型

（1）治则　驱瘀通滞,健脾助食。

（2）方药　加减生化汤。当归 60 克,川芎 35 克,桃仁 30 克,三棱 30 克,莪术 30 克,黄连 20 克,白术 50 克,党参 60 克,山药 60 克,枳壳 60 克,甘草 30 克。研末,开水冲调,候温灌服。

5. 脾胃虚寒型

（1）治则　温中健脾,消导助食。

（2）方药　养胃助脾散。党参 50 克,白术 40 克,山药 50 克,茯苓 30 克,陈皮 30 克,厚朴 40 克,沙参 30 克,麦冬 30 克,五味子 30 克,石菖蒲 20 克,当归 30 克,甘草 20 克,生姜 20 克,大枣 10 枚。共研为末,开水冲调,候温灌服。

第五章 犊牛疾病

新生犊牛孱弱症

新生犊牛孱弱症是指犊牛产出后衰弱无力、生活力低下的一种疾病。如果本病得不到及时有效地治疗，很快会导致新生犊牛死亡。

本病按临床表现可分为轻症型和重症型。

轻症型：新生犊牛肌肉松弛，可视黏膜发绀，呼吸不均匀，有时张口呼吸，呈喘气状。口腔和鼻孔内充满黏液，舌脱于口角外。心跳加快，脉搏细弱，肺部有湿性啰音，喉及气管部更明显。

重症型：犊牛卧地不动，反射消失，呼吸停止，心脏有微弱而缓慢的跳动，呈假死状态。一般犊牛发生窒息时不能呼吸，但心脏仍在跳动，脉搏减弱，体温比正常犊牛低。

【病　因】　妊娠期间，母牛蛋白质饲料、维生素或矿物质供应不足或缺乏，或因母牛产前患有某些产科疾病或传染病，致使胎儿发育不良而致病。母牛早产、双胎等产出的犊牛也常表现孱弱。犊牛出生后由于环境温度过低，未能及时护理而受冻，使犊牛活力受到严重影响而发病。

【辨　证】　可参考中兽医学的五迟、五软进行辨治。

1. 脾肾两虚，气血不足　症见母体素虚，胎禀不足，生长发育迟缓。犊牛四肢懈怠，骨软肉松，不能挺立，舌伸口外。

2. 心脾两虚，痰湿阻滞　症见可视黏膜苍白，虚软无力，状如泥膏，反应迟钝。

【中药治疗】

1. 脾肾两虚，气血不足

（1）治则　补肾健脾，助阳通络。

（2）方药　茯苓、茯神、白术、石菖蒲、山药、熟地黄、当归、黄芪各 15 克，人参、白芍、川芎、甘草各 10 克。水煎，分 2 次口服。

2. 心脾两虚，痰湿阻滞

（1）治则　养心开窍，健脾助运。

（2）方药　石菖蒲、麦冬、当归各 15 克，人参、茯苓、远志、川芎、乳香各 10 克。水煎取汁，候温纳入朱砂 0.3 克灌服。

【针灸治疗】　针刺山根穴、命牙穴（承浆穴）、地仓穴等穴位。

佝　偻　病

　　佝偻病是发生于多种幼龄动物的一种以骨营养不良为基本病理特征的代谢性疾病，犊牛较多见。新生牛犊处于快速生长发育期，此时若维生素 D、钙、磷缺乏或比例失调，则会引起成骨细胞钙化不足，软骨骨化障碍，持久性软骨肥大，管骨的骨骺和肋骨与肋软骨接合部膨大，骨干缩短变粗，骨质疏松而致运动障碍，且易发生骨折。

　　患病犊牛精神沉郁或萎靡不振，食欲减退并有异嗜，不爱走动，步态强拘或跛行。随着病情的进一步发展，四肢诸多关节近端肿大，肋骨与肋软骨连接处呈念珠状肿，胸廓变形、隆起，四肢长骨弯曲，前肢腕关节常外展呈"O"形姿势，两后肢跗关节内收呈"X"形姿势。脊背弓起。鼻腔狭窄，颜面隆起、增宽，牙齿咬合不全，口裂不能完全闭合，伴发采食、咀嚼不灵活。肌肉和腱的张力减退，腹部下垂。生长发育迟滞，形体瘦弱，被毛粗乱无光泽，换毛推迟。有的病犊牛出现神经过敏、痉挛和抽搐等神经症状。

　　【病　因】　饲料中维生素 D 含量不足，缺少钙、磷，棚圈日光照射不足,或因为哺乳犊牛体内维生素 D 缺乏、犊牛消化不良以及寄生虫病所致。妊娠及哺乳母牛饲料中钙不足或钙、磷比例不当,也会引起犊牛佝偻病发生。断奶过早或患胃肠疾病时,影响钙、磷和维生素 D 的吸收、利用;患肝、肾疾病时,维生素 D 的转化和重吸收发生障碍,导致体内维生素 D 不足,也会引起本病发生。

日粮组成中蛋白质或脂肪性饲料过多,在体内代谢过程中形成大量酸类,与钙形成不溶性钙盐排出体外,导致机体缺钙。饲养管理不良,动物缺少运动和日照,圈舍潮湿阴冷,也是导致本病发生的诱因。

甲状旁腺功能代偿性亢进,甲状旁腺激素大量分泌,磷经肾排出增加,引起低磷血症亦可继发佝偻病。

【辨　证】　根据本病的病因、临床症状,可将本病分为先天不足型、脾肾阳虚型和脾肾阴虚型 3 种证型。

1. 先天不足型　犊牛出生后即出现不同程度的衰弱,经数天后仍然不能站立;伴有贫血和多种营养缺乏体征,可视黏膜苍白,舌肌无力,色淡苔白,脉象沉细无力。

2. 脾肾阳虚型　身兼寒象,耳、鼻、肢端俱凉,口涎稀薄如水,大便松软带水或泄泻,尿液清长,舌色淡红或青白,脉象沉迟或沉细。

3. 脾肾阴虚型　身兼热象,耳、鼻温热,口内干燥或口涎稠,大便干硬,尿液浓黄,舌色红赤,少苔或无苔,脉象弦细或细数。

【中药治疗】

1. 先天不足型

(1)治则　补肾益精,壮骨填髓。

(2)方药　葫芦巴散。葫芦巴 20 克,炙狗脊 20 克,紫河车 50 克,山药 25 克,熟地黄 30 克,炙黄芪 50 克,莲子肉 30 克,党参 20 克,白术 20 克,茯苓 20 克,炙甘草 10 克,炒杜仲 20 克,山茱萸 10 克。共研为细末,开水冲调,候温加入黄酒 100 毫升,一次灌服。

每天 1 剂,连用 3～5 天。

2. 脾肾阳虚型

(1)治则　温肾健脾,活血壮骨。

(2)方药　益智通关散。益智仁 20 克,肉桂 15 克,干姜 10 克,巴戟天 20 克,炒白术 20 克,广木香 15 克,牡蛎 50 克,当归 20 克,川芎 20 克,红花 15 克,补骨脂 20 克,炙甘草 10 克。共研为细末,开水冲调,候温加入黄酒 100 毫升,一次灌服。每天 1 剂,连用 3～5 天。

3. 脾肾阴虚型

(1)治则　滋肾健脾,活血壮骨。

(2)方药　健步通关散。知母 20 克,黄柏 20 克,生地黄 30 克,天冬 20 克,骨碎补 20 克,怀牛膝 20 克,当归 20 克,白芍 20 克,红花 10 克,龙骨 50 克,牡蛎 50 克。共研为细末,开水冲调,候温加入食醋 80 毫升,一次灌服。每天 1 剂,连用 3～5 天。

【针灸治疗】 取百会、肾俞、脾俞、关元俞、后三里穴,用毫针针刺或艾灸温灸,隔天 1 次,连用 5 次为 1 个疗程。

犊牛肺炎

犊牛肺炎是由多种病因引起的犊牛细支气管、肺泡与肺间质的炎性病变过程,具有较高的发病率和致死率。2 月龄以内,特别是 2 周龄以内的犊牛多发。临床表现体温升高、呼吸困难、结膜或黏膜发绀及咳嗽等呼吸道症状,是严重危害犊牛健康的疾病之一。

病牛初期精神沉郁,倦怠少动,呼吸增数。进而体温升高,可达 40℃～42℃,且高热不退。鼻流浆液性或黏液性鼻液,咳嗽,呼吸困难,气促喘粗,鼻翼扇动,鼻镜干燥。角温和口温升高,结膜潮红或发绀。肺部听诊肺泡音粗厉,有干性或湿性啰音,叩诊常出现局部浊音。食欲减退或废绝,瘤胃蠕动音减弱,肠音不整。心悸亢进,脉搏增数。高热甚者,颈侧皮肤因出汗而潮润。

【病　因】　引起犊牛肺炎的病因比较复杂多样,有的是某一单纯病原感染所致,更多的则是多种致病因素共同作用的结果。首先,妊娠母牛和产后母牛饲养管理不良,尤其是饲料中缺少蛋白质、维生素、矿物质元素或其他营养物质,均会影响胎儿或犊牛的生长发育,降低其抗病力,致使其出生后易发生肺炎。其次,新生犊牛的呼吸器官稚嫩,免疫功能尚不健全,如此时饲养管理不当,遇气候突变,寒冷侵袭,风寒之邪乘虚而入;圈舍潮湿阴冷,光照通风不良,空气污浊,致使犊牛呼吸道黏膜受损,加之某些病毒、细菌、支原体等病原侵入呼吸道造成感染而发病。

【辨　证】　根据本病的病因、临床症状,可将本病分为风寒咳喘型、风热咳喘型、痰湿咳喘型和肺燥咳喘型4种证型。

1. 风寒咳喘型　病牛形寒肢冷,被毛逆立,耳、鼻俱凉,咳嗽气喘,鼻流清涕,无汗,不爱饮水,小便清长。口淡而润,舌苔薄白,脉象浮紧。

2. 风热咳喘型　病牛身热出汗,咳喘气逆,肷肋扇动,呼出气热,口渴喜饮,大便干燥,小便短赤,鼻液黄稠。口色红燥,舌苔黄腻,脉象洪数。

3. 痰湿咳喘型　病牛咳嗽痰多,喘不得卧,流脓样鼻液,呼出气恶臭,肺部湿性啰音明显,间或有捻发音。口腔湿滑,口色黄,苔黄厚腻,脉象沉滑。

4. 肺燥咳喘型　病牛鼻镜干燥,干咳气逆,口渴喜饮,大便干燥,小便短赤,口色红燥,脉象细数。

【中药治疗】

1. 风寒咳喘型

(1)治则　疏风散寒,止咳平喘。

(2)方药　麻黄汤加味。炙麻黄 10 克,桂枝 15 克,白芍 15 克,细辛 5 克,干姜 10 克,五味子 15 克,清半夏 10 克,川贝母 20

克,杏仁 15 克,茯苓 20 克,甘草 10 克,生姜 9 克,大枣 20 克。共研为细末,开水冲调,候温加入蜂蜜 100 毫升,一次胃导管灌服。每天 1 剂,连用 3～5 天。

2. 风热咳喘型

(1)治则　清热宣肺,止咳平喘。

(2)方药　麻杏石甘汤加味。炙麻黄 10 克,杏仁 15 克,生石膏 50 克(打碎先煎),甘草 5 克,金银花 20 克,连翘 20 克,桔梗 10 克,黄芩 20 克,栀子 20 克,板蓝根 20 克,葶苈子 10 克,桑白皮 15 克。水煎 2 次,合并煎液,候温加入蜂蜜 100 毫升,一次灌服。每天 1 剂,连用 3～5 天。

3. 痰湿咳喘型

(1)治则　燥湿化痰,止咳平喘。

(2)方药　苇茎汤加味治疗。苇茎 50 克,冬瓜仁 30 克,薏苡仁 30 克,桃仁 15 克,黄芩 50 克,栀子 30 克,清半夏 15 克,陈皮 30 克,茯苓 30 克,川贝母 20 克,桔梗 10 克,滑石 10 克,木通 10 克。共研为细末,开水冲调,候温加入黄酒 100 毫升,一次胃导管灌服。每天 1 剂,连用 3～5 天。

4. 肺燥咳喘型

(1)治则　清热泻火,宣肺润燥,止咳平喘。

(2)方药　清肺散加味。板蓝根 30 克,葶苈子 30 克,浙贝母 20 克,桔梗 15 克,当归 20 克,白芍 20 克,白及 20 克,黄芩 30 克,百合 30 克,麦冬 20 克,天花粉 20 克,甘草 10 克。共研为细末,开水冲调,候温加入蜂蜜 100 毫升,一次胃导管灌服。每天 1 剂,连用 3～5 天。

【针灸治疗】　可选用风池、肺俞、苏气、胸堂、鹘脉、大椎等穴位,施用白针、火针或水针均可。

犊牛便秘

犊牛便秘是指哺乳期牛犊大便干硬,排泄不畅或完全停滞所引起肠道阻塞性疾病。本病虽致死率不高,但病牛持续性消化障碍,使生长发育受阻,生产性能下降,给养牛业带来较大经济损失。

病犊牛精神沉郁,食欲减少或废绝,鼻镜干燥或鼻汗不成珠,肠音减弱或消失,排少量干粪球或较长时间不排便。表现不安、弓背、摇尾、努责,有时踢腹、卧地,并回顾腹部。偶尔腹痛剧烈,前肢抱头打滚,直至卧地不起。有时继发肠臌气而腹围增大。

【病　因】　新生犊牛因分娩前胎粪积聚,分娩后发生便秘;新生犊牛未给予初乳或哺喂初乳时间过晚,影响犊牛消化功能;大量饲喂劣质的合成乳或代乳粉,引起消化不良,食糜后送迟滞等,均可导致本病发生。先天性发育不良或早产的体质衰弱的幼犊,由于肠道弛缓,蠕动无力,也可导致胎粪秘结而发病。母牛妊娠期营养缺乏,如钙、磷、维生素 A 缺乏等使犊牛体质瘦弱,胃肠功能不健全也会导致发病。

【辨　证】　根据本病的病因、病机和临床主症,可将本病分为脾胃气虚型、脾胃阴虚型和脾胃食滞型 3 种证型。

1. 脾胃气虚型　病牛全身无力,活动减少,舌淡苔白,脉象沉细无力。

2. 脾胃阴虚型　病牛精神不安,躁动哞叫,口干,舌红,苔燥,脉象细数。

3. 脾胃食滞型　病牛肚腹胀满,腹痛较剧,口臭,舌红,苔厚腻,脉象沉实有力。

【中药治疗】

1. 脾胃气虚型

(1)治则　健脾益气,润肠通便。

(2)方药　四君子散加味。党参 30 克,白术(炒)30 克,茯苓 30 克,甘草(炙)15 克,当归 30 克,槟榔 10 克,枳实 30 克,香附 30 克。共研为细末,用开水 3 升冲调成糊状,候温加入蜂蜜 100 毫升,一次胃导管灌服。每天 1 剂,连用 3 天。

2. 脾胃阴虚型

(1)治则　滋阴生津,润肠通便。

(2)方药　当归苁蓉汤。当归 50 克,肉苁蓉 50 克,番泻叶 15 克,木香 15 克,厚朴 15 克,炒枳壳 15 克,醋香附 20 克,麦芽 20 克,神曲 30 克。共研为细末,用开水 3 升冲调成糊状,候温加入麻油 200 毫升,一次胃导管灌服。每天 1 剂,连用 3 天。

3. 脾胃食滞型

(1)治则　消积导滞,润肠通便。

(2)方药　大承气散加味。大黄 30 克,芒硝 60 克,枳实 30 克,厚朴 30 克,槟榔 10 克,醋香附 20 克,麦芽 20 克,神曲 30 克。共研为细末,用开水 3 升冲调成糊状,候温一次胃导管灌服。每天 1 剂,连用 3 天。

【针灸治疗】　可取脾俞、关元、后三里等穴位,用白针、火针、水针或电针,均有促进胃肠运动,润肠通便的功效。

10％氯化钾注射液 30 毫升或比塞可灵注射液 10 毫升,后海穴注射,可促进肠蠕动引起排粪。

犊牛腹泻

犊牛腹泻,是指牛犊由于消化障碍或胃肠道感染所致的以腹泻为主要症状的疾病。本病一年四季均可发生,而以春、夏季较多见。无特定病原感染的病例不难治愈,但如治疗不及时可能继发肠炎、脱水或心力衰竭而死亡。

轻症病例精神不振或沉郁,食欲减退,被毛蓬乱,体温、脉搏、呼吸一般无明显变化，个别的体温稍升高。尿量一般减少，有时发生瘤胃臌胀。排淡黄色、灰黄色粥状或水样粪便，臭味不大或有酸臭味，有的混有未消化的食物。肛门周围、跗部及尾毛等处常有粪汁或粪渣附着。重症病例精神沉郁或高度沉郁，食欲大减或废绝，有轻度腹痛，表现不安，喜卧于地。体温升高达 40℃ 或以上，排腥臭或有腐败臭味的粥状或水样粪便，内混有乳瓣、黏液、血液或肠黏膜。病至后期，重剧腹泻，体温可能不高，甚至低于正常。脉搏疾速，呼吸加快，黏膜潮红或暗红。由于重剧腹泻，体液大量耗损，病牛迅速消瘦，眼窝凹陷，皮肤干燥、弹力减退，排尿减少，口腔干燥，血液浓缩。此后病犊逐渐瘦弱，反应迟钝，脉搏细数无力，甚至不感于手，口、鼻、耳尖及四肢末端发凉，鼻镜干燥，有时发生痉挛性抽搐。

【病　因】　引起犊牛腹泻的原因比较复杂，主要有如下几方面。

1. 饲养失宜　是引起本病的主要原因。母牛妊娠期营养不均衡，钙、磷不足或比例不当，胡萝卜素及其他维生素与矿物质元素缺乏，可导致初生犊牛体质衰弱，而且严重影响初乳质量，其中球蛋白、白蛋白、脂肪、维生素及溶菌酶含量减少，导致犊牛发病。

2. 妊娠母牛产前或产后饲喂蛋白质饲料过多　如豆类过多，乳汁中蛋白质含量也过高，容易引起犊牛牛犊消化障碍而发生腹泻。母乳不足，犊牛过早采食饲料，或人工哺乳不定时、不定量，或乳温过低等，均可引发本病。

3. 管理不当　如气温降低，大雨浇淋，圈舍潮湿阴冷，以及牛犊久卧湿地等，机体受凉，以及动物分群、长途运输、免疫接种、饲料变更等各种应激因素都是犊牛腹泻的常见诱因。

4. 胃肠道感染　如牛犊舔食粪、尿、泥土及被粪、尿污染的垫草等；人工哺乳的乳汁酸败，哺乳用具污染不洁等。在上述不良因素刺激下，犊牛容易发生消化障碍或胃肠道感染，促使本病发生。

另外,哺乳母牛在患乳房炎、胃肠炎、子宫内膜炎等过程中,由于母乳变质,犊牛吮吸后,容易引起胃肠道感染,而发生腹泻。

【辨　证】　根据本病的病因、临床症状,可将本病分为湿热腹泻型、寒湿腹泻型、伤食腹泻型、脾虚腹泻型和疫毒腹泻型5种证型。

1. 湿热腹泻型　时有腹痛,里急后重,拱背举尾,粪便腥臭,内混有乳瓣、黏液、血液或肠黏膜,鼻镜及口舌干燥,口温升高,口色红,苔黄腻,脉象滑数。

2. 寒湿腹泻型　形寒肢冷,四肢末梢发凉,肠音雷鸣,排黄白色水样稀便。口津滑利,口色青白,舌苔白腻,脉象沉滑。

3. 伤食腹泻型　不时嗳气,口内酸臭,肚腹胀满,偶有腹痛,回头顾腹。泻粪如浆或呈胶冻状,粪便呈灰黄色或带血液,腥臭难闻,有时粪中混有未消化食物。口色红,苔黄腻,脉象沉实。

4. 脾虚腹泻型　形体羸瘦,神疲力乏,卧多立少,耳、鼻、四肢发凉。粪便稀薄如水,带白色黏液,但臭味不大。肛门松弛,甚则失禁。口津滑利,口色淡白、舌苔白腻,脉象细弱无力。

5. 疫毒腹泻型　是由于感染某些病毒、细菌或寄生虫而发病,症状也因病原种类不同而异。一般发病急促,全身症状重剧,体温显著升高,多呈现一派湿热之象。

【中药治疗】

1. 湿热腹泻型

(1)治则　清热燥湿,利水止泻。

(2)方　药

方剂一:白头翁汤。白头翁60克,黄连30克,黄柏45克,秦皮60克。水煎2次,合并煎液,候温一次灌服。每天1剂,连用3~5天。

方剂二:加味葛根芩连汤。葛根30克,黄连30克,黄芩20克,黄柏20克,茯苓30克,白术20克,金银花20克,泽泻15克,

木通 10 克。水煎 2 次,合并煎液,候温一次灌服。每天 1 剂,连用
3～5 天。

方剂三:黄白金银花口服液,每次 100 毫升,每天 2 次。或用
白头翁散口服液,每次 150～250 毫升。

2. 寒湿腹泻型

(1)治则　温中散寒,利湿止泻。

(2)方　药

方剂一:加味猪苓汤。肉桂 30 克,炮姜 30 克,吴茱萸 15 克,
大枣 10 枚,猪苓 30 克,炒麦芽、炒山楂各 20 克,海螵蛸 10 克,天
仙子 10 克。水煎 2 次,合并煎液,候温一次灌服。每天 1 剂,连用
3～5 天。

方剂二:姜附汤。生姜 30 克,附子 15 克,石榴皮 30 克,山楂
炭、槐花炭各 60 克。将前 3 味水煎 2 次,合并煎液,山楂炭、槐花
炭研为细末,搅拌于煎液中,加入黄酒 100 毫升,一次灌服。每天
1 剂,连用 3～5 天。

方剂三:苍朴口服液,每次 100～150 毫升,每天 2 次,口服。

3. 伤食腹泻型

(1)治则　消积导滞,利湿止泻。

(2)方　药

方剂一:枳实导滞汤。枳实 30 克,大黄炭 20 克,黄芩 20 克,
黄连 20 克,白术 20 克,神曲 30 克,茯苓 30 克,泽泻 10 克。水煎 2
次,合并煎液,候温加入食醋 80 毫升,一次灌服。每天 1 剂,连用
3～5 天。

方剂二:消积散。枳壳 30 克,枳实 20 克,陈皮 30 克,青皮 20
克,莱菔子(炒)30 克,白术 20 克,泽泻 15 克,萝卜 500 克(切碎)。
水煎 2 次,合并煎液,候温加入食醋 80 毫升,一次灌服。每天 1
剂,连用 3～5 天。

4. 脾虚腹泻型

（1）治则　补脾益气，温阳化湿。

（2）方　药

方剂一：参芪莲肉散。党参 20 克，炙黄芪 50 克，莲子肉 30 克，白术 20 克，茯苓 20 克，炙甘草 10 克，山药 25 克，熟地黄 30 克，杜仲（炒）20 克，山茱萸 10 克。水煎 2 次，合并煎液，候温加入黄酒 100 毫升，一次灌服。每天 1 剂，连用 3～5 天。

方剂二：补中益气汤加味。炙黄芪 50 克，党参 40 克，白术（炒）30 克，炙甘草 15 克，当归 30 克，陈皮 30 克，升麻 20 克，柴胡 20 克，乌梅肉 30 克，诃子 20 克。水煎 2 次，合并煎液，候温加入黄酒 100 毫升，一次灌服。每天 1 剂，连用 3～5 天。

5. 疫毒腹泻型

（1）治则　清热解毒，燥湿止泻。

（2）方　药

方剂一：加味白头翁汤。白头翁 50 克，黄连 30 克，黄柏 30 克，秦皮 20 克，郁金 30 克，苦参 15 克，陈皮 20 克，苍术 20 克，甘草 10 克，大黄炭 30 克，槐花炭 30 克。将前 9 味药水煎 2 次，合并煎液，大黄炭、槐花炭研为细末，搅拌于煎液中，一次灌服。每天 1 剂，连用 3～5 天。

方剂二：加味郁金散。郁金 30 克，黄芩 30 克，黄柏 30 克，黄连 50 克，栀子 30 克，白芍 15 克，秦皮 15 克，白头翁 30 克，生地黄炭 30 克，大黄炭 30 克，槐花炭 30 克。将前 8 味药水煎 2 次，合并煎液，生地黄炭、大黄炭、槐花炭研为细末，搅拌于煎液中，一次灌服。每天 1 剂，连用 3～5 天。

【针灸治疗】　可选用后海、脾俞、胃俞、关元俞、大肠俞、小肠俞、后三里等穴位，艾灸、激光照射、白针、火针或水针均有较好治疗效果。

犊牛消化不良

犊牛消化不良是由于多种原因导致的哺乳期犊牛以消化功能障碍为基本病理过程的常见多发胃肠疾病。新生犊牛多于吮食初乳不久或经数日后发病,2～3月龄后发病逐渐减少。本病致死率不高,但严重影响生长发育。

病犊牛精神不振或沉郁,不愿活动,甚则卧多立少,目光呆滞。被毛粗乱欠光泽,形体消瘦,肷窝塌陷,髂骨高耸,弓腰夹尾,臀部常附有粪痂。鼻镜干燥或鼻汗不成珠,饮食欲及反刍减少或废绝,瘤胃蠕动音减弱或消失,肠音不整。肛门松弛,不时排气,大便时干时稀,便臭浓烈,便中混有较多未消化的乳凝块和黏液。

【病　因】　本病的发生与多方面因素有关。

1. 先天不足　妊娠母牛饲料品质不良,营养不全,尤其是蛋白质、维生素、矿物质缺乏,可使母体营养代谢紊乱,影响胎儿正常发育,使犊牛先天不足,体质虚弱,脾胃功能低下,运化失司而发病。

2. 后天失养　新生牛犊吸食不到足量的优质初乳,容易导致本病发生。如因某些原因没能吸食到足够的初乳,不能获得健全的脾胃功能;或因母体初乳品质不良,缺少维生素 A 时,可引起消化道黏膜上皮角化;缺少 B 族维生素时,可使胃肠蠕动功能障碍;缺少维生素 C 时,可减弱犊牛胃肠分泌功能,最终导致犊牛消化不良。

3. 外感所伤　由于饲养管理不良,犊牛舍温度过低,阳光不足,潮湿阴冷,或闷热拥挤,通风不良,使犊牛感受六淫之邪;母乳中含有某些病原微生物及其毒素,母牛乳头不洁,哺乳器消毒不严时,病原或其他污染物进入犊牛体内,均可促使本病发生。

【辨　证】　根据本病的病因、临床症状,可将本病分为先天不足型、脾胃气虚型、脾胃寒湿型、脾胃湿热型、脾胃食滞型和阴虚胃燥型 6 种证型。

1. 先天不足型 形体羸瘦,发育迟滞,伴有贫血和多种营养缺乏体征,可视黏膜苍白,舌肌无力,色淡苔白,脉象沉细无力。

2. 脾胃气虚型 全身无力,久泻不止,肛门松弛甚至脱肛,舌淡苔白,脉象沉细无力。

3. 脾胃寒湿型 口涎增多,口温较低,粪便溏稀或水样泄泻,粪臭较轻,口色青白,苔黏腻,脉象沉滑。

4. 脾胃湿热型 口臭口黏,口温较高,粪便溏稀或带黏液,粪便腥臭,口色红,苔黄腻,脉象滑数。

5. 脾胃食滞型 不时嗳气,或伴有轻微腹痛,口臭,舌红,苔厚腻,脉象沉实有力。

6. 阴虚胃燥型 口干舌燥,粪球干小硬涸,口色红,少苔,脉象细数。

【中药治疗】 应加强母子饲养管理,给予充足、易消化的全价饲料,以确保母乳质量;依据相关标准改善饲养管理条件;已确定某种维生素、矿物质或其他营养缺乏时,应给予及时有效的补充。针对 6 种常见证型,则应辨证施治。

1. 先天不足型

(1)治则 补脾益肾,整肠和胃。

(2)方药 参芪莲肉散。党参 20 克,炙黄芪 50 克,莲子肉 30克,白术 20 克,茯苓 20 克,炙甘草 10 克,山药 25 克,熟地黄 30克,杜仲(炒)20 克,山茱萸 10 克。共研为细末,开水冲调,候温加入黄酒 100 毫升,一次灌服。每天 1 剂,连用 3~5 天。

2. 脾胃气虚型

(1)治则 健脾益气,和胃助运。

(2)方药 党参健脾散。党参 20 克,炙黄芪 30 克,白术(炒)20 克,茯苓 25 克,陈皮 20 克,山药(炒)20 克,白扁豆(炒)20 克,砂仁 10 克,炙甘草 10 克。共研为细末,开水冲调,候温加入黄酒 100 毫升,一次灌服,每天 1 剂,连用 3～5 天。

3. 脾胃寒湿型

(1)治则 温中健脾,除湿和胃。

(2)方药 参苓白术散。党参 20 克,白术 20 克,茯苓 20 克,炙甘草 10 克,山药 25 克,白扁豆 30 克,莲子肉 30 克,薏苡仁 30 克,砂仁 15 克,桔梗 10 克。共研为细末,开水冲调,候温加入黄酒 100 毫升,一次灌服,每天 1 剂,连用 3～5 天。

4. 脾胃湿热型

(1)治则 清热燥湿,健脾和胃。

(2)方药 茵陈胃苓散加减。茵陈 20 克,苍术 20 克,厚朴 20 克,陈皮 20 克,茯苓 20 克,猪苓 15 克,泽泻 15 克,藿香 20 克,黄连 15 克,炙甘草 10 克。共研为细末,开水冲调,候温一次灌服。每天 1 剂,连用 3～5 天。

5. 脾胃食滞型

(1)治则 消积导滞,健脾和胃。

(2)方药 曲麦散。神曲 60 克,麦芽 30 克,山楂 30 克,厚朴 25 克,枳壳 25 克,陈皮 25 克,青皮 25 克,苍术 25 克,甘草 15 克。共研为细末,开水冲调,候温加入食醋 100 毫升,一次灌服。每天 1 剂,连用 3～5 天。

6. 阴虚胃燥型

(1)治则 滋阴润燥,健脾和胃。

(2)方药 甘露散加减。生地黄 15 克,熟地黄 15 克,石斛 15 克,天冬 20 克,麦冬 20 克,当归 25 克,枳壳 15 克,陈皮 15 克,青皮 15 克,苍术 15 克,山楂(炒)20 克,神曲 20 克,麦芽 20 克,甘草 10 克。共研为细末,开水冲调,候温加入鸡蛋清 2 枚,搅匀一次灌服。每天 1 剂,连用 3～5 天。

【针灸治疗】 可选用脾俞、胃俞、关元俞、大肠俞、小肠俞、后三里等穴位,施白针、火针、水针或电针均可,有促进胃肠功能恢复、加强消化的作用。

犊牛惊风

犊牛惊风俗称犊牛羊角风,类似于犊牛癫痫病,是一种暂时性的脑功能异常,临床上以反复发生短时间的意识丧失、阵发性与强直性肌肉痉挛为特征。

本病多发生于8月龄以内的犊牛,非发作期没有明显的临床症状。发作无定时,也无明显的先兆,仅有时呈现呆板或垂头站立。发作时病犊突然倒地,哞哞惊叫,目光惊恐或呆痴。先从口角附近开始痉挛,逐渐发展到全身,角弓反张,四肢僵直,不停地做游泳状划动。牙关紧闭,口角周围溢出白色泡沫,瞳孔散大,眼球回转。心跳增数,呼吸不规则。每次发作持续时间短则2~5分钟自醒,久则15~30分钟方醒,但很少有超过40分钟以上的。起初10~15天甚至数月发作1次,随着病情发展,发作次数亦趋频繁,严重时1天发作数次。发作停止后,病犊自行起立,饮水、吮乳及其他活动恢复正常。

【病　因】　原发性犊牛惊风的真正原因尚不清楚,部分病例可能与遗传因素有关。中兽医学认为有以下几方面原因:①犊牛正气不足,气血虚弱,对外界各种刺激的适应性不良;②雷声、爆破、火车鸣笛等多种突发巨响或其他恶性刺激事件,使犊牛受到严重惊吓,扰乱心神;③饲养管理不善,感受六淫之邪,入里化热,耗伤心血、肝阴及肾精,引起心热内盛,血不养心而心神失守;④肝阴耗伤,肝火过盛,筋失所养而痉挛抽搐;⑤肾阴被耗,阴虚内热,相火妄动,又反过来扰动神明和引动肝风,故发生意识丧失、阵发性与强直性肌肉痉挛。

【辨　证】　根据本病的病因、临床症状,可将本病分为心热内盛型、痰湿郁闭型、外感风热型、肝经热盛型和肝肾阴虚型 5 种证型。

1. 心热内盛型　发作时病犊惊狂不安,眼球不断抽动,哞叫声高亢,张口伸舌,口温升高,舌质红,苔黄厚腻,脉象洪数。

2. 痰湿郁闭型　病犊精神沉郁或高度沉郁,头低耳聋,闭目呆立似睡,或头顶墙壁经久不动。发作持续时间较长,发作结束后也往往不立即站起,形体疲惫。口吐白色泡沫,且量多,口色青黄或灰黄,脉象沉滑。

3. 外感风热型　症见发热,头痛,咳嗽流涕,烦躁不安,继而热势枭张,出现壮热神昏、四肢抽搐、项背强直等症状。舌苔薄黄,舌尖红,脉浮数。

4. 肝经热盛型　症见身壮热,目睛上视,抽搐,角弓反张,狂乱惊厥,舌红苔燥少津,脉弦数。

5. 肝肾阴虚型　症见形体瘦弱,精神疲惫,发作次数较频,每次发作持续时间较长,口色淡白,脉象沉细无力。

【中药治疗】

1. 心热内盛型

(1)治则　清热熄风,宁心安神。

(2)方　药

方剂一:羚羊钩藤汤。羚羊角粉(可用山羊角粉替代)20 克,钩藤 30 克,桑叶 25 克,菊花 30 克,生地黄 45 克,白芍 30 克,浙贝母 20 克,竹茹 30 克,茯神 30 克,甘草 10 克。共研为细末,开水冲调,候温加入鸡蛋清 2 枚为引,一次灌服。每天 1 剂,连用 3～5 天。

方剂二:镇肝熄风汤。怀牛膝 50 克,生代赭石(轧细)30 克,生龙骨(捣碎)50 克,生牡蛎(捣碎)50 克,生龟板(捣碎)30 克,生杭芍 30 克,玄参 30 克,天冬 30 克,川楝子(捣碎)15 克,生麦芽 20 克,茵陈 20 克,甘草 15 克。共研为细末,开水冲调,候温加入蛋清

2枚为引,一次灌服。每天1剂,连用3～5天。

方剂三:钩藤天麻汤。钩藤10克,天麻、全蝎各30克,防风、远志、茯神各15～20克。水煎2次,混合煎液,候温一次口服。一般连用2天,隔天再用1～2天即愈(董满忠,1991)。

2. 痰湿郁闭型

(1)治则　豁痰开窍,利湿醒神。

(2)方药　温胆汤加味。制半夏15克,陈皮30克,茯苓50克,乌梅30克,竹茹30克,枳实30克,生姜20克,大枣30克,石菖蒲30克,合欢皮30克,胆南星10克,甘草10克。共研为细末,开水冲调,候温加入蛋清2枚为引,一次灌服。每天1剂,连用3～5天。

3. 外感风热型

(1)治则　疏风清热,开窍镇惊。

(2)方药　银翘白虎汤加味。金银花30克,连翘15克,生石膏30克,知母10克,甘草6克,薄荷15克,蒲公英30克,柴胡15克,青蒿20克,地骨皮10克,牡丹皮10克,僵蚕、蝉蜕、地龙、钩藤、石菖蒲、茯神各10克。

4. 肝经热盛型

(1)治则　凉肝熄风,镇惊安神。

(2)方药　羊角钩藤汤加味。山羊角、茯神、远志各20克,钩藤、桑叶、菊花、白芍各30克,生地黄、龙胆草、甘草各15克。用该方剂治疗本病17例,治愈15例,其中重型3例,用药4～8剂;中型8例,用药3～5剂;轻型4例,用药1～2剂即愈(戚子千,1990)。

5. 肝肾阴虚型

(1)治则　养肝血,滋肾阴。

(2)方药　一贯煎加味。北沙参50克,枸杞子30克,麦冬30克,生地黄50克,当归30克,川楝子15克,菊花20克,怀牛膝30

克,生龙骨(捣碎)50 克,生牡蛎(捣碎)50 克,生龟板(捣碎)30 克,白芍 30 克,炙鳖甲 30 克,甘草 10 克。共研为细末,开水冲调,候温加入蜂蜜 100 毫升为引,一次灌服。每天 1 剂,连用 3～5 天。

【针灸治疗】　选用天门、大椎、百会等穴,采用烧烙、火针、水针或毫针刺激,隔天 1 次,连用 3 次为 1 个疗程。

第六章　公牛疾病

阴茎麻痹

　　阴茎麻痹又称阴茎不收,中兽医称为垂缕不收,是因肾阳亏损、精气耗败,或外受损伤致下元不固,阴茎不能缩回而垂脱于包皮之外,日久水湿下注发生水肿的疾病。

　　【病　因】　多因公牛交配或采精过度,损伤肾经;或负载太重,劳役过度,劳伤元气,肾气不固;或空肠过饮浊水,阴气过盛,传于肾经;或过服苦寒下泻药物,导致肾阳亏损,精气耗败,下元不固。或外受挫伤,或跌扑损伤,或狂奔猛跌,或重物打击,或猛起猛卧,使阴茎退缩肌麻痹,阴茎不能缩回包皮内,日久水湿下注,气血瘀结发生肿胀。或牛体瘦弱,饮喂失调,劳伤过度,以致肾气亏损,精气衰败,阴茎不缩,垂脱于外。

　　【辨　证】　根据病因可分为肾阳亏虚型和气血瘀结型 2 种。

　　1. 肾阳亏虚型　症见精神倦怠,头低耳耷,食欲减退,欺吊毛焦,四肢无力,行动迟缓,阴茎垂脱于包皮之外,收缩弛缓无力,轻者尚能部分收回,重者痿软无力,经久难收。继则包皮水肿,腰拖胯拽,弓腰,食欲减退,反刍减少。口色淡白或夹黄,舌体绵软,脉沉迟或迟细。

　　2. 气血瘀结型　症见阴囊或阴茎肿胀,阴茎垂脱于包皮之外,不能缩回。日久则口色暗红,脉沉涩。

　　【中药治疗】　治宜补肾壮阳。

1. 肾阳亏虚型

(1)治则　暖腰肾,除寒湿。

(2)方　药

方剂一:固肾散。巴戟天 38 克,枸杞子 25 克,补骨脂、小茴香各 60 克,葫芦巴、川楝子各 40 克,青皮、陈皮各 15 克。共研为末,开水冲调,候温,加童便 1 碗,一次灌服,每天 1 剂(引自《中兽医治疗学》)。

方剂二:补骨脂散(《元亨疗马集》)加减。补骨脂、血竭、延胡索、葫芦巴、白术、牵牛子、川楝子各 15 克,没药、肉桂各 25 克,青皮、山茱萸各 12 克,甘草、乌药、茴香、陈皮各 10 克,葱 30 克。共研为末,开水冲调,候温加白酒 30 毫升,一次灌服。每天 1 剂,连用 3～4 天。

2. 气血瘀结型

(1)治则　散瘀消肿,活血止痛。

(2)方　药

方剂一:没药散。没药、大黄、紫苏、蜈蚣(去脚)各 15 克,葱 2 根。共研为细末,将葱切碎,共捣一处,先用荆芥汤洗,后敷于阴茎上,用纱布包好(引自《元亨疗马集》)。

方剂二:荆防汤。荆芥、防风、苍术各 60 克,薄荷、艾叶、排风草各 30 克。水煎,热时先熏,温时清洗患部,洗后在阴茎肿胀突出部分涂抹清油。

阳　痿

本病又称性欲低下或性欲缺乏,是指公牛在交配时性欲不强,以致阴茎不能勃起或不愿与母牛接触的现象。发病无季节性,现代兽医学中某些成年公牛的维生素 E 缺乏症及种公牛的不育症可按中兽医中的阳痿辨证论治。

【病　因】　多因劳役过度,劳伤元气和阴精;或种公牛配种过早或过于频繁,或人工授精操作不当,致使命门火衰,下元虚惫,因而阳痿不举。或配种不当,闪伤腰胯,损伤肾气而成。或因湿热蕴结脾胃,阳明气衰,谷不生精,脾失运化,水谷精微不能藏精于肾,致下元亏虚,精亏阳败而发。或湿热下注,命门之火为湿热所遏制而成。或饲养失宜,饲料单一,缺乏运动,营养不足,致肾精亏耗,肾阳衰败,精气不能复原而性欲减退。或配种时遭受鞭打,或人工采精动作鲁莽,致肝气郁结而发。

【辨　证】　根据病因、主证可分为下元亏虚型、肝气郁滞型、湿热下注型、腰肾损伤型4种。

1. **下元亏虚型**　肾精虚衰,命门火衰而发。症见阳虚和阴虚型。阳虚者,精神倦怠,气虚畏寒,腰腿软弱,行走无力,食欲不振,粪稀软。阴茎痿软不举,或举而不坚,厌配或拒配。口色淡白或夹黄,舌苔白,舌体绵软,舌津清稀。脉沉迟或沉细。阴虚者,神衰力乏,后躯出汗,躁动不安,食欲减退,反刍减少。配种或采精时阴茎痿软不举,或举而不坚,精子活力差、密度稀。口色发红,苔少或无,舌津短少。脉细数。

2. **肝气郁滞型**　肝气郁结而发。症见易惊善恐,性情暴躁,食欲减退,反刍减少。配种时厌配或拒配,阴茎不举,或举而不坚,缺乏性冲动。口色暗红,脉弦滑。

3. **湿热下注型**　湿热遏制命火,宗筋弛纵而发。症见精神倦怠,食欲减退,反刍减少,后肢举迈缓慢,小便黄赤。配种时阴茎痿软,厌配或拒配,缺乏性冲动。阴囊潮湿、骚臭。口色黄红,舌苔黄腻,舌津黏泫。脉濡数。

4. **腰肾损伤型**　闪伤腰胯,气血瘀滞而发。症见腰腿疼痛,后腿难移,运动后症状加剧。配种时阴茎举而不坚,难以进行交配。口色偏红或暗红,脉沉数或沉紧。

【中药治疗】

1. 下元亏虚型

(1)治则　滋阴暖脾,益肾填精。

(2)方　药

方剂一:巴戟天散。巴戟天、肉苁蓉、补骨脂、葫芦巴各45克,小茴香、肉豆蔻、陈皮、青皮各30克,肉桂、木通、苦楝子各20克,槟榔15克。共研为末,开水冲调,候温灌服,或煎汤服。适用于下元亏虚的阳虚者(引自《元亨疗马集》)。

方剂二:右归饮加减。熟地黄、山茱萸、淫羊藿、菟丝子各30克,山药、麦冬、巴戟天、五味子、茯苓、补骨脂各20克,枸杞子、阳起石各25克,甘草15克。共研为末,开水冲调,候温一次灌服,亦可分2次服用。适用于下元亏虚的阳虚者(引自《中兽医内科学》)。

方剂三:六味地黄汤加减。熟地黄48克,山茱萸、山药各24克,牡丹皮、泽泻、白茯苓各18克。共研为末,开水冲调,候温灌服,或煎汤服。适用于下元亏虚的阴虚者(引自《小儿药证直诀》)。

2. 肝气郁滞型

(1)治则　疏肝理气,滋补肾阴。

(2)方　药

方剂一:龙胆泻肝汤。龙胆草、生地黄、泽泻各45克,车前子、柴胡、当归、栀子、黄芩各30克,甘草15克,木通20克。共研为末,开水冲调,候温灌服,或煎汤服(引自《兰室秘藏》)。

方剂二:柴胡疏肝散加减。柴胡、白芍、香附子、枳壳各30克,丹参、杜仲、巴戟天各25克,陈皮20克。共研为末,开水冲调,候温,分2次灌服,每天1剂(引自《中兽医内科学》)。

3. 湿热下注型

(1)治则　清热利湿。

(2)方药　知柏地黄汤加减。生地黄、熟地黄、山茱萸各45

克,黄柏、知母、茯苓、山药各 30 克,牡丹皮、泽泻各 24 克。

4. 腰肾损伤型

(1)治则 活血散瘀,强腰益肾。

(2)方药 杜仲散。杜仲、黄芪、苍术、秦艽各 30 克,牛膝、地龙各 25 克,生姜、羌活、黄柏、红花、没药各 15 克,香附 24 克。共研为末,开水冲调,候温,分 2 次灌服,每天 1 剂。适用于腰肾损伤者(引自《新编中兽医学》)。

滑　精

滑精是因肾阳亏耗,或心肾阴虚而肾失封藏,精关不固,致公牛不交配而精液外泄或即将交配精液早泄的一种疾病,又称流精。

【病　因】 劳役过多,饲养不良,饲料单一,营养不良,致肾气亏损,肾失封藏;或配种过早和过度,精窍屡开,损伤肾精,肾阳亏虚,则精关不固;或老瘦衰弱,空肠过饮浊水或内伤阴冷而肾阳亏耗而发;或肾阴不足,阴火妄行,热扰精室,致肾封藏失职而精液滑泄。

【辨　证】 根据主证可分为肾阳不固型和阴虚火旺型 2 种。

1. 肾阳不固型 症见牛体瘦弱,精神倦怠,出虚汗,动则尤甚,肢寒耳冷,喜卧暖处,小便频数,或见粪便溏泻。阴茎常伸出,软而不举,精液自流。口色淡白,舌体绵软,舌津清稀。脉细弱。

2. 阴虚火旺型 症见阴茎频频勃起,流出精液,遇见母牛加重。或配种未交,精液早泄。重者拱腰,举尾,或躁动不安。口色淡红,苔少或无,口津干少。脉细数。

【中药治疗】 治宜补肾固精。

1. 肾阳不固型

(1)治则 补肾固精。

（2）方　药

方剂一：金锁固精丸加减。沙苑子、煅龙骨、煅牡蛎各 30 克，芡实、莲须各 60 克。水煎去渣，候温灌服（引自《医方集解》）。

方剂二：巴戟天散加减。巴戟天、肉苁蓉、补骨脂、葫芦巴各 45 克，小茴香、肉豆蔻、陈皮、青皮各 30 克，肉桂、木通、苦楝子各 20 克，槟榔 15 克。共研为末，开水冲调，候温灌服，或煎汤服。

2. 阴虚火旺型

（1）治则　滋阴降火。

（2）方药　知柏地黄汤加减。生地黄、熟地黄、山茱萸各 45 克，黄柏、知母、茯苓、山药、龙骨、牡蛎各 30 克，牡丹皮、泽泻各 24 克，天冬、麦冬各 21 克。共研为末，开水冲调，候温灌服。

睾丸炎及附睾炎

睾丸炎是睾丸实质的炎症，由于睾丸和附睾紧密相连，故睾丸炎易引起附睾炎，两者常同时发生或互相继发。根据病程和病性，临床上有急性与慢性、非化脓性与化脓性之分。

【病　因】　睾丸炎常因直接损伤或由泌尿生殖道的化脓性感染蔓延而引起。直接损伤包括打击、蹴踢、挤压、尖锐硬物的刺创、撕裂创和咬伤等，发病以一侧性为多。化脓性感染可由睾丸或附睾附近组织或鞘膜的炎症蔓延而来，病原菌常为葡萄球菌、链球菌、化脓棒状杆菌、大肠杆菌等。某些传染病，如布鲁氏菌病、结核病、放线菌病、鼻疽、腺疫、沙门氏菌病、嫖疫等亦可继发睾丸炎和附睾炎，以两侧性为多。

【辨　证】　根据主证本病可分为阴肾黄和阳肾黄 2 种证型。

1. 阴肾黄　病牛阴囊肿胀，包皮水肿，触之发软，无热、不痛，指按患部凹陷经久不起。脉象迟细，口色青白。重者行走困难，胯拽腰拖。初起时精神食欲无显著变化。病牛睾丸包皮水肿的症状,往往在运动后即有减轻的现象,但当运动停止,则阴囊包皮水肿又起。这是阴肾黄病的特点之一,也是阴肾黄与阳肾黄在临床诊断上重要鉴别要点。

2. 阳肾黄 病牛精神不振,食欲减少,阴囊及睾丸肿胀,触之发硬、有热,疼痛拒按。口色发红,脉象紧数。严重者背腰弓起,后腿难移,不愿行走。

【中药治疗】

1. 阴肾黄

(1)治则 暖肾,祛寒,利湿。

(2)方 药

方剂一:导气汤。川楝子、小茴香各90克,木香、吴茱萸各30克。共研为细末,开水冲调,候温灌服。

方剂二:加减茴香散。小茴香30克,防己20克,桂枝30克,补骨脂20克,干姜20克,丁香15克,荜澄茄20克,苍术30克,青皮20克,泽泻30克,川楝子20克,升麻30克,益智仁30克,木通20克,大葱50克(捣烂入药)。共研为末,灌服。

方剂三:香术散。藿香120克,白术60克,黄芩20克,蒲公英30克,木香20~30克,茯苓皮30克,大腹皮30克,荔枝核30克,川芎15~20克,五味子15~20克,桂枝15~20克。共研细末,开水冲调,候温灌服,每天1剂。不食者加山楂、神曲或炒莱菔子各30~50克;气虚者加生黄芪30~50克。

方剂四:橘核丸加减。橘核、海藻、昆布、川楝子、桃仁各35克,厚朴、木通、枳实、延胡索、肉桂、木香各25克。水煎候温灌服,每天1剂,连用3天为1个疗程。

2. 阳肾黄

(1)治则 滋阴降火,消肿止痛。

(2)方 药

方剂一:知母(酒炒)、黄柏(酒炒)、生地黄、没药各45克,连翘、金银花、栀子各 30 克,小茴香(盐炒)15 克。开水冲调,候温灌服。同时,用 5%盐汤于患部热敷,每天 2 次。

方剂二:小茴香、肉桂、干姜、川楝子、茯苓、泽泻、秦艽各 30克,当归、白术各 45 克。开水冲调,候温灌服。同时,用防风煎汤热敷患部。

方剂三:龙胆泻肝汤加减。龙胆草(酒炒)、生地黄(酒洗)各45 克,黄芩(炒)、栀子(酒炒)、泽泻、木通、连翘各 30 克,车前子、当归(酒炒)、黄连、大黄各 20 克,甘草 15 克。水煎候温灌服,每天1 剂,连用 5 天为 1 个疗程。若肝胆实火较盛,可去木通、车前子,以助泻火之力;若湿盛热轻者,可去黄芩、生地黄,加滑石、薏苡仁以增强利湿之功。

血　精　症

血精是公牛精液中夹有血液,它既是病名,又是症状,最常见于患精囊炎的病牛。

【病　因】　多因下焦湿热,热伤血络,热迫血溢,血液妄行所致;或交配过度,肾精亏虚,虚火妄动,火灼血络,血不归经,血液外溢所致;或因伤血络,气滞血瘀,血不归经所致。

【辨　证】　根据主证可将本病分为湿热下注型、阴虚火旺型和外伤血瘀型 3 种证型。

1. 湿热下注型　精液呈鲜红色,射精时伴有疼痛,小便淋涩,大便干燥,舌质红,苔黄腻,脉滑数。

2. 阴虚火旺型　病牛性欲旺盛,盗汗,精液呈淡红色,腿软,行走无力,在圈内乱翻跳,烦躁,舌质红,少苔,脉细数。

3. 外伤血瘀型　精液呈暗红色,且射精时伴有疼痛,有的出现腹痛。

【中药治疗】

1. 湿热下注型

（1）治则　清热利湿，凉血止血。

（2）方药　八正散合小蓟饮子加减。萹蓄、瞿麦、大蓟、小蓟、牛膝各50克，血余炭、茜草炭、生薏苡仁各40克，海金沙、栀子炭、车前子、黄柏各30克。共研为细末，开水冲调，候温灌服。

2. 阴虚火旺型

（1）治则　填精补肾，潜纳虚火。

（2）方药　知柏地黄丸加味。知母、黄柏、生地黄、龙骨、牡蛎、鳖甲、龟板各50克，山药、山茱萸、牡丹皮、茯苓、泽泻各40克。共研为细末，开水冲调，候温灌服。

3. 外伤血瘀型

（1）治则　通络，理气止痛，化瘀止血。

（2）方药　下焦逐瘀汤加减。牛膝60克，童便（兑服）100毫升，当归、川芎各40克，桃仁、木香、延胡索、郁金、乳香、没药、三七粉（分冲服）各20克。共研为细末，开水冲调，候温灌服。

第七章　中毒性疾病

栎树叶中毒

栎树叶中毒又称水肿病，是由于牛过量采食有毒的栎树叶而引起的季节性和地区性中毒病。牛中毒后以消化障碍和水肿为主要特征。

本病多在采食栎树叶 5～15 天后出现早期症状。病初表现精神沉郁，食欲减退，反刍减少，常喜食干草，瘤胃蠕动减弱，肠音低沉。很快出现腹痛不安、磨牙、回头顾腹及后肢踢腹。排粪迟滞，粪球干燥、色深，外表有大量黏液或纤维性黏稠物，有时混有血液。粪球干小，常串联成念珠状。严重者排出腥臭的焦黄色或黑红色糊状粪便。随着肠道病变的发展，除出现灰白腻滑的舌苔外，可见其深部黏膜发生豆大的浅溃疡灶。鼻镜多干燥，后期龟裂。

【病　因】 栎树俗称青冈树，多为落叶或常绿乔木，稀为灌木，为壳斗科栎属植物，其植物种类繁多，在我国南方地区分布很广。对牛、羊的危害并不大，但在砍伐后再次发出新枝时，常被牛、羊采食而引发中毒。这也是牛栎树叶中毒发生的特点之一。栎树叶和花中的主要有毒成分为一种水溶性没食子鞣酸——栎叶丹宁，嫩叶中含量为 28.2%，老叶中含量为 25.5%，花中含量为 19.6%。春季新发的嫩叶、幼枝，其鞣酸含量最高，对牛的毒性最大。中毒多集中发生于 3 月底至 5 月初，具有明显的季节性。栎树叶并非常用的耕牛饲草，只是在春季饲草匮乏的情况下，牛由舍饲过渡到放牧时被迫采食栎树叶或种子(采食量占总日粮的 50% 以上时)即可引起中毒。也有因采集栎树叶喂牛或垫圈而引起中毒者。

【辨　证】　病初可参考中兽医学的毒积胃肠、阴寒凝滞进行辨证施治;中后期可参考中兽医学的毒邪内侵、肾阳衰微进行辨治。

1. 毒积胃肠,阴寒凝滞　症见精神沉郁,鼻凉,口津干少,食欲减退,厌食青草,反刍减少,瘤胃蠕动减弱,粪便干结,排少量附有黏液的算盘珠状粪球。耳尖及四肢末梢凉,舌苔呈灰青色。

2. 毒邪内侵,肾阳衰微　症见尿少或尿闭,尿液清亮,股部、体躯下垂部位、会阴部发生皮下水肿,眼睑微肿。腹围增大,触诊腹有积液。鼻镜干燥,舌色灰暗或青紫,战栗,常卧地不起,回头顾腹,呼吸困难,体温下降 $0.6℃ \sim 0.8℃$。

【中药治疗】

1. 毒积胃肠,阴寒凝滞

(1)治则　益气升阳,温阳通便。

(2)方　药

方剂一:苍术 30 克,茯苓 20 克,木通 18 克,滑石 24 克,连翘 18 克,枳壳 18 克,防风 21 克,荆芥 18 克,金银花 18 克,茵陈 24 克,火麻仁 150 克,甘草 12 克。水煎灌服。

方剂二:火麻仁、绿豆各 120 克,党参、白术、当归、肉苁蓉、郁李仁、牛蒡子各 60 克,升麻、牛膝、泽泻、茯苓各 45 克,肉桂 30 克,甘草 24 克。煎汤取汁,加植物油 500 毫升灌服。

2. 毒邪内侵,肾阳衰微

(1)治则　培脾补肾,温阳化水。

(2)方　药

方剂一:黄芪 120 克,党参 60 克,肉桂、当归、白术、猪苓、茯苓、泽泻各 45 克,干姜、陈皮、甘草各 30 克。水煎取汁,加蜂蜜 200 克灌服。

方剂二:党参 30 克,黄芪 30 克,白术 24 克,陈皮 18 克,茯苓

20 克,当归 24 克,熟地黄 18 克,山药 18 克,白芍 18 克,升麻 15 克,神曲 24 克,甘草 12 克。水煎灌服。

【针灸治疗】　针刺百会、苏气、肺俞、脾俞穴;血针胸堂、鹘脉、尾尖、耳尖,放血总量 800 毫升。

马铃薯中毒

马铃薯中毒是牛采食了富含龙葵素的马铃薯及其茎叶而引起,临床上以神经功能紊乱、胃肠炎及皮疹为特征。

轻度中毒以消化道变化为主,即胃肠型。其表现为精神沉郁,食欲减退,反刍停止,嗜睡。多数体温在 38℃～39℃之间,心跳、呼吸加快,呕吐,流涎,瘤胃臌胀,腹痛,腹泻,粪便中混有血液。有的在口唇、肛门、尾根、乳房部位发生湿疹或水疱性皮炎。

重度中毒以神经系统症状为主,即神经型。发病开始时病牛兴奋不安,继而转为沉郁、痴呆。反应迟钝,后肢无力,走路摇晃,步态不稳。同时,出现剧烈而频繁的腹泻,稀便带血。呼吸无力,气喘,心力衰竭,如治疗不及时 1～2 天即会死亡。

也有的病牛出现皮疹型症状,伴有溃疡性结膜炎、口膜炎,腿上起水疱和鳞屑样湿疹。

【病　因】　马铃薯营养价值较高,在正常情况下也含有极微量的龙葵素,但不会引起中毒。若马铃薯贮存时间过长,在阳光下暴晒过久,因保存不当而出芽、霉变、腐烂时,可使马铃薯内龙葵素增加,当牛采食后,就会引起中毒。此外,腐烂的马铃薯中还含有一种腐败毒,未成熟的马铃薯中含有硝酸盐,都对牛有毒害作用。

【辨　证】　可参考中兽医学的火热炽盛等证进行辨治证施。

1. 心火炽盛　症见口舌糜烂,兴奋不安,横冲直撞,继之精神沉郁,行如酒醉,后躯无力,运动失调,步态不稳,四肢麻痹,多伴有呼吸无力,腹痛,呕吐,气喘,最后因心力衰竭而死亡。

2. 热犯营血　症见四肢内侧、乳房、阴囊、肛门、阴道及尾根等皮肤较薄处斑疹隐隐,甚至肢端皮肤发生坏死。

【中药治疗】

1. 心火炽盛

(1)治则　利尿排毒,清热泻火。

(2)方　药

方剂一:金银花土茯苓解毒饮。金银花、土茯苓各100克,大黄50克,山豆根、山慈姑、枳壳、连翘、菊花、龙胆草各50克,黄连、黄芩、黄柏、蒲公英各30克,甘草20克。共研细末,开水冲调,待凉加蜂蜜150克,一次灌服。

方剂二:滑石、火麻仁各120克,黄连、黄柏、黄芩、知母、板蓝根、茵陈各60克,生地黄、栀子、牵牛子、泽泻、甘草、茯苓各45克,木通、龙胆草各30克,水煎服。

2. 热犯营血

(1)治则　气血两清,清热解毒。

(2)方　药

方剂一:石膏180克,水牛角(先煎)、生地黄、赤芍各60克,牡丹皮、黄连、黄芩、黄柏、连翘、知母各45克,栀子、甘草各30克。共研为细末,开水冲调灌服。

方剂二:滑石200克,地榆50克,黄连30克,黄芩30克,黄柏30克,甘草100克,党参30克,丹参40克,白术30克,大黄30克,茯苓30克,猪苓30克,茯神30克,远志30克。水煎3次,混合煎液分4次灌服,每6小时1次,连用3天。

【针灸治疗】　针刺尾尖、胸堂、耳尖、苏气穴。

棉籽饼中毒

棉籽饼粕中毒是牛采食棉籽饼粕引起的以出血性胃肠炎、全身水肿、血红蛋白尿和实质器官变性为特征的中毒性疾病。

病牛精神沉郁，衰弱，食欲废绝，反刍极少或不反刍，步态蹒跚，后肢无力，卧地不起，有的出现血尿。呻吟，磨牙，全身发抖，心音增强，心跳加快。眼睑水肿，双眼羞明流泪。瘤胃臌气，初期粪便干燥，以后腹泻，粪便中常带血。肺部听诊有啰音或捻发音，呼吸困难，心律失常，心跳较快（每分钟 90～110 次）。病牛先便秘后腹泻，粪便呈黑褐色，混有黏液和血液，恶臭，严重者出现红尿与水肿。病至后期出现神经症状，惊叫乱跑，气喘流涎，下颌间隙、胸腹下和四肢出现水肿。

【病　因】　棉籽饼含粗蛋白质 25%～40%，是牛的良好精饲料，但棉籽饼及棉叶中含有游离棉酚，是一种细胞毒和神经毒，对动物有一定毒性，对胃肠黏膜有强烈的刺激性，并能溶解红细胞。酚毒和酚毒苷为血液毒和细胞浆毒，对神经、血管及实质脏器均有明显的毒害作用，并可侵害胎儿。所以，大量或长期饲喂棉籽饼可以引起中毒。当棉籽饼发霉、腐烂时，毒性更大。但游离棉酚通过加热或发酵，可与棉籽蛋白的氨基结合成为比较稳定的结合棉酚，毒性大大降低，亦可与硫酸亚铁离子结合，形成不溶性铁盐而失去毒性。

【辨　证】　可参考中兽医学的湿热内蕴、肝阴不足与肾虚水泛进行辨证施治。

1. 湿热内蕴　症见食欲骤减或废绝，粪便呈黑褐色，带血和黏液，气味恶臭。脱水，尿量少，全身衰弱，心力衰竭，常因极度虚脱而死亡。

2. 肝肾阴虚　症见食欲减少，黄疸，视力障碍或夜盲，甚至双目失明，妊娠母牛多有流产或产瞎眼牛犊等。

3. 肾虚水泛　症见心跳、呼吸加快，血尿，下颌、四肢、肉垂明显水肿，严重时四肢肿胀。

【中药治疗】

1. 湿热内蕴

（1）治则　清热利湿，调气止痛。

（2）方药　白芍、大黄、黄芩各45克，当归、黄连、木香、甘草各30克，槟榔、肉桂各20克。水煎2次，混合煎液，候温灌服。

2. 肝肾阴虚

（1）治则　柔肝滋肾，育阴潜阳。

（2）方药　蒲公英90克，沙参65克，当归65克，车前子60克，麦冬60克，丹参60克，生地黄60克，白芍45克，枸杞子45克，川楝子45克，五味子45克，甘草45克；或用山药120克，菊花90克，枸杞子、熟地黄、山茱萸、泽泻、牡丹皮、茯苓各60克。水煎灌服，或共研为细末，开水冲调，候温灌服。

3. 肾虚水泛

（1）治则　滋补肾阳，温阳化水。

（2）方药　山药120克，茯苓、泽泻、山茱萸、牡丹皮、川牛膝、熟地黄各60克，官桂、附子各45克，当归、木瓜、川芎各18克。水煎灌服，每天2剂。

【针灸治疗】　针刺鹘脉穴，放血量1 000～1 500毫升。

尿素中毒

尿素中毒是牛采食过量尿素或尿素饲喂不当引起的一种中毒性疾病，临床上以肌肉强直、呼吸困难、循环障碍、新鲜胃内容物有氨气味为特征。

病牛症状出现的迟早与食入尿素的量有关，一般食入尿素后30～60分钟出现症状。表现沉郁、呆滞、不断呻吟、大量流涎，有时口、鼻流泡沫样液体。随后出现兴奋不安和感觉过敏，肌肉抽搐、震颤，步态不稳，反刍停止，臌气，反复发作强直性痉挛，呼吸困难,流涎,出汗,心动亢进,心率达每分钟 100 次以上。后期倒地,瞳孔散大,肛门松弛,四肢划动,窒息死亡。尿液 pH 升高,血液氨浓度达 300～600 微摩/升,红细胞容积增加 10％～15％。

【病　因】　因尿素保管不当,被牛大量误食(当作食盐)或偷吃;饲喂被尿素污染或人为添加尿素的饲料可发生中毒;或尿素作为反刍动物蛋白质饲料的补充时,用量没有逐次加大,而是突然饲喂大量尿素;在饲喂尿素过程中,不按规定控制用量(用量一般控制在饲料总干物质的 1％以下或精饲料的 3％以下),或添加的尿素与饲料混合不匀,或用法不当,将尿素溶解成水溶液喂给时,均可发生中毒。

【辨　证】　本病可参考中兽医学肝血不足所致的肝风内动进行辨证施治。

症见大量流涎,口吐白沫,瘤胃臌气,反刍停止,抽搐痉挛,牙关紧闭,角弓反张,肌肉颤抖,行如酒醉,呼吸困难,肛门松弛,瞳孔散大。

【中药治疗】

1. 治则　滋养肝肾,柔肝熄风。

2. 方药

方剂一:丹参 120 克,菊花、当归、白芍、五加皮各 60 克,天麻、钩藤、牛膝、川芎、赤芍、桑寄生、葛根、夜交藤各 45 克。水煎 2 次,混合药液,候温灌服。

方剂二:立即停喂撒过尿素的青贮饲料,保持病牛安静,将食醋 1 000 毫升和蜂蜜 0.5 千克,加大量冷水,给成年牛一次灌服。

另外,亦可用以下经验方:①食用醋 1 200 毫升、30％糖溶液 1 200～1 800 毫升,一次灌服。②食醋 1 000～3 000 毫升、20％～30％蜂蜜液 500 毫升,加冷水适量,一次灌服。③葛根 300 克,绿豆 300 克,滑石 150 克,炙甘草 60 克,水煎服,每天 1 剂。④轻度中毒者,用仙人掌 300 克,去皮、刺捣烂,加适量温水一次灌服。然后用常水稀释食醋1 500毫升一次灌服。⑤重度中毒者,应在西药治疗基础上,适当加大仙人掌剂量,必要时可行瘤胃穿刺放气,并立即停喂撒过尿素的青贮饲料。

【针灸治疗】 针尾尖、耳尖、胸堂放血。

有机磷农药中毒

有机磷农药是农业上常用的杀虫剂之一,也是引起家畜中毒的主要农药。如使用不当或饲槽、饲料和饮水被污染,均可使牛发生中毒。临床上以毒蕈碱样症状、烟碱样症状和中枢神经症状为特征。

毒蕈碱样症状出现最早,表现为平滑肌痉挛和腺体分泌增加。食欲不振,恶心,呕吐,疝痛,多汗,流泪,流涕,流涎,腹泻,尿频,粪尿失禁,心跳减慢和瞳孔缩小,支气管痉挛和分泌物增加,咳嗽、呼吸困难,严重病牛出现肺水肿及发绀。

烟碱样症状表现为乙酰胆碱在横纹肌神经肌肉接头处过度蓄积和刺激,使颜面、眼睑、舌、四肢和全身横纹肌发生肌纤维颤动,甚至全身肌肉强直性收缩。而后肌力减退和瘫痪,呼吸肌麻痹引起周围性呼吸衰竭。交感神经节受乙酰胆碱刺激,其节后交感神经纤维末梢释放儿茶酚胺使血管收缩,引起血压增高、心跳加快和心律失常。中枢神经系统受乙酰胆碱刺激后病牛兴奋不安,体温升高,共济失调,抽搐和昏迷。

【病 因】 有机磷农药主要通过消化道、呼吸道、皮肤黏膜进入牛体引起中毒。饲喂或偷吃喷洒有机磷农药后的青草或作物,误饮撒布农药后的田水、沟水、塘水而中毒。用敌百虫、敌敌畏治疗牛虱和疥癣时,用量过大,方法不当,通过皮肤黏膜吸收中毒。偷吃拌有农药的种子而发生中毒。

【辨 证】 本病参考中兽医学的阳气虚脱与肝风内动进行辨

证施治。

1. 阳气虚脱　症见病牛食欲不振,痛苦呻吟,反刍及瘤胃蠕动停止,出现瘤胃臌气,腹泻便血,尿频、粪尿失禁,四肢厥冷,全身冷汗,流涎、流涕、口吐白沫,心跳减慢,瞳孔缩小。

2. 肝风内动　症见病牛兴奋不安,体温升高,共济失调,眼球震荡,眼睑、颜面、舌、四肢颤动,全身痉挛抽搐,严重者呼吸困难,瘫痪不起,昏迷,心跳加快,心律失常。

【中药治疗】　有机磷中毒病势迅猛,除及时洗胃与使用胆碱酯酶复活剂及阿托品外,同时参考中兽医学的阳气虚脱与肝风内动进行辨证施治,多能收到事半功倍的效果。

1. 阳气虚脱

(1)治则　益气温阳,回阳固脱。

(2)方药　黄芪 120 克,山茱萸 90 克,人参 60 克,附子、麦冬、炙甘草各 45 克,干姜、肉桂、五味子各 30 克。水煎 2 次,混合煎液,候温灌服。

2. 肝风内动

(1)治则　镇肝熄风,通络宣窍。

(2)方药　牡蛎 120 克,龟板 90 克,生地黄、白芍、阿胶(烊化兑入药液)、女贞子、鳖甲各 60 克,墨旱莲、甘草各 45 克。水煎 2次,混合药液,候温灌服。

【针灸治疗】　针刺静脉、尾尖、胸堂、耳尖放血 500～800毫升。

甘薯黑斑病中毒

甘薯黑斑病又称甘薯黑疤病,是由于牛食入了腐烂或有黑斑病的甘薯而引起的一种中毒病。临床上以呼吸困难、急性肺水肿、间质性肺气肿、后期引起皮下气肿为特征,故又称为牛气喘病。

病牛突然发病,初期精神沉郁,食欲减退,反刍停止,体温多正常。随着病情加重,食欲废绝,反刍停止;呼吸困难、急促。张口流涎,腹胀,肌肉震颤,尿频。呼吸次数增多达 80～100 次/分或以上,呼吸音粗而强烈,如拉风箱音响。肺区叩诊呈鼓音,听诊有湿性啰音。呼气时鼻翼向后上方抽缩,吸气时鼻孔扩大。病初由于支气管和肺泡充血及渗出液的蓄积,可听到啰音。发生皮下气肿时,触诊胸前、肩前、背两侧皮下有捻发音。严重时病牛呼吸高度困难,多张口伸舌,头颈伸展,气喘加剧,长期站立,不愿卧地。粪干硬而常带血。妊娠母牛往往发生早产或流产。病牛伴发前胃弛缓,间或瘤胃臌气和出血性胃肠炎。心脏功能衰弱,脉搏增数(可达 100 次/分或以上)。可视黏膜发绀,颈静脉怒张,四肢末梢冷凉,最后痉挛而死。

【病　因】　甘薯黑斑病的病原是一种霉菌(甘薯黑斑病菌),其侵入甘薯的虫害部分或表皮裂口,则甘薯表皮干枯、凹陷、坚实,出现圆形或不规则的暗黑色斑点,甘臭、味苦。有毒物质为甘薯醇、甘薯酮和甘薯宁,若牛食入一定量的病薯或病薯酿酒后的酒糟,即可发生中毒。

【辨　证】　可参考中兽医学的肺肾两亏之证进行辨证施治。

【中药治疗】

1. 治则　益气定喘,补肾纳气。

2. 方药

方剂一:白矾、桑白皮各 60 克,白果、黄芩、苏子、款冬花、杏仁、葶苈子、半夏、甘草各 30 克,麻黄 24 克。煎汤,加蜂蜜 120 克,一次灌服。或用石菖蒲、枇杷叶(去背毛)各 100 克,白及、桑白皮、浙贝母、益母草各 60 克,煎汁调入蜂蜜 120 克,候温一次灌服,每天 1～2 剂。

方剂二:麻杏石甘汤和大承气汤合方。甘草 200 克,麻黄 50 克,杏仁 50 克,石膏(或石膏粉)200 克,大黄 100 克,芒硝 500 克,枳实 100 克,厚朴 100 克。水煎,去渣。石膏粉和芒硝不用煎熬直接混入药汤,候温灌服(何道领等,2010)。

方剂三:明矾定喘解毒散。白矾 60 克,川贝母 35 克,白芷 30 克,郁金 30 克,黄芩 30 克,葶苈子 40 克,石韦 30 克,黄连 30 克,龙胆草 30 克,大黄 50 克,甘草 50 克,茯苓 30 克,枳实 30 克,白术 30 克。共研为细末,以蜂蜜 500 克为引,开水冲调,灌服(梅再忠,2000)。

【针灸治疗】 针刺鼻中、丹田、苏气、百会、散珠(距尾尖约 4 厘米处)、山根穴,或艾灸肺俞穴。放舌针(即用三棱针或宽针,针刺舌上通关穴出血,刺后用食盐涂擦舌体,刺激病牛不停摇头,口流鲜血)、洗口(针刺放血后,用食盐或人工盐涂擦舌体、上下唇内外两侧),至紫色血液变淡为止。

食盐中毒

牛食盐中毒是指由于超量摄入食盐,加之饮水不足,引起以消化道紊乱、脑水肿和神经症状等一系列病变为主要特征的中毒性疾病。牛食盐的正常饲喂量为 25~50 克/天,中毒剂量为 1~2.2 克/千克体重(400~800 克/头·天),致死量为 2.5~3 克/千克体重(1 400~2 700 克/头·天)。

最急性中毒者,食欲废绝,饮欲剧增,便秘,尿频,尿少,口吐白沫,结膜潮红或发绀,体温常不增高,呼吸快速,脉急而弱,磨牙,畏光,肌肉震颤。对周围环境反应迟钝,运步失调,转圈运动,或有间歇性痉挛,后肢无力,或瘫卧于地,呈犬坐或侧弯姿势。先兴奋不安,之后则昏迷,后期呼吸极度困难,心力衰竭,多死于高度衰竭和窒息。如欲呕、打嗝、痉挛发作频繁,则预后不良。中毒轻的病牛,仅见食欲不振,牛体严重脱水,躯体僵硬,渐进性消瘦,这种症状的病牛治愈率较高。

【病　因】　本病是因饲料中食盐用量过大，或使用的鱼粉中含盐量过高，限制饮水不当；或饲料中其他营养物质，如维生素 E、钙、镁及含硫氨基酸缺乏，增加了食盐中毒的敏感性。

【辨　证】　可参考中兽医学肝风内动等证进行辨证施治。

症见食欲废绝，饮欲剧增，磨牙，怕光，肌肉震颤，运步失调，转圈运动，有间歇性痉挛，后肢无力，有时瘫卧于地，呈犬坐或侧弯姿势，口吐白沫，结膜潮红或发绀等。

【中药治疗】

1. 治则　平肝潜阳，镇静熄风。

2. 方药　生赭石 120 克，牛膝 90 克，生龙骨、生牡蛎、生龟板各 45 克，白芍、玄参、天冬、川楝子各 30 克，生麦芽、茵陈、甘草各 25 克。水煎 2 次，混合煎液，候温灌服。

亦可用以下经验方：①生豆浆 1 500～3 000 毫升灌服。②醋 2 000 毫升或麻油 600 毫升，一次灌服。③甘草 40～70 克，绿豆 200～300 克，水煎取汁加入白糖 300～600 克，灌服。④鲜绿豆 250 克，生石膏、天花粉各 180 克，鲜芦根 120 克，水煎服。

铅 中 毒

铅中毒是指由于牛误食含铅物质及被铅污染的饲草和饮水，致使发生以铅脑病、胃肠炎和外周神经变性为特征的中枢神经和消化功能紊乱的中毒性疾病。牛对铅较为敏感，即使少量接触也可导致中毒。

本病典型症状为胃肠炎症状与铅脑病症状。前者表现流涎、腹泻、腹痛等，在成年牛上较为多见；而后者表现兴奋狂躁、感觉过敏、肌肉震颤、痉挛、麻痹等，在犊牛上比较多见。急性型多见于犊牛，突然发作，甚至尚未观察到症状即已倒毙。病犊口吐白沫，空嚼磨牙，眨眼，眼球转动，步态蹒跚，头、颈肌肉明显震颤，吼叫，惊厥,对触摸和声音感觉过敏,瞳孔散大,两眼失明,角弓反张,脉搏和呼吸加快。或表现为狂躁症状,横冲直撞,爬越围栏,头紧抵固定物体,步态僵硬,站立不稳,多因呼吸衰竭而死亡。亚急性型多见于成年牛,病牛可存活 3～4 天,表现为精神迟钝,食欲废绝,流涎,磨牙,踢腹,眼睑反射减弱或消失,失明,瘤胃蠕动微弱,先便秘后腹泻,排恶臭稀粪,步态蹒跚,共济失调,间歇性转圈。有的出现感觉过敏和肌肉震颤,或极度沉郁。

【病　因】　多因牛误食含铅物质及被铅污染的饲草和饮水引起。

饮水中含铅 140 毫克/升即可使牛中毒,土壤含铅量为 260～914 毫克/千克时,其上生长的牧草即可以毒死犊牛。犊牛的急性致死含铅量为 400～600 毫克/千克体重,成年牛为 600～800 毫克/千克体重。

【辨　证】　本病临床表现多种多样,其证型各异,主要可按以下证型辨证施治。

1. 肝胆湿热,肝郁气滞　　症见精神迟钝,食欲废绝,流涎,磨牙,踢腹,眼睑反射减弱或消失、失明,步态蹒跚,共济失调,间歇性转圈,长时间呆立或盲目行走。

2. 肝阴不足,肝风内动　　症见兴奋狂躁,感觉过敏,肌肉震颤,痉挛,口吐白沫,空嚼磨牙,步态蹒跚,头、颈肌肉明显震颤,吼叫,惊厥,瞳孔散大,两眼失明,角弓反张,脉搏和呼吸加快。

【中药治疗】

1. 肝胆湿热,肝郁气滞

(1)治则　疏肝利胆,清热解毒,促进血铅的排泄。

(2)方药　绿豆 120 克,茵陈 65 克,柴胡、黄芩、金钱草各 60 克,郁金、甘草各 45 克,生大黄 30 克。水煎 2 次,混合煎液,候温灌服。

2. 肝阴不足,肝风内动

(1)治则 滋补肝肾,镇肝熄风。

(2)方药 生赭石120克,茯苓、泽泻、白术、阿胶(烊化兑入药液中服)、生龙骨、生牡蛎、鸡血藤、枸杞子各60克,怀牛膝、川芎各45克,砂仁、天麻各30克,大枣40枚。水煎分2次服,每天1剂。

氟 中 毒

氟是动物生长和发育所必需的微量元素之一,参与机体正常代谢,可以促进牙齿和骨骼的钙化,对神经兴奋性的传导和酶系统的代谢也有重要作用。但过量的氟进入动物体后,会产生一系列不良影响,导致氟中毒,出现氟斑牙和氟骨症等相应的临床症状。

急性中毒病牛多表现为厌食,流涎,恶心呕吐,腹痛,腹泻,呼吸困难,肌肉震颤,阵发性痉挛及虚脱。慢性中毒者长骨、肋骨柔软,肋骨和肋软骨结合部呈串珠样肿胀;被毛枯燥无光,春季换毛延迟,渐进性消瘦。稍严重者精神委顿,采食缓慢,异食癖,尤其喜食骨头,反应迟钝,弓背缩腹,行走强拘或跛行,四肢关节触压有痛感;牙齿松动,门齿失去光泽,过度磨损,中间有黑色条纹及凹陷斑,呈左右对称的波状及台阶状,采食困难。

【病 因】 饲用磷酸盐不脱氟或脱氟不彻底是造成目前动物氟中毒的主要原因。此外,我国高氟地区较多,如西北地区的部分盆地、盐碱地、盐池及沙漠的边缘等。工业氟污染也是造成中毒不可忽视的原因之一,对放牧动物具有潜在威胁。

【辨 证】 可参考中兽医学的肾阳虚和肾阴虚等证进行辨证施治。

1. 脾肾阳虚 症见厌食,流涎,恶心呕吐,腹痛,腹泻,呼吸困难,肌肉震颤,阵发性痉挛以及虚脱,骨软,被毛枯燥无光,春季换毛延迟,渐进性消瘦,精神委顿,采食缓慢,异食癖,尤其喜食骨头。

2. 肝肾阴虚 症见弓背缩腹,行走强拘或跛行,四肢疼痛,门齿色如枯骨,中间有黑色条纹及凹陷斑,左右对称,牙齿松动,臼齿过度磨损,采食困难。

【中药治疗】

1. 脾肾阳虚

(1)治则 温脾补肾,活血通经。

(2)方药 益智仁散。当归45克,益智仁、大枣各30克,五味子、官桂、白术、川芎、白芍、白芷、厚朴、青皮各25克,草果、肉豆蔻、砂仁、木香、槟榔、枳壳各20克,甘草、生姜各15克,细辛10克。共研为细末,开水冲调或水煎灌服。

2. 肝肾阴虚

(1)治则 补肾壮骨,活血化瘀。

(2)方药 通关散加减。没药25克,川楝子、藁本、牵牛子、防己各20克,小茴香、巴戟天、葫芦巴、木通、补骨脂、红花、木瓜、乌头各15克。共研为细末,水煎灌服。

闹羊花中毒

闹羊花中毒是牛采食闹羊花的花和叶后引起的一种中毒病,临床上以口吐白沫,呕吐,腹痛,皮温低,口、鼻冰凉,共济失调,运动障碍等为特征。

本病在误食闹羊花后4～5小时发病,中毒牛精神沉郁或兴奋不安,发病初期乱冲乱撞,共济失调,步态不稳,形同醉酒状。后期重症时卧地不起,四肢麻痹,皮肤、口、鼻冰凉,瞳孔先缩小,后散大,呈昏睡状态。病牛流涎,口吐白沫,磨牙,呕吐,食欲、反刍减少或废绝,肚腹膨胀,腹泻,不安,粪便中混有带血的黏液,胃肠蠕动音增强。心跳减慢(30～50次/分),心律失常,脉弱。

【病 因】 闹羊花又名羊踯躅、黄花草、黄杜鹃、映山黄,为杜鹃花科植物。常见于山坡、石缝、灌木丛中,分布于我国华东、中南、西北地区及内蒙古、贵州等地。闹羊花的花和叶中含有梫木毒素、杜鹃花素等有毒成分(特别是花中含毒最多),对牛有强烈的毒性。在早春季节放牧过程中,当牛进入生长有闹羊花的山坡、草地,误食闹羊花的嫩芽和花,可引起中毒。

【中药治疗】 以解毒为主,对症治疗。可用调味承气汤加减。金银花 25 克,大黄、芒硝各 15 克,枳壳、连翘、莱菔子、甘草各 10 克。水煎,候温灌服(引自《家畜常见病中兽医诊疗》)。

第八章 传染性疾病

巴氏杆菌病

牛巴氏杆菌病又称牛出血性败血症,是牛的急性、热性传染病,临床上以高热、肺炎和内脏广泛出血为特征。本病传染快,病程短,死亡率高。

本病潜伏期 2～7 天。牛突然发病,体温迅速升高达41℃～42℃,采食和反刍停止,眼结膜潮红、流泪、鼻镜干燥,鼻孔有浆液性或黏液性鼻液流出,呼吸困难,可视黏膜发绀,张口呼吸,呈现红、肿、热、痛感。舌肿大呈蓝紫色,吞咽困难,舌露出口外,并有大量带泡沫的清亮唾液从口角流出,故俗称清水病。有的病牛腹泻,主要表现急性传染性胃肠炎症状;有的则表现胸膜肺炎症状;有的皮下呈炎性水肿。病程 12～24 小时,最长不超过 1 周。

根据临床症状和病型可分为以下 3 种。

肺炎型:最常见,病牛呼吸困难,有痛性干咳,鼻流无色泡沫状鼻液,叩诊胸部有浊音区,听诊有支气管呼吸音和啰音,或胸膜摩擦音,严重时呼吸高度困难,头颈伸直,张口伸舌,颌下、喉头及颈下方常出现水肿,病牛不敢卧地,常迅速死于窒息。

败血型:病初即高热,体温达 41℃～42℃,而后精神沉郁,头低耳耷,弓背,被毛粗乱无光,脉搏加快,肌肉震颤,皮温不整,鼻镜干燥,结膜潮红,咳嗽,呻吟,不食不反刍。腹痛,下痢,粪便先呈粥状,后呈液状,混有黏液,散发恶臭气味。

水肿型:除全身症状外,在颈部、咽喉部及胸前皮下出现炎性水肿,先热痛而硬,后变凉,疼痛减轻。同时,舌周围组织肿胀,舌垂出口外,呈暗红色。呼吸困难,干咳,有泡沫样鼻液。叩诊胸部敏感,便秘,有的腹泻,粪便带血,气味恶臭。

【病　因】　本病的病原为多杀性巴氏杆菌,该菌为条件性病原菌,常存在于健康畜禽的呼吸道,与宿主呈共栖状态。本病主要经消化道感染,其次通过飞沫经呼吸道感染,亦有经皮肤伤口或蚊蝇叮咬而感染的。常年都有发生,多见于秋末、春初气候突变、温差变化大的时候。常呈散发性或地方流行性发生。3岁以下的牛发病率最高,犊牛的病死率较高。在天气骤变、冷热交替、闷热、多雨或是牛饲养在不卫生的环境中,如圈舍通风不良、潮湿、拥挤、饲料霉变及营养缺乏、疲劳、长途运输、发生寄生虫病等诱因存在的情况下,引起机体抵抗力降低,从而使病菌侵入,经淋巴液进入血液,发生内源性传染。

【流行病学特点】　巴氏杆菌在正常情况下存在于动物的呼吸道内,一般不呈现致病作用。如因饲料品质低劣、营养成分不足、矿物质缺乏、牛只拥挤、卫生条件差、气候突变、阴雨潮湿,以及机体受寒感冒等原因使牛抗病力降低时,此病菌会乘机侵入体内,经淋巴液而进入血液,发生内源性传染。一旦发病,病牛会不断排出强毒细菌,感染健康牛,造成地方性流行。病牛排泄物、分泌物中含有大量病菌,当健康牛采食被污染的饲料、饮水等,经消化道感染,或健康牛吸入带细菌的空气、飞沫,经呼吸道传播,也可经损伤的皮肤和黏膜感染。

【辨　证】　根据病因、病理变化和临床症状,中兽医可将本病分为营热证、血热妄行证、气血两燔证、血热伤阴证和肺脾两虚证5种证型。

1. 营热证　症见高热不退,躁动不安,呼吸喘粗,舌红绛,斑疹隐隐,脉细数。

2. 血热妄行证　症见身热,神昏,黏膜皮肤发斑,便血,口色深绛,脉数。

3. 气血两燔证　症见身大热,狂躁不安,喜饮,鼻出血,便血,黏膜皮肤发斑,舌红绛,苔焦黄带刺,脉洪大而数或沉数。

4. 血热伤阴证　症见低热绵绵,倦怠喜卧,口干舌燥,色红无苔,尿赤,粪干,脉细数无力。

5. 肺脾两虚证　症见久咳不止,咳喘无力,草料迟细,肚腹虚胀,粪便稀薄,甚则胸腹下水肿,口色淡白,脉细弱。

【中药治疗】

1. 营热证

(1)治则　清营解毒,透热养阴。

(2)方药　清营汤。水牛角、生地黄、金银花、玄参各 60 克,连翘、丹参、麦冬各 45 克,竹叶心、黄连各 30 克。水煎服。

2. 血热妄行证

(1)治则　清热解毒,凉血散瘀。

(2)方药　犀角地黄汤。犀角 90 克,生地黄 150 克,白芍 60 克,牡丹皮 45 克。水煎服。

3. 气血两燔证

(1)治则　清热解毒,凉血养阴。

(2)方药　清瘟败毒饮。石膏 120 克,水牛角 60 克,生地黄、栀子、牡丹皮、黄芩、赤芍、玄参、知母、淡竹叶各 30 克,连翘、桔梗各 30 克,黄连 20 克,甘草 10 克。水煎服。

4. 血热伤阴证

(1)治则　清热养阴。

(2)方药　用青蒿鳖甲汤。鳖甲 90 克,生地黄、牡丹皮各 60 克,青蒿、知母各 45 克。水煎服。

5. 肺脾两虚证

(1)治则　补脾益肺。

(2)方药　用参苓白术散或六君子汤加减。党参、茯苓、炒白术、陈皮、半夏、山药、炙甘草各 45 克,扁豆 60 克,莲子、砂仁、薏苡仁各 30 克。水煎服。

【针灸治疗】 针喉脉、三焦、四蹄、锁喉穴。血针鹘脉血。

破伤风

牛破伤风是破伤风梭菌经由创伤感染所致,是以运动神经中枢兴奋性增高和肌肉持续性痉挛为特征的一种中毒性传染病。又名强直症,为人兽共患病。

本病潜伏期为 1～2 周,多发生于分娩、断角、去势等外伤之后。病牛表现易惊,呼吸促迫,两耳耸立,两眼上翻,头颈伸直、僵硬,或有角弓反张、凹背弓腰或弯向一侧,尾根高举或偏向一侧。牙关紧闭,采食、咀嚼、吞咽困难或障碍,流涎,口内含有发酵酸臭的残食,舌的边缘往往留有齿压痕或咬伤,反刍和嗳气停止,腹肌紧缩,瘤胃臌胀。四肢僵硬,步态不稳,甚至倒地痉挛。个别病例在受伤后数天即可出现症状。急性病例多在 7～10 天内死亡,慢性者症状较轻,可以治愈。

【病　因】 牛破伤风是由破伤风梭菌经由创伤感染所致,破伤风梭菌又称强直梭菌,为细长杆菌。该病菌的繁殖体对外界抵抗力不强,煮沸 5 分钟即可死亡,一般消毒药均能在短时间内将其杀死,但该病菌的芽孢体具有很强的抵抗力,在土壤中能存活几十年,煮沸 90 分钟或高压灭菌 20 分钟才能将其杀死。局部创伤消毒可用 5％～10％碘酊、3％过氧化氢溶液或 0.1％～0.2％高锰酸钾溶液。

破伤风梭菌属于严格的厌氧菌,易由创伤尤其是深而密闭的创伤感染。常与其他细菌特别是化脓菌一起侵入创伤,因渗出液积聚与氧气消耗殆尽,更有利于破伤风梭菌的繁殖。本菌侵入机体后,多在局部繁殖产生毒素,引起牛肌肉的广泛性强直收缩。

【流行病学特点】 破伤风梭菌广泛存在于土壤和草食兽的粪便中。污染的土壤成为本病的传染源。本病主要经创伤感染,特别是小而深的创口,如钉伤、刺伤、阉割创伤、穿牛鼻环、断牛角、犊牛断脐及母牛分娩、胎衣不下或者分娩死胎、助产消毒不严或处理不当,或因创伤内发生坏死,创口被泥土和粪便堵塞造成缺氧而感染发病。

【辨 证】 本病可参考中兽医学的风邪犯内、引动肝风进行辨证施治。

【中药治疗】

1. 治 则 解表镇惊,散风祛寒。

2. 方 药

方剂一:天麻散加减。天麻、乌蛇、羌活、川芎各 20 克,附子、天南星、防风、薄荷各 15 克,蝉蜕、荆芥、半夏各 12 克。水煎取汁,加酒 250 毫升、葱 3 根(切碎),灌服。同时,用朱砂 9 克、麝香 1.5 克,研末取少许吹鼻,每天 2～3 次。

方剂二:大蒜(以独头蒜为佳)65 克,天南星、防风、僵蚕、全蝎、枸骨根各 32 克,乌梢蛇 16 克,天麻、羌活各 14 克,蔓荆子、藁本各 13 克,蝉蜕 10 克,蜈蚣 3 条。水煎取汁,加黄酒 300 毫升灌服。

【针灸治疗】 火针风门、伏兔、百会、开关、锁口等穴。据研究,用破伤风抗毒素于大椎、百会等穴位注射,用量减半也可收到较好的疗效。

灸百会、肾俞、肾角、肾棚、巴山、脾俞、风门、伏兔、开关、锁口、正中、上关、下关穴,开始时每天灸 1 次,病情减轻的隔天 1 次。

白针开关、锁口等穴,亦可电针风门、开关、下关、锁口等穴。

放鹘脉或胸堂血,体弱者 50～100 毫升,体壮者 200 毫升。

咬肌痉挛、牙关紧闭时,用 1% 盐酸普鲁卡因注射液于开关、锁口穴注射,每天 1 次。

先用艾叶喷酒推擦全身至出汗,再火针百会、牙关等穴。伤口扩创,用铁器烧红进行烙灸。

牛传染性胃肠炎

牛传染性胃肠炎是由传染性胃肠炎病毒引起的一种急性肠道传染病,临床上以呕吐、严重腹泻和脱水为特征。

成年牛患病后突然发生水样腹泻,粪便呈灰色或灰褐色,有时出现呕吐、体温升高、严重腹泻、泌乳减少或停止等症状,但一般3～7天即恢复,极少发生死亡。犊牛患病后往往在吃奶后突然发生呕吐,接着出现急剧水样腹泻,粪便为黄绿色或灰白色,后期粪便略带灰褐色并含有凝乳块。病犊牛精神萎靡,被毛粗乱、无光泽、战栗,吃奶减少或停止吃奶,严重口渴,迅速脱水,很快消瘦,多数衰竭而亡。个别病愈后生长缓慢,成为僵牛。

【病　因】　本病的病原为传染性胃肠炎病毒。病毒在65℃条件下约10分钟可死亡,在阳光下6～8小时可灭活,在阴暗环境中7～10天仍有感染力。用0.5%石炭酸溶液于37℃条件下作用30分钟可将其杀死。康复牛排毒可长达2个月,甚至可长达109天。

【流行病学特点】　本病不同品种和年龄的牛均易感。4周龄以内的犊牛发病率、死亡率较高。断奶牛、育成牛及成年牛发病症状较轻。病牛和带毒牛为主要传染源,排泄物和分泌物中带出的病毒常污染环境、饲料、水、空气及用具。犊牛吮吸含病毒乳汁或被污染的乳头,经消化道和呼吸道感染。常发于寒冷的冬季或早春,传播迅速,多呈地方性流行。

【辨　证】　根据本病的病因、临床症状,可将本病分为肠风下血型、湿热型、寒湿型3种证型。

1. 肠风下血型　病牛身体壮实,口色红,脉洪略数,食欲减退,有反刍。粪溏稀,混有鲜红色血液,粪量少,血、粪约各半,夹有气泡,尿黄略短少。

2. 湿热型 食欲废绝,反刍停止,鼻镜无汗、干裂,腹痛,回头顾腹或将头贴于腹侧。弓腰努责,里急后重;粪便干燥,表面附有白色淤膜和血液,气味腥臭;尿量少、色黄;口色红,口津黏稠,脉洪数。

3. 寒湿型 精神欠佳,泻粪稀薄如水。无臭无腻,耳鼻俱冷,肠鸣如雷。口流清涎,口温偏低,口色青白,鼻镜汗不成珠。

【中药治疗】

1. 肠风下血型

(1)治则 清热解毒,燥湿,凉血止血。

(2)方药 加味槐花散。槐花(炒)9克,地榆(炒)60克,侧柏叶90克,荆芥炭50克,炒枳壳40克,蒲黄(炒)40克,黄柏40克,栀子30克,当归70克,赤芍50克,苦参40克,甘草25克。水煎,每天1剂,连用2～5天。对便血较久者,去炒蒲黄、炒地榆,加生地黄60克、西洋参60克、白术50克。

2. 湿 热 型

(1)治则 清热解毒,燥湿止泻。

(2)方药 白头翁汤加减。白头翁60克,黄连30克,黄柏60克,秦皮50克,泽泻60克,甘草40克,柴胡70克,诃子60克。煎汤口服,1剂煎3次。也可用郁金散加减。郁金40克,诃子40克,黄芩40克,大黄30克,黄连20克,栀子40克,白芍50克,黄柏30克。

3. 寒 湿 型

(1)治则 温中散寒,渗湿利水,健脾和胃。

(2)方药 猪苓80克,泽泻60克,白术80克,茯苓80克,苍术80克,川厚朴50克,陈皮80克,甘草40克。1剂水煎3次,1天1剂追防,直至痊愈。也可用胃苓散加减。苍术40克,川厚朴

30 克,陈皮 35 克,甘草 20 克,猪苓 30 克,茯苓 30 克,泽泻 40 克,白术 45 克,桂枝 35 克,生姜 40 克,大枣 20 克。水煎或研末拌料投喂。寒盛者加肉桂 20 克、附子 20 克。

【针灸治疗】 针灸带脉、后海、后三里、脾俞、百会等穴,也可用痢菌净 10 毫升或黄连素注射液 10 毫升,后海穴注射,每天 1 次。

放线菌病

牛放线菌病又称大颌病,是牛的一种多菌性非接触性慢性传染病,临床特征是在舌、颌间、头和颈等部位形成局限性的坚硬放线菌肿。

病牛在上、下颌骨部出现界限明显、不能活动的硬肿,多发生于左侧。初期疼痛,后无痛觉。病牛的呼吸、吞咽及咀嚼均感困难,消瘦甚快。肿胀部皮肤化脓破溃后,流出脓液,形成瘘管,经久不愈。头颈、颌间软组织被侵害时,发生不热不痛的硬肿。舌和咽喉被侵害时,组织变硬,舌活动困难,称木舌症。病牛流涎,咀嚼困难。乳房患病时,呈弥漫性肿大或有局限性硬结,乳汁黏稠,混有脓液。

【病 因】 本病病原主要是牛放线菌,此外还有林氏放线菌和金黄色葡萄球菌,它们在牛体内均可引起类似病变。牛放线菌主要侵害骨骼等硬组织,是一种不运动、不形成芽孢的杆菌。在牛的组织中外观似硫黄颗粒,大小如别针头,呈灰色、灰黄色或微棕色,质地柔软或坚硬。林氏放线菌主要侵害头、颈部皮肤及软组织。

【流行病学特点】 本菌在自然界中主要存在于被污染的土壤、水和禾本科植物穗的芒刺上,健康牛的口腔及上呼吸道内也有本菌存在,当口腔及皮肤损伤时而感染。多发生于 2～5 岁的牛,尤其在换牙时最易感染。本病呈地方性和散发性流行,在牛场内,如已有本病发生,可能会有相继的零星病牛出现。牛的年龄与发病无明显关系,各种年龄的牛都可发病,以青年牛发病较多。本病发病的季节性不明显,但冬、春季发病较多。

【辨　证】　根据临床症状,可将本病分为疫毒外侵型、心经积热型、木舌型、肿瘤型和破溃型5种证型。

1. 疫毒外侵　症见放线菌病的特征性症状,但排粪、排尿正常,舌上未见粟粒性小疮。

2. 心经积热　除放线菌特征性症状外,还见粪干尿赤,舌面有粟粒性小疮。

3. 木舌型　病牛流涎,咀嚼、吞咽、呼吸困难,若不及时治疗,可导致死亡。如乳房被侵害,则呈现坚韧肿胀或皮下有局限性硬节。

4. 肿瘤型　多见上、下颌骨肿大,呈肿瘤状。病程发展缓慢者界限明显,病程发展快者牵连整个头骨。肿大部初期疼痛,后期无知觉,发病时间较久时,则皮肤破口,流出黄色或白色的脓液,形成瘘管,经久不愈。如果病牛下颌骨被破坏,则牙齿会松动,采食、反刍困难,体质状况恶化,逐渐消瘦而死亡。

5. 破溃型　常见牛上、下颌骨肿大,界限明显,肿胀进展缓慢,一般经过6～18个月才出现一个小而坚实的硬块,有的肿大发展较快,牵连整个头骨。肿大部初期疼痛,晚期无痛觉。病牛呼吸、吞咽和咀嚼均感困难,消瘦甚快。而后皮肤化脓破溃,流出血脓,形成瘘管,经久不愈。

【中药治疗】

1. 疫毒外侵型

(1)治则　清热解毒,散瘀止痛。

(2)方药　黄芩、玄参、生地黄各90克,金银花、桔梗、山豆根、赤芍各60克,黄柏、麦冬、射干各45克,黄连、连翘、牛蒡子各30

克,甘草 15 克。水煎服。

2. 心经积热型

(1)治则　清热解毒,清心泻火。

(2)方药　泻心散。石膏 200 克,大黄、黄芩、赤芍各 45 克,黄连 30 克,竹茹、车前子各 15 克,灯芯草 10 克,研末冲服。或用芒硝 60 克,栀子、玄参各 45 克,连翘、黄芩、知母、麦冬、大黄、葛根、淡竹叶各 30 克,黄连 15 克,灯芯草 10 克。水煎服。

3. 木舌型

(1)治则　清热解毒,活血通络。

(2)方药　在舌旁两侧或舌下通关穴放血,放血后用 3‰ 白矾溶液冲洗,然后用冰片 3 克,雄黄 15 克,硼砂 30 克,元明粉 60 克。共研细末,涂于舌上,每天 3 次。

4. 肿瘤型

(1)治则　清热解毒,散瘀。

(2)方　药

方剂一:黄芪、黄芩、皂角刺、连翘、桔梗、天花粉、栀子、山豆根、紫花地丁、蒲公英各 45 克,牡丹皮 30 克。煎水灌服,每天或隔天 1 剂。西药可口服碘化钾,每天 2～3 次,成年牛每次 4～8 克,犊牛每次 1～3 克。

方剂二:牙硝散加减。芒硝 100～150 克(煎时后入),黄连、黄芩、郁金、大黄、栀子、生地黄、昆布、海藻、射干、山豆根、牛蒡子各 50 克,连翘、金银花各 60 克,甘草 20 克。以蒲公英 100 克为引,水煎候温灌服。如肿瘤未破,可用温热食盐水纱布热敷患部,每天 2～3 次。

5. 破溃型

(1)治则　清热解毒,敛疮排脓。

(2)方药　黄连解毒汤加减。黄连 60 克,黄芩、黄柏、知母、栀子、连翘、金银花、麦冬、天花粉、黄药子、白药子、郁金、龙胆草、生地黄、滑石、木通各 50 克,甘草 20 克。以蒲公英 100 克为引,水煎候温灌服。

【针灸治疗】 在舌旁两侧或舌下通关穴放血,放血后用 3%白矾溶液冲洗。也可火针肿胀周围或火烙创口及其深部放线菌肿。

传染性鼻气管炎

牛传染性鼻气管炎又称牛媾疫、流行性流产、坏死性鼻炎,俗称红鼻子病,是牛的一种急性、热性、接触性传染病,其特征是鼻腔、气管黏膜发炎,出现发热、咳嗽、流鼻液和呼吸困难等症状,有时伴发结膜炎、阴道炎、龟头炎、脑膜炎或肠炎,也可发生流产。

【病 因】 本病是由牛传染性鼻气管炎病毒或牛疱疹病毒Ⅰ型引起。病毒粒子呈圆球形,直径 115~230 纳米。本病毒比较耐碱而不耐酸,比较抗冻而不耐热,在 pH 6 以下环境中很快失去活性,而在 pH 6.9~9 的环境下很稳定。在 4℃条件下可存活30~40 天,在−70℃保存可存活数年。病毒对乙醚、氯仿、丙酮、甲醇及常用消毒药物都敏感,在 24 小时内可被完全杀死。

【流行病学特点】 病牛和带毒动物是主要传染源,隐性感染的种公牛因精液带毒,是最危险的传染源。病愈牛可带毒 6~12个月,甚至长达 19 个月。病毒主要存在于鼻、眼、阴道分泌物和排泄物中。本病可通过空气、飞沫、物体及病牛的直接接触和交配,经呼吸道黏膜、生殖道黏膜、眼结膜传播,但主要由飞沫经呼吸道传播。吸血昆虫(软壳蜱等)也可传播本病。在自然条件下,仅牛易感。各种年龄和品种的牛均易感,其中以 20~60 日龄的犊牛最易感,肉牛比奶牛易感。本病在秋、冬寒冷季节较易流行,在过分拥挤、密切接触的条件下更易迅速传播。运输、运动、发情、分娩、卫生条件、应激因素均与本病发病率有关。

【辨　证】　根据本病病毒侵害部位的不同,可将本病分为如下 4 型。

1. 呼吸道型　病牛体温升高达 40℃～41℃,精神不振,食欲废绝。鼻黏膜高度充血,散发灰黄色小豆粒大小的脓疱,并有浅溃疡和白色干性坏死斑。流出大量黏液性脓性鼻液,呼出气体放出臭味。常因炎性渗出物阻塞呼吸道和支气管炎,引发咳嗽、呼吸加快、呼吸音粗厉、咽喉发炎、张口呼吸,出现呼吸困难、病牛伸颈,并伴有咽下障碍,使采食的饲草料渣或饮进的水从鼻孔逆出。同时,还表现结膜炎,流泪,腹泻,粪稀带血和黏液,泌乳量下降甚至停止。

2. 结膜角膜炎型　眼结膜有炎症,角膜混浊。轻型病例结膜和角膜充血,眼睑水肿,大量流泪、羞明。重型病例眼睑外翻,在结膜上生成脓疱,角膜表面形成直径 1～2.5 毫米的白色坏死性斑点。有黏脓性眼眵。

3. 生殖器型　病初体温升高,精神沉郁,食欲减退,频尿,屡屡举尾做排尿姿势,从阴门流出条状的黏液脓性分泌物。外阴与阴道后 1/3 处黏膜充血、肿胀并出现小的红色病灶,进而发展为灰色粟粒大小的脓疱,并融合形成一层淡黄色纤维蛋白性膜,覆盖黏膜表面,有的可形成溃疡灶。有的发生子宫内膜炎。妊娠母牛流产、产死胎或木乃伊胎。公牛感染发病后龟头、包皮和阴茎充血、肿胀,并形成脓疱,破溃后形成溃疡。精囊腺坏死,失去配种能力。

4. 脑膜脑炎型　以 3～6 月龄的犊牛多发。体温升高达 40℃以上,随后呈现神经症状,精神萎靡与兴奋交替出现,但以兴奋过程为主,惊厥,口吐白沫,磨牙,视力障碍,共济失调,倒地后四肢划动,角弓反张。

【中药治疗】

1. 呼吸道型

(1)治则　清热解毒,利咽消肿,宣肺止咳。

（2）方药 马勃 18 克，牛蒡子 30 克，玄参 30 克，柴胡 30 克，板蓝根 120 克，升麻 18 克，黄芩 30 克，黄连 12 克，桔梗 20 克，连翘 30 克，薄荷 20 克，甘草 18 克，荆芥穗 30 克，麻黄 18 克，葛根 20 克。

2. 结膜角膜炎型

（1）治则 清热解毒，消肿明目，排脓消肿。

（2）方药 马勃 18 克，牛蒡子 30 克，玄参 30 克，柴胡 30 克，板蓝根 120 克，升麻 18 克，黄芩 30 克，黄连 12 克，桔梗 20 克，连翘 30 克，薄荷 20 克，甘草 18 克，桑白皮 30 克，蒲公英 30 克，薏苡仁 90 克。水煎服。

3. 生殖器型

（1）治则 清热解毒，化湿利尿，排脓消肿，敛疮生肌。

（2）方药 红藤 30 克，败酱草 60 克，土茯苓 30 克，萹蓄 20 克，马勃 18 克，牛蒡子 30 克，玄参 30 克，柴胡 30 克，板蓝根 120 克，黄芩 30 克，黄连 12 克，连翘 30 克，甘草 18 克。水煎服。

4. 脑膜脑炎型

（1）治则 清热解毒，潜阳降逆，生津补阴。

（2）方药 生牡蛎 240 克，代赭石 90 克，生石膏 90 克，马勃 18 克，牛蒡子 30 克，玄参 30 克，柴胡 30 克，板蓝根 120 克，升麻 18 克，黄芩 30 克，黄连 12 克，桔梗 20 克，连翘 30 克，薄荷 20 克，甘草 18 克。水煎服。

另外，尚有以下验方可供使用。

荆防败毒散加减：荆芥 45 克，防风 40 克，羌活 25 克，独活 25 克，柴胡 25 克，前胡 25 克，枳壳 25 克，桔梗 25 克，茯苓 30 克，川芎 25 克，甘草 20 克，党参 30 克，薄荷 15 克。共研为末，开水冲调，候温一次灌服，每日 1 剂，连用 2～3 剂。病牛发热、鼻镜干燥、流脓性分泌物者加金银花、连翘各 35 克；病牛口干舌燥、饮欲增加加芦根、地骨皮各 25 克；食欲不振、反刍减少者去枳壳，加枳实 25

克、炒山楂 60 克、神曲 60 克(王忠明等,2009)。

或用麻黄 50 克,柴胡 50 克,紫苏叶 40 克,陈皮 50 克,款冬花 40 克,紫菀 40 克,茯苓 50 克,生姜 50 克,桂枝 50 克。共研为末,开水冲调,候温灌服,每天 1 剂(尹俊等,2008)。

【针灸治疗】 高热者,可用三棱针点刺大椎、阴陵泉穴,任其自然出血,一般出血自止,15 分钟后即退热。咳嗽较剧者,用平补平泻法针刺天突、颊车穴。

流 行 热

流行热又称三日热或暂时热,是由牛流行热病毒引起的急性、热性、全身性传染病,以突然发病、持续高热、咳嗽流涎、四肢水肿为主要特征。

本病潜伏期为 3～7 天。病牛恶寒战栗,继则突然高热达 40℃以上,并维持 2～3 天。此时病牛精神高度委顿,皮温不整,眼结膜潮红、肿胀,羞明流泪。鼻镜干燥,流鼻液。口角大量垂涎,口边粘满泡沫。食欲废绝,反刍停止,常有轻度臌胀。粪便初干硬,后变软,个别的发生腹泻。尿量减少,尿液浑浊。病牛呆立不动,强使行走则步态不稳,并可因关节软肿和肌肉疼痛而引起跛行,甚至卧地不能起立。奶牛产奶量迅速下降或完全停止。妊娠母牛可发生流产和产死胎。除上述症状外,呼吸系统变化也很明显,病牛呼吸促迫,呼吸次数可达 80 次/分以上。肺部听诊肺泡音高亢,支气管呼吸音粗厉,常发出苦闷的呻吟声。个别重剧者,可因肺气肿引起肺纵隔破裂,从而使气体扩散到肩、背、腰、臀等处肌膜中,形成全身性皮下气肿。

【病 因】 本病的病原为牛流行热病毒,又名牛暂时热病毒,属弹状病毒科、暂时热病毒属。病毒粒子由 5 种结构蛋白和 1 种非结构蛋白组成,有弹状变化至钝头圆锥状等形态,其直径约 73

纳米,但长度在 70～183 纳米之间。短的弹状及圆锥形病毒粒子是有缺陷的病毒粒子,可能会干扰病毒在组织培养中的生长。病毒在 pH 小于 5 或大于 10 的情况下很容易失活。

【流行病学特点】 本病主要侵害牛,黄牛、奶牛、水牛均可感染发病。以 3～5 岁壮年牛、奶牛、黄牛易感性最大,水牛和犊牛发病较少。

病牛是本病的传染源,多经呼吸道感染。此外,吸血昆虫的叮咬及与病牛接触的人和用具的机械传播也是可能的。本病的流行具有明显的季节性,多发生于雨量多和气候炎热的 6～9 月份。流行迅猛,短期内可使大批牛发病,呈地方流行性或大流性。流行时还有一定周期性。不同年龄、性别的牛均可发生,但以青壮年牛发病较多,8 岁以上的老牛和 6 月龄以内的犊牛很少发病。母牛(尤其是妊娠母牛)发病率高于公牛,产奶量高的牛发病率较高。病牛多为良性经过。

【辨　证】 可参考中兽医学的外感风热、温热在肺及外感风寒湿邪等证进行辨证施治。

1. 外感风热 症见发热重,恶寒轻,咳嗽,口干舌燥,口色微红,苔薄黄,脉浮数。

2. 温热在肺 症见发热不恶寒,呼吸急促,咳嗽喘急,口色鲜红,苔黄燥,脉洪数。

3. 外感风寒湿邪 症见恶寒壮热,肌肤无汗,头痛项强,口渴喜饮,四肢关节有轻度肿胀和疼痛,且长时间跛行等。

【中药治疗】

1. 外感风热

(1)治则　辛凉解表。

(2)方药　热在皮毛而发热重者,方用银翘散。芦根 60 克,金银花、连翘、淡竹叶各 30 克,淡豆豉、桔梗、牛蒡子、荆芥穗各 25 克,薄荷 15 克,甘草 10 克,开水冲服。热在肺而咳嗽重者,方用桑菊饮。桑叶 25 克,杏仁、芦根、桔梗各 20 克,菊花、连翘各 15 克,薄荷、甘草各 10 克。

2. 温热在肺

(1)治则　清热化痰,止咳平喘。

(2)方药　麻杏石甘汤。石膏 150 克,杏仁、甘草各 25 克,麻黄 15 克。水煎服。

3. 外感风寒湿邪

(1)治则　发汗,祛湿,清热。

(2)方药　九味羌活汤加减。羌活、防风、苍术各 50 克,黄芩、白芷、川芎、甘草、生姜各 45 克,细辛 30 克。以大葱 3 根为引,水煎服。寒热往来者加柴胡;跛行者加木瓜、牛膝、千年健;腹胀者加青皮、枳壳、青果;咳嗽重者加杏仁、瓜蒌;粪便干者加大黄、芒硝等。

另外,尚有以下验方可供使用。

蚕砂解毒汤:蚕砂 60 克,葛根 60 克,赤芍 30 克,金银花 45 克,紫草 45 克,板蓝根 45 克,黄柏 36 克,栀子 36 克,防风 30 克,甘草 30 克(成年牛剂量)。跛行严重者加羌活、独活;腹胀者加厚朴、青皮;不食者加砂仁、白蔻(李如焱,2011)。

柴葛解毒解肌汤:柴胡、葛根、荆芥、羌活、防风、秦艽、芡实各 40 克,板蓝根、白菊花各 80 克,紫苏 120 克,知母 30 克,甘草 20 克。煎汤,候温一次灌服。热甚者加生石膏 40~80 克;咳喘者加杏仁 30 克、紫菀 40 克;出现跛行者加川牛膝、独活各 40 克;纳饮差者加炒三仙各 30 克,厚朴、枳实各 40 克(杨秀华等,1993)。

解毒化燥汤:黄柏 20 克,黄连 10 克,黄芩 30 克,生石膏 30 克,杏仁 30 克,麻黄 20 克,桂枝 20 克,大黄 20 克,枳实 20 克,厚朴 20 克,芒硝 20 克,荆芥 20 克,防风 20 克,薄荷 10 克,绿豆 100 克。以红糖 200 克为引,水煎服(王宗恕等,1984)。

犀角地黄汤加味:犀角 20 克(可用 10 倍量的水牛角代替)、生地黄 30 克,白芍 30 克,牡丹皮 40 克,知母 30 克,黄柏 40 克,郁金 30 克,大黄 50 克,龙胆草 40 克,菊花 30 克,金银花 40 克,连翘 40 克,黄连 30 克,生甘草 30 克,荆芥 30 克,防风 30 克。以淡竹叶 40 克为引,水煎服(侯守祥等,2010)。

【针灸治疗】　以山根、血印、太阳、舌底(洗口)、尾尖、八字为主穴,睛灵、过梁、苏气为配穴。前肢跛行加追风、中膊、中腕、百会穴。后肢跛行、腰部僵硬者加小胯、环中、大转等穴。对不能站立的牛可针刺寸子、八字、涌泉、滴水、三关、垂珠、百会、山根等穴。

牛病毒性腹泻-黏膜病

　　牛病毒性腹泻-黏膜病简称牛病毒性腹泻或牛黏膜病,是由牛病毒性腹泻-黏膜病病毒感染引起的一种接触性传染病,以腹泻,口腔及食道黏膜发炎、糜烂,妊娠母牛流产、产死胎或畸形胎为特征。

　　病牛突然发病,体温升高至 41℃~42℃、呈稽留热。食欲废绝,反刍停止,瘤胃臌气。鼻镜及口腔黏膜发炎、糜烂、坏死,流涎增多。肠音亢进,严重腹泻,每天腹泻可达 10 余次,粪便如水样、腥臭、带有气泡、后期带血。病牛精神高度沉郁,卧多立少,烦渴喜饮,全身肌肉发抖,眼窝下陷,日益消瘦,尿量少,呼吸、心跳加快,脉洪大,口干津少,舌红苔黄。有些病牛常伴发蹄叶炎及趾间蹄冠处糜烂、坏死,从而导致跛行。慢性病牛长期腹泻,喜饮水,生长发育不良,病程长达数月,机体消瘦无力,严重衰竭,直至死亡。妊娠母牛有时发生流产。

　　【病　因】　本病的病原为牛病毒性腹泻-黏膜病病毒,它是一种单股 RNA、有囊膜的病毒,是黄病科、瘟病毒属成员,与猪瘟病毒及羊边界病毒有密切关系。病毒粒子略呈圆形,但也常呈变形性。有囊膜,病毒表面有明显纤突。病毒粒子直径为 50~80 纳米。病毒对温度敏感,56℃很快可以灭活,在低温下稳定,真空冻干的病毒在−60℃～−70℃条件下可保存多年。对乙醚、氯仿、胰酶敏感。

【流行病学特点】 病牛和带毒牛是本病的主要传染源,病牛的分泌物和排泄物中含有病毒。本病主要通过摄食被病毒污染的饲料、饮水而感染,也可因病牛咳嗽、剧烈呼吸喷出的传染性飞沫而使易感动物感染,带毒公牛能长期从精液中排出病毒,通过配种可传染给母牛,也可通过运输工具、饲养用具和胎盘感染。本病大多数呈隐性感染,新疫区牛群呈暴发流行,老疫区为散发流行。本病常年均可发生,通常多发生于冬末和春季。

【辨　证】 可参考中兽医学的湿热泄泻与脾虚泄泻等证进行辨证施治。

1. 湿热泄泻 症见高热,腹泻,粪便恶臭或带血,并有大量黏液和气泡,流涎流鼻液,黏膜充血、糜烂,结膜潮红,脉数滑。

2. 脾虚泄泻 症见病程日久,身瘦吊,食欲不振,间歇腹泻,发育不良。

【中药治疗】

1. 湿热泄泻

(1)治则　清热解毒,利湿健脾。

(2)方　药

方剂一:葛根芩连汤合参苓白术散加减。葛根、黄芩、白扁豆各60克,党参、白术、茯苓、炙甘草、山药各45克,莲子、桔梗、薏苡仁、砂仁各30克,黄连、丹参、地榆各20克。水煎服。

方剂二:白头翁汤加减。白头翁60克,黄柏40克,黄连50克,秦皮40克,金银花50克,连翘40克,生地黄30克,牡丹皮30克,地榆40克。共研为末,开水冲调,候温灌服,或水煎服。

2. 脾虚泄泻

(1)治则　健脾止泻。

（2）方药　补中益气汤加减。炙黄芪90克,党参、白术、当归、陈皮各60克,炙甘草45克,升麻、柴胡、神曲各30克。水煎服。

对于口舌等黏膜的糜烂,可用冰青散涂搽:冰片12克,青黛9克,芒硝30克,薄荷冰6克,滑石60克,研为细末用蜂蜜调涂舌。或用硼砂、山豆根、贯众、滑石、寒水石、海螵蛸各等份,研为细末用蜂蜜调涂舌。

还可用以下验方治疗。

黄芩20克,秦皮15克,栀子10克,大黄10克,牡丹皮10克,生地黄10克,诃子5克,石榴皮5克,厚朴7克,枳壳8克。病初热毒蕴盛,需加重清热解毒、导热外出之功,可去诃子、石榴皮,加金银花10克、连翘5克;后期大部分胃肠湿热已被清泻,应收敛止泻,则去掉大黄,而诃子和石榴皮的用量加倍。水煎,候温灌服(王建永等,2010)。

也可用乌梅、柿蒂、黄连、诃子各20克,山楂炭30克,姜黄、茵陈各15克,煎汤去渣,分2次灌服(孙洁,2010)。

【针灸治疗】　针刺脾俞、大肠俞、后三里、后海等穴,每天1次。

牛传染性角膜结膜炎

牛传染性角膜结膜炎俗称红眼病,是由牛摩拉氏菌引起的一种急性传染病,其临床特征是羞明、流泪、结膜炎和角膜混浊。

本病潜伏期一般为2～7天,最长可达21天。病牛一般无全身症状,很少发热,初期患眼羞明、流泪、眼睑肿胀、疼痛,稍后角膜凸起,角膜周围血管充血、舒张,结膜和瞬膜红肿,或在角膜上出现白色或灰色小点。严重者角膜增厚,发生溃疡,形成角膜瘢痕及角膜翳。有时发生眼前房蓄脓或角膜破裂,晶状体可能脱落。多数病例起初为一侧眼患病,后为双眼感染。当眼球化脓时,则体温升高,食欲减退,精神沉郁,产奶量下降。

【病　因】　牛传染性角膜结膜炎是一种多病原性疾病,其主要病原菌为牛摩拉氏菌。该菌是一种长 1.5～2 微米、宽 0.5～1 微米的革兰氏阴性杆菌,只有在强烈的太阳紫外光照射下才产生典型症状。用此菌单独感染眼,或仅用紫外线照射,都不能引起发病,或仅产生轻微的症状。本菌对理化因素的抵抗力较弱,一般浓的加热至 59℃ 的消毒剂,经 5 分钟均可将其杀灭。病菌离开病牛后,在外界环境中一般存活不超过 24 小时。对青霉素、四环素等敏感。

【流行病学特点】　病牛和康复带菌牛为主要传染源。病牛的眼、鼻分泌物可向外排菌,污染饲料、饮水、用具、土壤和空气等外界环境。不同年龄、性别的牛均易感染,但犊牛发病较多,病牛可通过头部等部位的相互摩擦和通过打喷嚏、咳嗽而传染。本病主要发生于天气炎热和湿度较高的夏、秋季节,其他季节发病率较低。一旦发病,传播迅速,多呈地方性流行性。青年牛群的发病率可达 60%～90%。

【辨　证】　根据病因、病理变化和临床症状,本病可分为肝经热毒型、肝经风热型和肝胆湿热型 3 个证型。

1. 肝经热毒型　病牛表现羞明、流泪,双目紧闭,烦躁不安,球结膜睫状体有明显充血或混合性充血,角膜表面有乳白色点状及枝状,角膜深层有灰白色浸润,有的因角膜溃疡、组织缺损而凹陷,严重者眼前房蓄脓或并发虹膜睫状体炎,临床上出现全身发热、食欲减退、舌质红、苔黄厚、粪干尿黄等症状。

2. 肝经风热型　病牛表现畏光,流泪,痒痛明显,球结膜睫状体轻度充血或无明显充血,角膜表面有细小灰白色点状浸润。

3. 肝胆湿热型　此类病牛病程较长,临床多见反复发作,表现为全身发热,低头呆立,口渴不欲饮,粪干或稀,尿黄,舌质红,苔黄厚腻。

【中药治疗】

1. 肝经热毒型

（1）治则 平肝泻火，清热解毒。

（2）方 药

方剂一：石决明 60 克，夏枯草 60 克，决明子 40 克，黄芩 30 克，蒲公英 50 克，生地黄 40 克，栀子 30 克，紫草 30 克，当归 40 克，车前子 40 克，大黄 30 克。水煎灌服，每天 1 剂。

方剂二：加味菊花退翳散。菊花 30 克，龙胆草 30 克，青葙子 30 克，决明子 30 克，石决明（煅）30 克，黄连 20 克，密蒙花 30 克，黄芩 30 克，木贼 30 克，白蒺藜 30 克，蝉蜕 20 克，甘草 20 克。共研为细末，开水冲调，兑入适量凉水搅成糊状，一次灌服，连用 3～5 剂。

2. 肝经风热型

（1）治则 祛风清热，清肝明目。

（2）方 药

方剂一：荆芥 40 克，防风 40 克，羌活 30 克，薄荷 40 克，黄芩 40 克，菊花 40 克，连翘 40 克，夏枯草 40 克。水煎灌服，每天 1 剂。

方剂二：决明散。石决明（煅）25 克，决明子 25 克，黄药子 20 克，白药子 20 克，蝉蜕 15 克，木贼草 25 克，黄芩 25 克，栀子 25 克，大黄 20 克，没药 20 克，黄芪 25 克，菊花 25 克。共研为末，加鸡蛋清 4 枚、蜂蜜 120 克一次灌服。每日 1 剂，连用 2～3 剂。

3. 肝胆湿热型

（1）治则 平肝泻火，清利湿热。

（2）方药 夏枯草 60 克，黄芩 40 克，栀子 30 克，牡丹皮 40 克，金银花 60 克，茯苓 40 克，川厚朴 30 克，当归 40 克，薏苡仁 60 克，车前子 40 克，粪便干者加大黄 30 克。水煎灌服，每天 1 剂。

另外，还可使用以下验方治疗。

龙胆泻肝汤:龙胆草 30 克,黄芩 30 克,栀子 30 克,野菊花 30 克,柴胡 30 克,车前子 30 克,泽泻 30 克,生地黄 30 克,当归 30 克,甘草 15 克。水煎服,每天 1 剂,连用 3 剂(郭敏,2004)。

拔云散:炉甘石 30 克,硼砂 30 克,大青盐 30 克,黄连 30 克,铜绿 30 克,硇砂 10 克,冰片 10 克。共研极细末过筛装瓶。每天 2 次,用直径 3 毫米的塑料管将药粉吹入眼内或保定头部后点入眼内,轻症使用 3～5 天、重症使用 7～10 天可愈(房世雄,2008)。

【针灸治疗】 小宽针或三棱针刺太阳、睛灵、顺气等穴,每天 1 次,连用 5 天。初期病情较重者,可针刺太阳穴,使其破皮出血。

顺气孔插枝疗法:即用约 20 厘米长、火柴棍粗细的剥皮柳树条(其他柔韧、挺直、光滑的枝条亦可),用酒精消毒,插入病牛顺气孔(即上颌齿板切齿乳头两侧的小孔)至底,将多余部分枝条在距孔缘 1～2 厘米处折断。枝条插入后,不用取出,病愈后会自行脱出。

恶性卡他热

恶性卡他热是由牛恶性卡他热病毒引起的一种急性、热性传染病,其特征主要是上呼吸道、窦和口腔、胃肠道黏膜发生卡他性纤维素性炎症,并伴有角膜混浊和神经症状,致死率较高。

【病　因】 恶性卡他热病毒为疱疹病毒科、丙疱疹病毒亚科的成员。病毒粒子主要由核芯、核衣壳和囊膜组成。核芯由双股线状 DNA 与蛋白质缠绕而成,直径为 30～70 纳米;也见无感染性缺核芯的中空核衣壳。核衣壳由 162 个相互连接呈放射状排列且具中空轴孔的壳粒构成,直径约为 100 纳米。囊膜由 2 层结构组成,比较宽厚,带囊膜的完整病毒粒子的直径为 140～220 纳米。

病毒存在于病牛的血液、脑、脾等组织中,在血液中的病毒紧紧附着于白细胞上,不易脱离,也不易通过细菌滤器。病毒对外界环境的抵抗力不强,不能抵抗冷冻及干燥。在室温中 24 小时或在冰点以下温度时,病毒可失去传染性。

【流行病学特点】　在自然条件下只有牛具有易感性,牛的性别、品种、年龄在易感性方面无显著差异,1～4 岁牛较为多发,老龄牛及 1 岁以下的牛发病较少。病牛不能通过接触传染健康牛,主要通过绵羊、角马以及吸血昆虫而传播。病牛都有与绵羊接触史,如同群放牧或同栏喂养,特别是在绵羊产羔期最易传播本病。本病多为散发性,有时也能小规模流行。本病可通过胎盘感染犊牛。一年四季均可发生,但以冬季和早春多见。病愈牛可再次被感染,而且症状严重,死亡率更高。

【辨　证】

1. 胃火熏蒸型　症见精神倦怠,垂涎,口温高,口臭,粪便干燥,唇颊、牙龈部肿胀或有烂斑,舌上呈现如绿豆大小的灰白色小疱或溃疡面。口色红,脉象洪数。

2. 心火上炎型　症见精神倦怠,耳、鼻、体表发热,垂涎,采食、吞咽困难。轻者舌体微肿,并有红色疙瘩;重者舌面或舌底肿胀,疮面溃烂,口涎带血,口内恶臭难闻,小便短赤,大便秘结。口色赤红,脉象洪数。

3. 肝郁化火型　病牛表现羞明、流泪,双目紧闭,烦躁不安,球结膜有明显睫状体充血或混合性充血,角膜表面有乳白色点状及枝状,角膜深层有灰白色浸润,有的因角膜溃疡、组织缺损而凹陷,严重者眼前房蓄脓或并发虹膜睫状体炎,临床上出现全身发热,食欲减退,舌质红,苔黄厚,粪干尿黄。

4. 湿热泄泻型　症见排便带血或排黑便,水样腹泻,气味恶臭,被毛粗乱,食欲不振,腹痛不宁,喜卧,发热,发抖,口色红,舌红,苔黄腻或舌淡苔少。

【中药治疗】

1. 胃火熏蒸型

(1)治则　清热解毒,凉血泻火。

(2)方　药

方剂一:清瘟败毒饮。石膏 150 克,生地黄 60 克,水牛角 90 克,川黄连 20 克,栀子 30 克,黄芩 30 克,桔梗 20 克,知母 30 克,赤芍 30 克,玄参 30 克,连翘 30 克,甘草 15 克,牡丹皮 30 克,鲜竹叶 30 克。石膏打碎先煎,再下其他药同煎,煎好后将水牛角锉细末冲入。

方剂二:普济消毒饮加减。玄参、黄芩各 40 克,黄连 30 克,牛蒡子、桔梗、僵蚕、薄荷、板蓝根、连翘、甘草各 20 克,大黄 50 克,车前草 15 克,升麻、柴胡各 20 克。水煎服。

方剂三:清胃散加减。生石膏 100 克,知母 40 克,黄药子 40 克,黄芩 40 克,白药子 40 克,桔梗 40 克,桑白皮 50 克,天花粉 40 克,甘草 40 克。研末,开水冲调,一次灌服。

2. 心火上炎型

(1)治则　清热解毒,散瘀消肿。

(2)方　药

方剂一:泻心汤加减。大黄 3 克,黄连 6 克,栀子 9 克,金银花 15 克,连翘 15 克,牡丹皮 15 克,生地黄 15 克,淡竹叶 6 克,龙骨 15 克,牡蛎 15 克,白及 15 克,甘草 6 克。水煎服。

方剂二:消黄散。黄药子、白药子各 30 克,知母、麦冬、马兜铃、桔梗、川贝母各 24 克,栀子、沙参、黄芩各 26 克,郁金、黄连各 20 克,木通 18 克,全瓜蒌 60 克,黄柏、陈皮各 22 克。研末灌服。

3. 肝郁化火型

(1)治则　清肝泻火,解毒敛疮。

(2)方药　龙胆泻肝汤加减。龙胆草、茵陈、车前草各 250 克,黄芩 300 克,栀子 50 克,淡竹叶 150 克,板蓝根、金银花各 60 克,

地骨皮 100 克,柴胡、牛蒡子各 50 克,当归 30 克,僵蚕、甘草各 20
克。水煎 2 次,合并药液分 2 次灌服,每天 1 剂,连用 3 天。

4. 湿热泄泻型

(1)治则　解表清热,行气导滞,燥湿止泻。

(2)方药　加味葛根芩连汤。葛根 80 克,黄连 50 克,生地黄
70 克,黑槐花 60 克,郁金 60 克,黄芩 60 克,黄柏 60 克,黑地榆 60
克,诃子 60 克,黑山楂 150 克。煎服。

另外,还可使用以下验方治疗。

龙胆茵陈散:龙胆草 60 克,茵陈 60 克,黄芩 60 克,柴胡 60
克,地骨皮 45 克,薄荷 45 克,僵蚕 45 克,牛蒡子 45 克,栀子 45
克,连翘 30 克,玄参 30 克,生地黄 36 克,金银花 30 克。研细末,
开水冲调,候温灌服。每日 1 剂,连用 2～3 剂,治疗病牛 84 头,治
愈 61 头,治愈率达 72.62%(宋海德,2011)。

解毒泻肝汤:龙胆草 60 克,黄芩 60 克,薄荷 30 克,茵陈 120
克,柴胡 60 克,僵蚕 30 克,牛蒡子 30 克,板蓝根 30 克,栀子 45
克,金银花 30 克,连翘 30 克,玄参 30 克,车前草 60 克,淡竹叶 60
克,地骨皮 60 克,甘草 60 克。煎汤,每天 1 剂,连用 3～5 天。治
疗奶牛恶性卡他热 36 例,获得理想效果(柴西超,2007)。

第九章　寄生虫性疾病

蛔　虫　病

　　牛蛔虫病是由牛蛔虫（又名犊新蛔虫、犊弓首蛔虫）寄生于牛小肠引起的一种寄生虫病，临床上以肠炎、腹泻、腹部膨大、腹痛等消化道症状为特征。

　　本病轻症病牛被毛粗乱，精神、食欲稍差，喜卧，常回头顾腹，时而呻吟，排灰白色如膏泥样粪便。重度感染者精神萎靡，食欲废绝，鼻镜干燥，排出带血的灰白色粪便，气味腐臭，腹痛，仰卧。危症病牛剧泻、粪便带血，眼窝凹陷，腹痛不安，后肢无力，卧地不起，精神高度沉郁，肌肉痉挛，呼吸喘促。胆道寄生蛔虫则病牛下颌水肿，角膜黄染，常张口吐舌，喜将下颌浸入水中。病牛后期多出现四肢无力，消瘦，肌肉弛缓，四肢下部和口、鼻发凉，病牛爬卧不起，贫血严重，呼吸困难，咳喘，严重者衰竭而死。

　　【虫体特征及生活史】　牛蛔虫是一种大型线虫，呈淡黄色，中间稍粗、两端较细的圆柱形。雄虫长 11～26 厘米，雌虫长 14～30 厘米。虫卵近圆形，大小为 70～80 微米×60～66 微米，壳厚，外层呈蜂窝状，内含 1 个卵细胞。雌虫在宿主小肠内产卵，卵随宿主粪便排出体外，在适当的温度和湿度下，经 7～9 天在卵壳内发育为第一期幼虫，再经 13～15 天，经一次蜕皮，变为第二期幼虫，即感染性虫卵。牛吞食后，幼虫在小肠内逸出，穿过肠壁，移行到肝、肺、肾等器官组织，进行第二次蜕皮，变为第三期幼虫，并停留在那些器官组织内。待母牛妊娠 8.5 个月左右时，幼虫便移行至子宫，进入胎盘羊膜液中,进行第三次蜕皮,变为第四期幼虫。在胎盘蠕动作用下,被胎牛吞食入小肠内发育,进行最后一次蜕皮后,经25～31天发育为成虫。另一途径是幼虫从胎盘通过血液循环到胎儿肝脏、肺脏,然后从支气管、气管、咽至小肠,在小肠内发育为成虫。犊牛出生时小肠中已有成虫。成虫在小肠中可存活 2～5个月,以后逐渐排出。

【中药治疗】

1. 初　期

(1)治则　安蛔,驱蛔。

(2)方　药

方剂一:神曲、贯众各 30 克,使君子、苦楝树二层皮各 18 克,雷丸、槟榔各 24 克。水煎,分 2 次灌服。

方剂二:百部、枇杷叶、贯众各 30 克,青皮、槟榔各 15 克。共研为末,以洋葱 120 克为引,冲水灌服。

方剂三:使君子、雷丸、木香、鹤虱、干漆各 30 克,贯众 60 克,轻粉 12 克。共研为末,加适当面粉和水调制成丸,每次灌服 60～90 克。

方剂四:石榴皮 36 克,槟榔 18 克,乌梅 90 个。共研为末,拌入饲料中饲喂。

2. 后　期

(1)治则　健运脾胃。

(2)方药　香砂六君子汤。木香 24 克,砂仁 24 克,炒党参 60克,炒白术 60 克,茯苓 60 克,炙甘草 30 克,广陈皮(炒)30 克,制半夏 60 克。共研为末,开水冲调,候温灌服。

另外,还可使用以下验方治疗。

乌梅散加味:乌梅 25 克,大黄、槟榔、使君子各 10 克,柿干、党参、白术各 12 克,诃子、黄连、姜黄各 6 克。研末,开水冲服(文儒林等,1991)。

槟榔 50～70 克,炒麦芽 30 克,炒山楂 40 克,车前子 20 克,滑石 15 克,罂粟壳 4 个。水煎温服。或用生南瓜子(剥皮)100～150 克,捣碎后混入健胃散 160 克中,一次灌服(李天营等,1999)。

鲜苦楝根皮 80～100 克,百部根 30～50 克,切碎捣烂,加水 500 毫升煎煮至沸待冷(纱布过滤最好)备用。治疗时取煎煮液 200 毫升一次灌服(严生权,1992)。

疥螨病

疥螨病又称牛癞子、疥疮,是由疥螨科的螨类寄生于牛体表或表皮内所引起的慢性皮肤病,能引起病牛产生剧烈的痒感及各种类型的湿疹性皮炎。临床上以患部奇痒、皮肤增厚、脱毛并逐渐向周围扩展和高度接触性传染为主要特征。

牛疥螨多在头、颈部发生不规则丘疹样病变,病牛剧痒,用力摩擦患部,使患部落屑、脱毛,皮肤增厚而失去弹性,并形成厚厚的皱褶,鳞屑、污物、被毛和渗出物黏结在一起,形成痂垢,病变逐渐扩大,严重时可蔓延并至全身。病牛食欲逐渐减退,生长发育缓慢、消瘦,产奶量下降。

【虫体特征及生活史】 疥螨形体很小,肉眼不易见,呈浅黄色龟形,背面隆起,腹面扁平。体背面有细横纹、锥突、圆锥形鳞片和刚毛,腹面有 4 对粗短的足。虫体前端有一假头(咀嚼式口器)。雌螨的第一、第二对足,雄螨的第一、第二、第四对足的附节末端长有一带长柄的膜质钟形吸盘。

疥螨和痒螨的全部发育过程都在宿主体上度过,包括虫卵、幼虫、若虫和成虫 4 个阶段,其中雄螨有 1 个若虫期,雌螨有 2 个若虫期。疥螨的发育是在牛的表皮内不断挖掘隧道,并在隧道内不断繁殖和发育,完成 1 个发育周期需 8～22 天。痒螨在皮肤表面进行繁殖和发育,完成 1 个发育周期需 10～12 天。

【中药治疗】

1.治则　杀虫止痒。

2.方药

方剂一:硫黄 30 克,花椒 30 克,木鳖子 30 克,大枫子 30 克,蛇床子 60 克,食盐 15 克,核桃仁 120 克。共研细末,和棉籽油调匀涂擦患部。

方剂二:狼毒 500 克,硫黄(煅)150 克,白胡椒(炒)45 克。共研为细末,取药 30 克,加入烧沸的植物油 750 毫升搅匀,待凉后,用带柄毛刷涂擦患部。

方剂三:木槿皮、蜂房各等量。木槿皮晒干与蜂房共研为细末,加适量清油混合,调匀后装瓶备用。用时直接涂于患部。每 2 天用 1 次,连用 3～5 次。

方剂四:花椒 30 克,儿茶 20 克,雄黄 20 克,冰片 15 克,白矾 20 克。水煎煮沸 30 分钟,过滤去渣,待温后洗涤患部。每次洗涤时间不少于 15 分钟,连用 3 天为 1 个疗程,间隔 5 天再用 1 个疗程,可连用 2～3 个疗程。

方剂五:苦参 90 克,地肤子 60 克,白矾 90 克,苦楝树根皮 250 克。水煎外洗,每剂可洗 4 次,一般 2 剂可愈。

方剂六:满天星适量,捣烂,混入硫黄少量涂擦患处。

方剂七:水蛭数条,蜂蜜少许,将水蛭放入蜂蜜中,待其溶化后,涂擦患处。

方剂八:辣椒 500 克,烟叶 1 500 克,加水 1 500～2 500 毫升,煎汁浓缩至 500～1 000 毫升,去渣候温涂搽患部。

方剂九:硫黄粉 6 份,烟叶末 4 份,植物油 90 份,调匀涂搽患部。

肝片吸虫病

肝片吸虫病也叫肝蛭病或柳叶虫病,是由肝片吸虫和大片吸虫的成虫寄生在肝脏和胆管中引起急性或慢性肝炎和胆管炎,并发全身中毒现象的一种病症,临床上以营养障碍、贫血、消瘦、水肿、异食为特征。

本病多呈慢性经过,犊牛症状明显,成年牛症状一般不明显,但如果感染严重、营养状况较差时,也能引起死亡。病牛精神沉郁,被毛粗乱,食欲减退,步行缓慢,黏膜苍白,继而出现周期性瘤胃臌胀或前胃弛缓,腹泻,日渐消瘦。到后期颌下、胸下出现水肿,触诊有波动感或捏面团样感觉,严重贫血,公牛生殖力降低,母牛不孕或流产,最后往往由于极度衰竭而死亡。

【虫体特征及生活史】 肝片吸虫成虫虫体呈扁平柳叶状,灰褐色,长 20～35 毫米,宽 5～13 毫米,雌雄同体。虫卵为长椭圆形,黄褐色,2 层卵壳内含有 1 个胚细胞和许多小的卵黄颗粒,一端还有一个不明显的卵盖。肝片吸虫在胆管内寄生产卵,虫卵随粪便排出体外。在温暖潮湿有适量水分条件下,虫卵发育成毛蚴,当毛蚴游于水中遇中间宿主——椎实螺,则在其体内发育成尾蚴,毛蚴至尾蚴的发育时间长达 50～80 天,1 个毛蚴最后可以发育成 100 个甚至上千个尾蚴。尾蚴离开螺体很快变成囊蚴,囊蚴黏附于草上或游于水中。牛在吃草或饮水时吞食囊蚴被感染。囊蚴最终进入到肝胆管发育为成虫,需要 2～4 个月。成虫寿命 3～5 年,但一般 1 年左右即被牛自然排出。

【辨　证】 本病可参考中兽医学的肝胆湿热、寒湿困脾等证进行辨证施治。

1. 肝胆湿热 症见可视黏膜黄染,发热,尿液短赤或黄浊,苔黄腻,脉象弦数。

2. 寒湿困脾　症见头低耳聋,四肢沉重,倦怠喜卧,食欲不振,不欲饮,粪便稀薄,排尿不爽,水肿,白带清稀而多,口腔黏滑,口色青白或黄白,舌苔白腻,脉象迟细。

3. 气血虚弱　病至后期症见精神倦怠,口色淡白,畏寒,四肢冷凉,下颌、胸下水肿,饮食欲大减乃至废绝,呼吸极度困难,常卧地不起,泻粪如注,脉象细弱。

【中药治疗】

1. 肝胆湿热

(1)治则　清肝利胆,除湿去热。

(2)方　药

方剂一:加味茵陈蒿汤。茵陈150克,栀子60克,大黄、黄芩、黄柏、连翘各45克,木通30克,甘草20克。水煎服。

方剂二:肝蛭散。贯众50克,苦参40克,槟榔40克,苦楝皮40克,龙胆草40克,大黄30克,茯苓50克,泽泻30克,厚朴30克,苏木20克,肉豆蔻20克。水煎候温灌服,服药前30分钟灌服蜂蜜250克。

2. 寒湿困脾

(1)治则　温中燥湿,健脾利水。

(2)方　药

方剂一:胃苓汤加减。苍术60克,泽泻45克,厚朴、陈皮各40克,甘草、大枣各20克,猪苓、生姜、茯苓、白术各30克,桂枝25克。水煎服。

方剂二:复方贯众驱虫散。贯众150克,槟榔50克,榧子50克,苍术50克,陈皮50克,厚朴50克,龙胆草50克,藿香50克。水煎分2次口服。

3. 气血虚弱

(1)治则　益气生血。

（2）方　药

方剂一：党参、黄芪、白术、远志、木香、当归、干姜各 50 克,酸枣仁 45 克,阿胶 40 克,大枣 50 克,鸡矢藤 100 克,甘草 40 克。每天 1 剂,连用 2 天。

方剂二：补中益气汤加减。炙黄芪 50 克,党参、白术、白芍、陈皮各 40 克,升麻、柴胡各 20 克,茵陈 20 克,炙甘草、大枣各 20 克。水煎灌服。

另外,还可使用以下验方治疗。

苏木 40 克,贯众 50 克,槟榔 50 克,雷丸 40 克,使君子 40 克,乌梅 40 克,茯苓 30 克,龙胆草 30 克,苦楝子(鲜皮)70 克,南瓜子 20 克(适用于 300 千克体重牛用药量)。水煎灌服(晏平开,2010)。

牛皮蝇蛆病

牛皮蝇蛆病又称牛翁眼或牛跳虫病,是由狂蝇科、皮蝇属的牛皮蝇和纹皮绳幼虫寄生于牛背部皮下组织内所引起的一种慢性寄生虫病。临床上以皮肤痛痒、局部结缔组织增生和皮下蜂窝织炎为特征。

雌蝇飞翔产卵时,常引起牛只不安,影响采食,有些牛只奔逃时受外伤或流产。幼虫钻入牛皮肤时,引起牛瘙痒、不安和局部疼痛。幼虫在体内长时间移行,使组织受损伤,在咽头、食道部移行时引起咽炎、食道壁炎症。幼虫分泌的毒素对牛有一定的毒害作用,常使病牛消瘦、贫血和引起肌肉稀血症。肉的质量降低,产奶量下降。犊牛贫血和发育不良。幼虫寄生于牛背部皮下时,其寄生部位往往发生血肿和蜂窝织炎。感染化脓时,常形成瘘管,经常流出脓液,直到幼虫逸出后,瘘管才逐渐愈合,形成瘢痕。

【虫体特征及生活史】　本病的病原为皮蝇科、皮蝇属的牛皮蝇和纹皮蝇的幼虫。其成虫形态相似,不致病,外形像蜜蜂,体表被有绒毛,触角分 3 节,口器已退化,不能采食,亦不能叮咬牛只。牛皮蝇体长约 15 毫米,虫卵产在牛的四肢上部、腹部、乳房区和体侧的被毛上,单个地黏着于被毛上。卵呈淡黄白色,有光泽。牛皮蝇的第三期幼虫虫体较粗大,长约 28 毫米,呈深褐色,分为 11 节,背面较平,腹面呈疣状带小刺的结节,最后两节背腹面均无小刺。虫体前端较尖,无口钩,后端较平,有 2 个呈漏斗状的深棕褐色气孔板。

纹皮蝇比牛皮蝇小,体长只有 13 毫米,虫卵产在牛后腿的后下方和前腿部分,1 根毛上可固着成排的虫卵。纹皮蝇的第三期幼虫与牛皮蝇的相似,体长 26 毫米,虫体最后一节无小刺,第十节的腹面仅后缘有刺,气孔板较平。

成蝇于每年 4～8 月份追牛产卵,卵后端有长柄,牢固地粘在牛毛上。蝇卵经 4～7 天孵出第一期幼虫,经皮肤钻入体内移行,8 月份至翌年 1 月份纹皮蝇第二期幼虫在牛食道部寄生;10 月份至翌年 3 月份牛皮蝇幼虫在椎管硬膜中寄生。纹皮蝇与牛皮蝇第三期幼虫在背部皮下停留 2.5 个月,经皮肤逸出落地变成蛹,羽化成蝇,整个发育周期为 1 年。

【中药治疗】　以除虫止痒、去腐生肌为主。

伤口不大不深,蝇蛆不多的可先用葫芦茶 500 克,煎水 2 500 毫升,去渣,用药液洗净伤口,清除蝇蛆,再用桃叶 250 克、石灰粉少许或葫芦茶叶适量、樟脑粉少许,捣烂外敷患处。

如伤口又大又深,并且已感染而溃疡,组织坏死并有脓液,蝇蛆又多的病灶,宜先用冷开水反复冲洗伤口,至脓液和蝇蛆洗净为止。再用葫芦茶 500 克,田基黄 250 克,白背叶 250 克,加水 3 000 毫升,水煎浓缩至 1 500 毫升,去渣候温,用药汁清洗伤口。再用黄花母叶 100 克、桃叶 100 克、生石灰少许,捣烂敷于伤口。1 天后,将药洗净,检查伤口,如坏死组织还未清除,则再用 1 剂,直至将坏死组织清除干净为止。然后用桃叶 250 克,生石灰少许,捣烂敷于患部,每天换药 1 次,直至伤口愈合为止。

创口过深、蝇蛆钻得过深者,可用长穗猫尾草 500 克,加水 1 500 毫升,煎服;或用鲢鱼 1 000 克去胆,切片煎粥灌服,使蝇蛆从深层组织内逸出。

合并感染、体温上升而出现严重炎症的病牛,除外用药外,再用马樱丹 250 克,板蓝根 50 克,称星木 500 克,玉叶金花 500 克,加水 2 000 毫升,煎汤浓缩至 1 000 毫升,一次灌服。

另外,还可使用以下验方治疗。

外敷:葫芦茶 100 克,陈石灰 25 克,捣烂敷于患处。

无爷藤(无根藤)500～1 000 克,水煎,去渣灌服 2～3 次,并清洗患处。

用红烟丝(炒)适量,捣烂后加适量煤油混匀塞进患处。

生石灰 50 克,红烟丝 100 克,加水调成糊状,塞进患部。

葫芦茶 250 克,白背叶 250 克,水煎,去渣灌服。

樟脑粉适量,用纸卷成筒,吹进患部,蝇蛆便爬出后落地死亡。

熟香蕉皮 15 个,捣烂后加水适量灌服。外用百草霜、煤油适量混匀,涂于患处。

狗骨粉、生石灰适量,用桃叶煎水清洗患处后,取上药混合撒入患处。

伊氏锥虫病

伊氏锥虫病又称苏拉病,俗称肿脚病,是由伊氏锥虫寄生于家畜血液中引起的一种原虫病。主要由虻和螫蝇传播,多发于夏、秋季节,牛较易感。本病多呈慢性经过,临床上以间歇性发热、贫血、消瘦、水肿及发生一系列神经症状等为特征。

本病潜伏期为 4～14 天,有急性和慢性 2 种。一般多呈慢性经过或带虫状态。

急性型多发生于春耕和夏收期间的肥壮牛,发病后体温突然升高至40℃以上,精神不振,黄疸,贫血,呼吸困难,心悸亢进,口吐白沫,心律失常,外周血液内出现大量虫体。如不及时治疗,多于数周或数天内死亡。

慢性型病牛精神沉郁,嗜睡,食欲减少,瘤胃蠕动减弱,粪便秘结,贫血,间歇热,结膜稍黄染,呈进行性消瘦,皮肤干裂,最后干燥坏死。四肢下部、前胸及腹下水肿,起卧困难甚至卧地不起,后期多发生麻痹,不能站立,最终死亡。少数有神经症状,妊娠母牛常发生流产。

【虫体特征及生活史】　伊氏锥虫为单型锥虫,呈柳叶状,长18~34微米,宽1~2微米,前端较尖。虫体中部有一呈圆形的主核。靠近后端有一动基体,其稍前方有一生毛体,鞭毛由此长出,并沿虫体边缘向前延伸。鞭毛和虫体之间有波动膜相连。伊氏锥虫寄生在血液、淋巴液及造血器官中,以纵分裂方式进行繁殖。虻等吸血昆虫在患病或带虫动物体上吸血时,将虫吸入体内。伊氏锥虫在吸血昆虫体内不发育,吸血昆虫只起到机械传播病原的作用。当携带伊氏锥虫的虻等再吸食健康动物的血时,即把伊氏锥虫传给健康动物。注射或采血时消毒不严及带虫的妊娠动物经胎盘均有传播可能。

【辨　证】　可参考中兽医学的太阳少阳并病、热毒肿疮、气虚邪不尽及气血虚弱等证进行辨证施治。

1. 太阳少阳并病　症见间歇发热,精神倦怠,黄疸,四肢关节肿痛,食欲不振。

2. 热毒肿疮　症见发热,精神沉郁,眼结膜充血、潮红、羞明、流泪,体表淋巴结及肢体管骨部肿胀,或日久皮肤溃烂,流出淡黄色黏稠液体,结成黑色皮痂。

3. 气虚邪不尽　症见贫血,消瘦,发热或不热,眼结膜潮红或苍白,并附着灰白色黏性分泌物,体表淋巴结及肢体管骨部肿胀。

4. 气血虚弱　症见消瘦,贫血,心功能衰竭及水肿,精神委顿,消化不良,粪便干。

【中药治疗】

1. 太阳少阳并病

(1)治则　太阳少阳双解。

(2)方药　柴胡桂枝汤。柴胡、桂枝、生白芍各 45 克,党参、黄芩各 30 克,制半夏 25 克,炙甘草 20 克,生姜、大枣各 60 克。水煎服。

2. 热毒肿疮

(1)治则　解毒消肿,杀虫。

(2)方药　夏枯草、鱼腥草、蒲公英、野菊花根、葛根各 1 000克,灯芯草、车前草、薄荷、苦参根、土大黄各 500 克,皂角刺 250克。水煎服,每天 1 剂,连用 7～10 天。

3. 气虚邪不尽

(1)治则　补气除邪,活血祛瘀,通络止痛。

(2)方药　生黄芪、党参、苍术、土茯苓、蒲公英、金银花、连翘各 50 克,生地黄、玄参、黄柏、甘草、当归各 40 克。共研为末,开水冲调,候温灌服。

4. 气血虚弱

(1)治则　益气补血。

(2)方药　归脾汤加减。党参、当归、白术、炙黄芪、龙眼肉、酸枣仁各 60 克,熟地黄、白芍、川芎、茯苓各 45 克,远志、大黄、玄参各 30 克,木香、生姜、大枣各 20 克,炙甘草 15 克。水煎服。

另外,还可使用以下验方治疗。

灭锥灵:白英 150 克,白花蛇舌草 100 克,马鞭草 100 克,锦鸡儿 100 克,虎杖 100 克,淡竹叶 100 克,黄荆子 80 克,南瓜子 60克,生地黄 60 克,茯苓 60 克,苦参 50 克,黄柏 50 克,黄芩 50 克,茵陈 50 克，鱼腥草 50 克，车前草 50 克，厚朴 50 克，苍术 50 克，龙胆草 50 克，田基黄 50 克，当归 50 克，半边莲 50 克，薏苡仁 50 克，瞿麦 40 克，白术 35 克，贯众 30 克，萹蓄 30 克，泽泻 30 克。水煎服，每日 1 剂，连用 5 天（吴周水，2004）。

泰勒焦虫病

　　牛泰勒焦虫病是由环形泰勒虫和瑟氏泰勒虫寄生于牛网状内皮系统和红细胞内所引起的一种原虫病，临床上以高热、贫血、消瘦和体表淋巴结肿大为主要特征。本病分布广泛，呈地方性流行，发病后病情严重，常造成年牛死亡。

　　本病潜伏期 14～20 天，病初体表淋巴结肿痛，体温升高达 40.5℃～42℃，呈稽留热，呼吸急促，心跳加快，精神委顿，结膜潮红。中期体表淋巴结显著肿大，为正常的 2～5 倍。反刍停止，先便秘后腹泻，粪便中带血丝。可视黏膜有出血斑点。步态蹒跚，起立困难。后期结膜苍白、黄染，在眼睑和尾部皮肤较薄的部位出现粟粒大至扁豆大的深红色出血斑点，病牛卧地不起，最后衰竭死亡。

　　【虫体特征及生活史】　环形泰勒焦虫寄生在红细胞内，血液型虫体标准形态为戒指状，直径为 0.8～1.7 微米，另外还有椭圆形、逗点状、杆状、十字形等形状，但环形的戒指状比例始终大大多于其他形状。姬姆萨染色核位于一端，染成红色，原生质呈淡蓝色。1 个红细胞内感染虫体 1～12 个不等，常见 2～3 个。瑟氏泰勒虫血液型虫体亦呈环形、椭圆形、逗点形和杆状等，其与环形泰勒虫的主要区别为杆形虫体多于圆形类虫体。

　　环形泰勒焦虫生活史需 2 个宿主，一个是蜱，另一个是牛（羊）。其中蜱是终末宿主，牛（羊）是中间宿主。泰勒焦虫需经无性生殖和有性生殖 2 个阶段，并产生无性型及有性型 2 种虫体。

无性生殖阶段在牛体进行,当虫体子孢子随蜱唾液进入牛体后,在脾、淋巴结、肝等网状内皮细胞内进行裂体增殖,经大裂殖体(无性型),到大裂殖子,大裂殖子又侵入其他网状内皮细胞,重复上述裂殖过程,此过程是无性繁殖。产生的大裂殖子侵入网状内皮细胞时变为小裂殖体(有性型),后形成小裂殖子,进入红细胞内变为配子体(血液型虫体),分为大配子体与小配子体。当幼蜱吸血时,红细胞进入蜱胃内后,释放出的大、小配子体,结合成为合子。进而经动合子、孢子体,在唾液腺内增殖成许多子孢子,此过程为有性繁殖。当蜱吸血时,子孢子随蜱唾液进入牛体内,完成一个生活史的循环。

【辨　证】　可参考中兽医学的热入营分、气血虚弱等证进行辨证施治。

1. 热入营分　症见高热稽留,或有间歇热,精神沉郁,肌肉震颤,体表淋巴结肿大,粪便呈棕黄色,舌红苔黄白,脉细数。

2. 气血虚弱　症见体瘦毛焦,起立及运步艰难,或卧地不起,尿液呈浅红色或深红色,黄疸,水肿,产奶量急剧下降,病牛迅速衰弱,妊娠母牛多流产。

【中药治疗】

1. 热入营分

(1)治则　清营解毒,透热养阴。

(2)方药　清营汤。水牛角、生地黄、玄参、金银花各60克,连翘、黄连、丹参、麦冬各45克,竹叶心30克。水煎服。

2. 气血虚弱

(1)治则　健脾补血。

(2)方药　归脾汤加减。党参、当归、白术、炙黄芪、龙眼肉、酸枣仁各60克,熟地黄、白芍、川芎、茯苓各45克,远志30克,木香、生姜、大枣各20克,炙甘草15克。水煎服。

另外,还可使用以下验方治疗。

灭焦虫散:青蒿 200 克(研粉另包),苦楝根皮、常山根各 100 克,黄芩、马鞭草各 60 克,槟榔、使君子、川黄柏、生栀子各 40 克,贯众 30 克。共研细末,开水冲调,候凉冲入青蒿粉灌服。若体温达 41℃以上,口、舌、结膜潮红,脉搏洪数,心悸亢进者,则加川黄连 40 克;体温在 41℃左右、肌肉震颤者,加红柴胡、金银花各 40 克;颌下淋巴结显著肿大者,加板蓝根、山豆根各 60 克;结膜黄染或有黄疸者,加茵陈 100 克、龙胆草 40 克;毛焦体瘦、气血虚弱或盗汗者,加野党参、生黄芪、全当归、麦冬、白茯苓各 40 克;粪便溏泄者,加土白术、白茯苓、泽泻各 40 克;粪便秘结者,加火麻仁 250 克、郁李仁 60 克、川大黄 40 克;反刍、食欲减少或停止者,加火麻仁 150 克、三仙各 60 克,川大黄、枳壳各 40 克;尿赤或血红者,加瞿麦、仙鹤草各 60 克;气喘者,加瓜蒌仁 60 克、苦杏仁 40 克;大便含黏液、脓血或有血丝者,加白头翁、槐花各 60 克;流鼻血者,加白茅根、马齿苋各 60 克;肚腹臌胀者,加枳实、川厚朴、莱菔子各 40 克。

对重型、贫血严重和中、后期的病牛,用十全大补汤:党参40~80 克,茯苓 30~60 克,白术 60~100 克,炙甘草 20~40 克,当归 40~90 克,川芎 20~50 克,白芍 40~80 克,熟地黄 60~100 克,黄芪 80~150 克,肉桂 20~40 克。上药共研为细末,开水冲调,一次灌服,每天 1 剂(宁晓芳,1991)。

圣愈汤:党参 40~70 克,黄芪 50~50 克,当归 40~60 克,川芎 30~50 克,熟地黄 40~60 克,白芍 40~60 克。对牛焦虫病中后期贫血,有使红细胞、血红蛋白、红细胞压积显著升高,血沉值显著下降的作用(李新社等,1989)。

对早期发病的牛群,用大青叶注射液 20 毫升/头、青蒿素注射液 25 毫升/头对患病牛进行紧急注射(静脉注射最佳),每天 2 次,并配合槟榔 45 克,贯众 60 克,百部 40 克,金银花 30 克,熟地黄 60 克,山药 40 克,苍术 45 克,枳实 40 克,大黄 30 克,甘草 45 克,加水 6 升煎汁,供 1 头奶牛饮用。药渣拌入精饲料中供牛自由采食,5 天为 1 个疗程,经实践表明效果颇佳。对未患病的奶牛预防性治疗,可用青蒿 45 克,百部 40 克,贯众 40 克,熟地黄 45 克,党参 30 克,当归 40 克,苍术 20 克,泽泻 15 克,甘草 30 克,加水 6 升煎汁,供 1 头牛饮用,5 天为 1 个疗程,经实践表明有效率达 82%(王林浩,2003)。

球 虫 病

牛球虫病是球虫寄生于牛肠道而引起的以出血性肠炎为特征的寄生虫病。主要发生于犊牛,可导致死亡。文献记载,寄生于牛的球虫有 10 余种,常见的以邱氏艾美耳球虫、牛艾美耳球虫和奥博艾美耳球虫的致病性最强,也最常见。本病常发于犊牛,多见于夏、秋潮湿阴雨季节,呈地方性流行。

本病潜伏期为 2~3 周,有时达 1 个月,犊牛一般呈急性经过,病程为 10~15 天,也有在发病后 1~2 天犊牛即死亡的。病初,病牛精神沉郁,被毛松乱,体温略升高或正常,粪便稀薄稍带血液。约 1 周后,症状加剧,病牛食欲废绝,消瘦,精神萎靡,喜躺卧。体温上升至 40℃~41℃,瘤胃蠕动和反刍停止,肠蠕动增强。排出带血的稀粪,其中混有纤维素性假膜,气味恶臭。疾病末期,粪便呈黑色,几乎全是血液,体温下降,病牛陷于恶病质状态而死亡。

慢性者可能长期腹泻、消瘦、贫血,如不及时治疗,亦可发生死亡。

【虫体特征及生活史】 邱氏艾美耳球虫主要寄生在直肠,也可寄生在盲肠和结肠黏膜上皮细胞内。卵囊为圆形或椭圆形,大小为 14~17 微米×17~20 微米,呈淡黄色。原生质团几乎充满卵囊腔。卵囊壁为双层,光滑,厚 0.8~1.6 微米。无卵膜孔,卵囊和孢子囊内无残体。

牛艾美耳球虫寄生在牛小肠、盲肠和结肠黏膜上皮细胞内。卵囊呈褐色椭圆形，大小为 20～21 微米×27～29 微米。卵囊壁亦为双层，光滑，内层厚约 0.4 微米，外层厚约 1.3 微米。卵膜孔不明显，卵囊内无残体，孢子囊内有残体。

各种牛球虫在寄生的肠管上皮细胞内首先反复进行无性的裂体增殖，继而进行有性的配子生殖（内生性发育）。当卵囊形成后随粪便排出体外，经 48～72 小时的孢子生殖过程，卵囊发育成熟（外生性发育）。如牛只吞食了孢子化的卵囊后即发生感染重复上述发育。

【辨　证】　可参考中兽医学的肠风下血、湿热下痢等证进行辨证施治。

1. 肠风下血　症见精神不振，粪便正常或稀软，稍带血液，体温正常或略高，食欲废绝，逐渐消瘦，喜卧少立。

2. 湿热下痢　症见发热，粪便色黑恶臭，混有血液，里急后重，食欲废绝，反刍停止等。

【中药治疗】

1. 肠风下血

（1）治则　清肠止血，疏风理气。

（2）方药　槐花散加减。炒槐花、炒侧柏叶、荆芥炭、炒枳壳各 30 克。共研为末，开水冲服。或用地榆炭、诃子、五倍子各 80 克，槐花、马齿苋、白头翁各 70 克，磺胺脒片 50 克，研末用温水冲调，中等体格的牛一次灌服。

2. 湿热下痢

（1）治则　清热解毒，凉血止痢。

（2）方　药

方剂一：白头翁汤加减。白头翁 45 克，黄连、广木香各 25 克，秦皮、炒槐米、地榆炭、仙鹤草、炒枳壳各 30 克。水煎服（张绍昌，1988）。

方剂二：贯众散。炒贯众40克，黄连25克，黄柏25克，厚朴20克，黄芩25克，侧柏叶25克，焦白术25克，陈皮20克，甘草25克，仙鹤草25克，使君子20克。共研为末，开水冲调，候温灌服（周绍治等，1995）。